홍원표의 지반공학 강좌　토질공학편 2

흙의 전단강도론

홍원표의 지반공학 강좌 토질공학편 2

흙의 전단강도론

Mohr-Coulomb 파괴규준, Tresca 파괴규준 및 Von Mises 파괴규준과 같은 고전적 파괴규준에서는 중간주응력이 파괴강도에 영향을 미치지 않는다고 하였다. 그러나 최근 중간주응력이 공시체의 파괴강도에 지대한 영향을 미치고 있음이 밝혀졌다. 이미 Lade 파괴규준이나 Nakai_Matsuoka 파괴규준에는 중간주응력이 포함되어 있다. 더욱이 중간주응력의 영향을 나타낼 수 있는 시험기로 입방체형 공시체를 개발·사용하고 세 주응력을 각각 독립적으로 제어할 수 있는 삼축시험기가 개발·사용되고 있다. 이에 본 서적에서는 이미 개발·사용되고 있는 입방체형 삼축시험기를 소개하고 여러 시료에 대한 토질시험을 실시한 결과를 설명하였다.

홍원표 저

중앙대학교 명예교수
홍원표지반연구소 소장

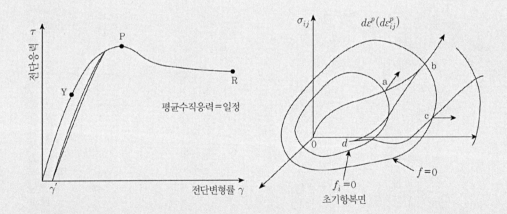

씨아이알

'홍원표의 지반공학 강좌'를
시작하면서

2015년 8월 말 필자는 퇴임강연으로 퇴임식을 대신하면서 34년간의 대학교수직을 마감하였다. 이후 대학교수 시절의 연구업적과 강의노트를 서적으로 남겨놓는 작업을 시작하였다. 퇴임 당시 주변에서 이제부터는 편안히 시간을 보내면서 즐기라는 권유도 많이 받았고 새로운 직장을 권유받기도 하였다. 여러 가지로 부족한 필자의 여생을 편안하게 보내도록 진심어린 마음으로 해준 조언도 분에 넘치게 고마웠고 새로운 직장을 권하는 사람들도 더 없이 고마웠다. 그분들의 고마운 권유에도 귀를 기울이지 않고 신림동에 마련한 자그마한 사무실에서 막상 집필 작업에 들어가니 황량한 벌판에 외롭게 홀로 내팽겨진 쓸쓸함과 정작 집필을 수행할 수 있을까 하는 두려운 마음이 들었다.

그때 필자는 자신의 선택과 앞으로의 작업에 대해 많은 생각을 하였다. '과연 나에게 허락된 남은 귀중한 시간을 무엇을 하는 데 써야 행복할까?' 하는 질문을 수없이 되새겨보았다. 이제 드디어 나에게 진정한 자유가 허락된 것인가? 자유란 무엇인가? 자신에게 반문하였다. 여기서 필자는 "진정한 자유란 자기가 좋아하는 것을 하는 것이며 행복이란 지금의 일을 좋아하는 것"이라고 한 어느 글에서 해답을 찾을 수 있었다. 그 결과 퇴임 후 계획하였던 집필 작업을 차질 없이 진행해오고 있다. 지금 돌이켜보면 대학교수직을 퇴임한 것은 새로운 출발을 위한 아름다운 마무리에 해당한 것이라고 스스로에게 말할 수 있게 되었다. 지금도 힘들고 어려우면 초심을 돌아보면서 다짐을 새롭게 하고 마지막에 느낄 기쁨을 생각하면서 혼자 즐거워한다. 지금부터의 세상은 평생직장의 시대가 아니고 평생직업의 시대라고 한다. 필자에게 집필은 평생직업이 된 셈이다.

이러한 평생직업을 가질 수 있는 준비작업은 교수 재직 중 만난 수많은 석·박사 제자들과의 연구에서부터 출발하였다고 생각한다. 그들의 성실하고 꾸준한 노력이 없었다면 오늘 이런 집필작업은 꿈도 꾸지 못하였을 것이다. 그 과정에서 때론 크게 격려하기도 하고 나무라기도 하였던 점이 모두 주마등처럼 지나가고 있다. 그러나 그들과의 동고동락하던 시기가 내 인생 최고의 시기였음을 이 지면에서 자신 있게 분명히 말할 수 있고 늦게나마 스승으로서보다는 연구동반자로 고마움을 표하는 바이다.

신이 허락한다는 전제 조건하에서 100세 시대의 내 인생 생애주기를 세 구간으로 나누면 제1구간은 탄생에서 30년까지로 성장과 활동의 시기였고, 제2구간인 30세에서 60세까지는 노후 집필의 준비시기였으며, 제3구간인 60세 이상에서는 평생직업을 갖는 인생 마무리 주기로 정하고 싶다. 이 제3구간의 시기에 필자는 즐기면서 지나온 기록을 정리하고 있다. 프랑스 작가 시몬드 보부아르는 "노년에는 글쓰기가 가장 행복한 일"이라고 하였다. 이 또한 필자가 매일 느끼는 행복과 일치하는 말이다. 또한 김형석 연세대 명예교수도 "인생에서 60세부터 75세까지가 가장 황금시대"라고 언급하였다. 필자 또한 원고를 정리하다 보면 과거 연구가 잘못된 점도 발견할 수 있어 늦게나마 바로 잡을 수 있어 즐겁고, 연구가 미흡하여 계속 연구를 더 할 필요가 있는 사항을 종종 발견하기도 한다. 지금이라도 가능하다면 더 계속 진행하고 싶으나 사정이 여의치 않아 아쉬운 감이 들 때도 많다. 어찌하였든 지금까지 이렇게 한발 한발 자신의 생각을 정리할 수 있다는 것은 내 인생 생애주기 중 제3구간을 즐겁고 보람되게 누릴 수 있다는 것이 더없는 영광이다.

우리나라에서 지반공학 분야 연구를 수행하면서 참고할 서적이나 사례가 없어 힘든 경우도 있었지만 그럴 때마다 "길이 없으면 만들며 간다"라는 신용호 교보문고 창립자의 말을 생각하면서 묵묵히 연구를 계속하였다. 필자의 집필작업뿐만 아니라 세상의 모든 일을 성공적으로 달성하기 위해서는 불광불급(不狂不及)의 자세가 필요하다고 한다. 미치지(狂) 않으면 미치지(及) 못한다고 하니 필자도 이 집필작업에 여한이 없도록 미쳐보고 싶다. 비록 필자가 이 작업에 미쳐 완성한 서적이 독자들 눈에 차지 못할지라도 그것은 필자에게는 더없이 소중한 성과일 것이다.

지반공학 분야의 서적을 기획집필하기에 앞서 이 서적의 성격을 우선 정하고자 한다. 우리 현실에서 이론 중심의 책보다는 강의 중심의 책이 기술자에게 필요할 것 같아 이름을 '지반공학 강좌'로 정하였고 일본에서 발간된 여러 시리즈 서적물과 구분하기 위해 필자의 이름을 넣어 '홍원표의 지반공학 강좌'로 정하였다. 강의의 목적은 단순한 정보전달이어서는 안 된다고 생각한다. 강의는 생각을 고취하고 자극해야 한다. 많은 지반공학도들이 본 강좌서적을 활용하여 새로운 아이디어, 연구테마 및 설계·시공안을 마련하기 바란다. 앞으로 이 강좌에서는 「말뚝공학편」, 「기초공학편」, 「토질역학편」, 「건설사례편」 등 여러 분야의 강좌가 계속될 것이다. 주로 필자의 강의노트, 연구논문, 연구프로젝트보고서, 현장자문기록, 필자가 지도한 석·박사 학위논문 등을 정리하여 서적으로 구성하였고 지반공학도 및 설계·시공기술자에게 도움이 될 수 있는 상태로 구상하였다. 처음 시도하는 작업이다 보니 조심스러운 마음이 많다. 옛 선현의 말에 "눈길을 걸어갈 때 어지러이 걷지 마라. 오늘 남긴 내 발자국이 뒷사람의 길이 된다"라고 하였기에 조심 조심의 마음으로 눈 내린 벌판에 발자국을 남기는 자세로 진행할 예정이다. 부디 필자가 남긴 발자국이 많은 후학들의 길 찾기에 초석이 되길 바란다.

2015년 9월 '홍원표지반연구소'에서

저자 **홍원표**

「토질공학편」 강좌
서 문

'홍원표의 지반공학 강좌'의 첫 번째 강좌인 「말뚝공학편」 강좌에 이어 두 번째 강좌인 「기초공학편」 강좌를 작년 말에 마칠 수 있었다. 『수평하중말뚝』, 『산사태억지말뚝』, 『흙막이말뚝』, 『성토지지말뚝』, 『연직하중말뚝』의 다섯 권으로 구성된 첫 번째 강좌인 「말뚝공학편」 강좌에 이어 두 번째 강좌인 「기초공학편」 강좌에서는 『얕은기초』, 『사면안정』, 『흙막이굴착』, 『지반보강』, 『깊은기초』의 내용을 취급하여 기초공학 분야의 많은 부분을 취급할 수 있었다.

이어서 세 번째 강좌인 「토질공학편」 강좌를 시작하였다. 「토질공학편」 강좌에서는 『토질역학특론』, 『흙의 전단강도론』, 『지반아칭』, 『흙의 레오로지』, 『지반의 지역적 특성』을 취급하게 될 것이다. 「토질공학편」 강좌에서는 토질역학 분야의 양대 산맥인 '압밀특성'과 '전단특성'을 위주로 이들 이론과 실제에 대해 상세히 설명할 예정이다. 「토질공학편」 강좌에는 대학 재직 중 대학원생들에게 강의하면서 집중적으로 강조하였던 부분을 많이 포함시켰다.

「토질공학편」 강좌의 첫 번째 주제인 『토질역학특론』에서는 흙의 물리적 특성과 역학적 특성에 대해 설명하였다. 특히 여기서는 두 가지 특이 사항을 새로이 취급하여 체계적으로 설명하였다. 하나는 '흙의 구성모델'이고 다른 하나는 '최신 토질시험기'이다. 먼저 구성모델로는 Cam Clay 모델, 등방단일경화구성모델 및 이동경화구성모델을 설명하여 흙의 거동을 예측하는 모델을 설명하였다.

다음으로 최신 토질시험기로는 중간주응력의 영향을 관찰할 수 있는 입방체형 삼축시험과 주응력회전효과를 고려할 수 있는 비틀림전단시험을 설명하였다. 다음으로 두 번째 주제인 『흙의 전단강도론』에서는 지반전단강도의 기본 개념과 파괴 규준, 전단강도측정법, 사질토와 점성토의 전단강도 특성을 설명하였다. 그런 후 입방체형 삼축시험과 비틀림전단시험의 시험결과를 설명하였다. 이 두 시험에 대해서는 『토질역학특론』에서 이미 설명한 부분과 중복되는 부분이 있다. 끝으로 기반암과 토사층 사이 경계면에서의 전단강도에 대해 설명하여 사면안정 등 암반층과 토사층이 교호하는 풍화대 지층에서의 전단강도 적용 방법을 설명하였다. 세 번째 주제인 『지반아칭』에서는 입상체 흙 입자로 조성된 지반에서 발달하는 지반아칭 현상에 대한 제반 사항을 설명하고 '지반아칭'현상 해석을 실시한 몇몇 사례를 설명하였다. 네 번째 주제인 『흙의 레오로지』에서는 '점탄성 지반'에 적용할 수 있는 레오로지 이론의 설명과 몇몇 적용 사례를 설명하였다. 끝으로 다섯 번째 주제인 『지반의 지역적 특성』에 대해 필자가 경험한 국내외 사례 현장을 중심으로 지반의 지역적 특성(lacality)에 대해 설명하였다. 토질별로는 삼면이 바다인 우리나라 해안에 조성된 해성점토의 특성, 내륙지반의 동결심도, 쓰레기매립지의 특성을 설명하고 몇몇 지역의 지역적 지반특성에 대해 설명하였다.

원래 지반공학 분야에서는 토질역학과 기초공학이 주축이다. 굳이 구분한다면 토질역학은 기초학문이고 기초공학은 응용 분야의 학문이라 할 수 있다. 만약 이런 구분이 가능하다면 토질역학 강좌를 먼저하고 기초공학 강좌를 나중에 실시하는 것이 순서이나 필자가 관심을 갖고 평생 연구한 분야가 기초공학 분야가 많다 보니 순서가 다소 바뀐 느낌이 든다.

그러나 중요한 것은 필자가 독자들에게 무엇을 먼저 빨리 전달하고 싶은가가 더 중요하다는 느낌이 들어 「말뚝공학편」 강좌와 「기초공학편」 강좌를 먼저 실시하고 「토질공학편」 강좌를 세 번째 강좌로 선택하게 되었다. 특히 첫 번째 강좌인 「말뚝공학편」의 주제인 『수평하중말뚝』, 『산사태억지말뚝』, 『흙막이말뚝』, 『성토지지말뚝』, 『연직하중말뚝』의 다섯 권의 내용은 필자가 연구한 내용이 주로 포함되어 있다.

두 번째 강좌까지 마치고 나니 피로감이 와서 올해 전반기에는 집필을 멈추고 동해안 양양의 처가댁 근처에서 휴식을 취하면서 에너지를 재충전하였다. 마침 전 세계적으로 '코로나19' 방역으로 우울한 시기를 지내고 있는 관계로 필자도 더불어 휴식을 취할 수 있었다. 사실 은퇴 후 집필에만 전념하다 보니 번아웃(burn out) 증상이 나타나기 시작하여 휴식이 절실히 필요한 시기임을 직감하였다. 이제 새롭게 에너지를 충전하여 힘차게 집필을 다시 시작하게 되니 기쁜 마음을 금할 수가 없다.

인생은 끝이 있는 유한한 존재이지만 그 사이 무엇을 선택할지는 우리가 정할 수 있다 하였다. 이 목적을 달성하기 위해 역시 휴식은 절대적으로 필요하다. 휴식은 분명 다음 일보 전진을 위한 필수불가결의 요소인 듯하다. 그래서 문 없는 벽은 무너진다 하였던 모양이다.

집필이란 모름지기 남에게 인정받기 위해 하는 게 아니다. 필자의 경우 지식과 경험의 활자화를 완성하여 후학들에게 전달하기 위해 스스로 정한 목적을 달성하도록 자신과의 투쟁으로 수행하는 고난의 작업이다.

셰익스피어는 "산은 올라가는 사람에게만 정복된다"라고 하였다. 나의 집필의욕이 사라지지 않는 한 기필코 산을 정복하겠다는 집념으로 정진하기를 다시 한번 스스로 다짐하는 바이다.

지금의 이 집필작업은 분명 후일 내가 알지 못하는 독자들에게 도움이 될 것이란 기대로 열심히 과거의 기억을 되살려 집필하고 있다. 지금도 집필 중에 후일 알지 못하는 어느 독자가 내가 지금까지 의도하거나 느낀 사항을 공감할 것이라 생각하고 그 장면을 연상해보면서 슬며시 기뻐하는 마음으로 혼자서 빙그레 웃고는 한다. 이 보람된 일에 동참해준 제자, 출판사 여러분들에게 감사의 뜻을 전하는 바이다.

2021년 8월 '홍원표 지반연구소'에서

저자 **홍원표**

『흙의 전단강도론』
머리말

스마트폰이 범람하는 디지털 시대에 고집스럽게 종이책을 집필하는 필자의 행동이 시대에 역행하는 듯하다. 물론 예전처럼 많은 이가 종이로 된 책을 즐겨 찾지는 않겠지만, 그러나 필자는 책이라는 형태가 세상에 계속 존재해야 한다고 믿고 있다. 앞으로는 사람들이 종이책을 좀 더 보면 좋겠다. 필자는 그게 세상을 더 낫게 만드는 방법 중 하나라고 믿고 있다.

'홍원표의 지반공학강좌'의 세 번째 강좌인 「토질공학편」에서는 토질역학 분야의 양대 산맥인 '압밀특성'과 '전단특성'을 위주로 이들 이론과 실제에 대하여 상세히 설명할 예정이다. '압밀특성'과 '전단특성'의 주제는 필자가 대학 재직 중 대학원생들에게 강의하면서 집중적으로 설명하고 그 중요도를 여러 번 강조하였던 사항이다.

원래 토질역학은 흙의 응력과 변형률 사이의 거동에 관한 사항을 취급하는 학문이다. 이에 「토질공학편」에서 첫 번째와 두 번째 주제로 『토질역학특론』과 『흙의 전단강도론』을 택하였다. 첫 번째 주제인 『토질역학특론』을 마치고 지금 막 두 번째 주제인 『흙의 전단강도론』을 끝마치게 되었다.

이 주제의 서적 집필을 마치고 나니 오랜 숙제를 끝낸 것 같은 느낌이 든다. 그만큼 필자는 이 주제로 꼭 책을 집필하고 싶었다.

원래 토질역학은 일반역학에서의 응력과 변형률의 거동 이론을 토질재료에 접목시켜 출발한 응용학문이지만 최근에는 다방면으로 발전해가고 있다. 그중에서도 최근 특히 괄목할 발전 분야를 열거한다면 단연 토질시험 분야일 것이다.

현재 토질시험 분야에서는 현재 사용하고 있는 요소시험이 지니고 있는 모순과 결점을 하나씩 개선시킬 수 있는 시험기와 시험법이 개발되고 있다. 항상 토질시험에서 개선해야 할 가장 중요한 사항은 현장지반 속의 흙 요소가 받고 있는 응력의 상태가 실내 실험실에서 올바르게 재현되고 있는가이다.

지금까지 가장 큰 문제점으로 거론된 점은 최소주응력과 최대주응력 사이에 있는 중간주응력의 영향과 주응력회전효과를 올바르게 재현·고려하고 있나 하는 점이었다.

Mohr-Coulomb 파괴규준 Tresca 파괴규준 및 Von Mises 파괴규준과 같은 고전적 파괴규준에서는 중간주응력이 파괴강도에 영향을 미치지 않는다고 하였다. 그러나 최근 중간주응력이 공시체의 파괴강도에 지대한 영향을 미치고 있음이 밝혀졌다. 이미 Lade 파괴규준이나 Nakai_Matsuoka 파괴규준에는 중간주응력이 포함되어 있다.

더욱이 중간주응력의 영향을 나타낼 수 있는 시험기로 입방체형 공시체를 개발·사용하고 세 주응력을 각각 독립적으로 제어할 수 있는 삼축시험기가 개발·사용되고 있다. 이에 본 서적에서는 이미 개발·사용되고 있는 입방체형 삼축시험기를 소개하고 여러 시료에 대한 토질시험을 실시한 결과를 설명하였다.

즉, 원통형 공시체를 사용한 삼축시험을 사용함으로 인한 한계를 극복하기 위해 입방체형 공시체를 사용한 삼축시험을 사용함으로써 축대칭 응력상태만을 취급하면 것을 평면변형률 응력상태 등으로까지 자유롭게 취급할 수 있게 되었다.

그러나 주응력의 방향에 대하여는 기존의 불완전한 상태를 그대로 지니고 있었다. 원통형 공시체를 사용하든 입방체형 공시체를 사용한 기존의 삼축시험에서는 시험을 처음 시작할 때부터 끝날 때까지 주응력 방향이 항상 고정되어 있는 점이 현장 여건과 다른 점으로 지적되고 있다. 이에 연직응력과 전단응력만을 제어하고 이들 응력에 의해 주응력이 결정되는 비틀림전단시험이 개발되었으며, 이미 개발·사용되고 있는 비틀림전단시험기를 본 서적에서 자세히 소개하고 여러 시료에 대하여 토질시험을 실시하여 그 결과를 설명하였다.

본 서적은 전체가 11장으로 구성되어 있다. 제1장에서는 흙의 물리적 특성을 설명하고 제2장에서는 흙의 파괴규준을 설명하였다. 제3장과 제4장에서는 전단강도 측정법과 배수의 영향을 설명하였다. 여기서는 배수방법에 따라 시험법을 구분하고 있다. 제5장에서 제8장까지는 사질토와 점성토의 전단강도 특성을 설명하였다. 그리고 제9장과 제10장에서는 최신 토질시험법으로 개발·사용되고 있는 입방체형 삼축시험기와 비틀림전단시험기를 열거·설명하였다. 특히 여기서는 이들 시험기로 시험한 시험결과를 면밀히 분석하여 Lade 파괴규준에 의한 파괴강도와 비교한 점에 관심을 집중할 필요가 있다.

끝으로 제11장에서는 기반암과 토사층 사이 경계면에서의 전단강도에 대하여 설명하여 사면안정 등 암반층과 토사층이 교호하는 풍화대 지층에서의 전단강도 결정법과 적용 방법을 설명하였다.

새로운 토질시험기 및 시험법에 대해서는 대학원 박사과정의 남정만 박사와 이재호 박사의 기여가 컸음을 밝힌다. 또한 기반암과 토사층 사이 경계면에서의 전단강도에 대하여는 석사과정의 임창관 군, 허용 군, 이형주 군의 기여가 컸다.

이 자리에서 졸업한 제자들의 기여 내용를 소개하며 그들 모두의 협력에 깊이 감사의 마음을 표하는 바이다.

끝으로 본 서적이 세상의 빛을 볼 수 있게 된 데는 도서출판 씨아이알의 김성배 사장의 도움이 가장 컸다. 이에 고마운 마음을 여기에 표하는 바이다. 그 밖에도 도서출판 씨아이알의 박영지 편집장의 친절하고 성실한 도움은 무엇보다 큰 힘이 되었기에 깊이 감사드리는 바이다.

2022년 4월 '홍원표 지반연구소'에서

저자 **홍원표**

목 차

Chapter 01 지반전단강도의 기본 개념

Chapter 02 흙의 파괴 개념 및 파괴규준

Chapter 06 모래의 비배수전단강도

Chapter 07 점성토의 특성 및 시험법

Chapter 08　점성토의 전단강도 특성

Chapter 11 기반암과 토사층 사이의 전단강도

지반전단강도의 기본 개념

Chapter 01

지반전단강도의 기본 개념

1.1 응력 개념[1-3]

1.1.1 2차원 응력상태

지반 속의 흙의 한 요소를 2차원 직교좌표 x축과 y축상에 나타내면 그림 1.1과 같다. 지중에 작용하는 응력은 이 그림에서 보는 바와 같이 사각형 요소의 각 변에 통상 한 쌍의 수직응력 σ와 전단응력 τ로 표현한다.

따라서 사각형 2차원 흙 요소에 작용하는 응력을 표시하는 데는 그림 1.1에서 보는 바와 같이 두 개의 수직응력 성분 σ_x 및 σ_y와 두 개의 전단응력 성분 τ_{xy} 및 τ_{yx}의 네 개의 응력성분으로 표시된다.

여기서 수직응력은 한 개의 첨자를 사용하여 표현하는데, 이 첨자는 수직응력이 작용하는 면의 축을 의미한다. 반면에 전단응력은 두 개의 첨자를 사용하여 표현하는데, 첫 번째 첨자는 전단응력이 작용하는 면 방향의 축이고 두 번째 첨자는 전단응력이 작용하는 축의 방향이다. 예를 들면, 그림 1.1에 도시된 수직응력 σ_y는 $x-x$면상의 수직응력이고 전단응력 τ_{xy}는 $y-y$면상에 작용하는 축방향 전단응력이다.

이 요소 내에 두 개의 주응력 σ_1 및 σ_3이 작용하는 면이 존재한다. 이 들 주응력은 Mohr 응력원을 이용하여 도해법으로도 구할 수 있다.

토질역학에서는 단일면에 작용하는 응력을 2차원 문제로 접근한다. 가장 중요한 2차원 문제는 평면변형률(plain strain)의 경우이다. 평면변형률 문제는 직교좌표계에서 한쪽 방향(통상적으로 y축 방향)의 변형률이 0인 특수한 경우로 지반구조물에는 이런 경우가 많이 존재한다.

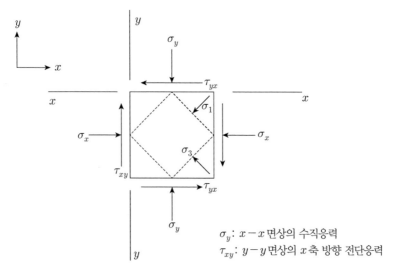

$\sigma_y : x - x$ 면상의 수직응력

$\tau_{xy} : y - y$ 면상의 x축 방향 전단응력

그림 1.1 2차원 응력상태

1.1.2 지반공학상 응력부호의 정의

그림 1.2에서 보는 바와 같이 수직응력은 임의의 면방향으로 작용하는 수직응력을 정의 방향으로 간주한다. 즉, 압축응력을 정의 방향으로 정의하며 전단응력은 마주보는 변에 작용하는 한 쌍의 전단응력이 반시계 방향으로 작용하는 경우를 정의 방향으로 취급한다. 이 점이 일반역학에서와 다른 점이다. 일반역학에서는 인장 방향이 정의 방향으로 정의하나 토질역학에서는 모든 경우에 압축으로 응력이 발생하므로 압축을 정의 방향으로 규정한다.

그림 1.2(b)에서 보는 바와 같이 한 쌍의 전단응력은 크기가 같고 방향이 반대로 작용한다. 따라서 $\tau_{yx} = \tau_{xy}$가 된다. 이는 요소의 중앙을 기준으로 전단응력에 의한 모멘트를(전단응력 작용면적을 고려한다) 구하여 등식으로 놓으면 도출된다.

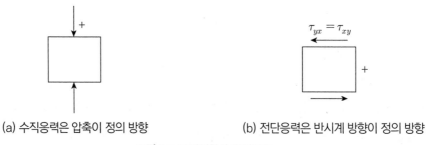

(a) 수직응력은 압축이 정의 방향   (b) 전단응력은 반시계 방향이 정의 방향

그림 1.2 토질역학상 응력부호

1.2 Mohr 응력원

지반 속의 한 요소에 작용하는 응력의 일반적 상태는 Mohr원으로 표현할 수 있다. 그림 1.1에 도시된 두 쌍의 응력 $(\sigma_x,\ \tau_{yx})$, $(\sigma_y,\ \tau_{xy})$을 Mohr원으로 하는 응력원을 그릴 수 있다. 이 그림으로부터 극(pole)점과 주응력 σ_1 및 σ_3의 크기와 방향을 구할 수 있다.

즉, 그림 1.3에서 보는 바와 같이 $(\sigma_x,\ \tau_{yx})$, $(\sigma_y,\ \tau_{xy})$으로 수직응력 σ와 전단응력 τ을 두 축으로 하는 Mohr 응력원상에 A점과 B점을 표시하고, 이 두 점 사이의 거리를 지름으로 하는 원을 그리면 이 원이 Mohr 응력원이 된다. 단 두 축의 수직응력과 전단응력의 축척은 동일하게 한다.

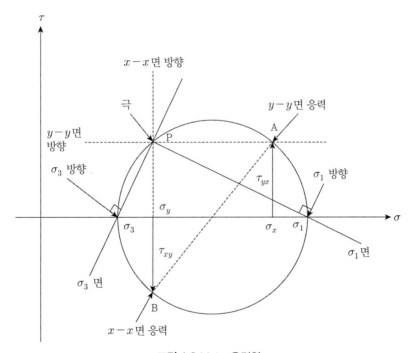

그림 1.3 Mohr 응력원

즉, Mohr원의 중심은 두 수직응력의 평균치 $\sigma = \dfrac{1}{2}(\sigma_x + \sigma_y)$를 수직응력 축에 정하고 Mohr원의 반경은 두 응력 점 A$(\sigma_x,\ \tau_{yx})$, B$(\sigma_y,\ \tau_{xy})$ 사이 길이의 반으로 정한다. 이 길이는 최대전단응력 $\tau_{\max} = 1/2((\sigma_x - \sigma_y)^2 + 4\tau_{xy}^2)^{1/2}$와 동일하다.

이 응력원이 수평축, 즉 수직응력 축인 σ축과 만나는 점은 전단응력이 0이므로 주응력에 해당한다. 이 두 점 중 작은 값이 최소주응력 σ_3이고 큰 값이 최대주응력 σ_1이 된다.

그림 1.3에서 A(σ_x, τ_{yx}), B(σ_y, τ_{xy})가 작용하는 변을 각각 수평과 수직으로 정하였으므로 이 수평선과 수직선은 Mohr원과 P점에서 만나며 이 점을 극(pole)이라 부른다. 이 극점과 Mohr원상의 모든 점을 연결하고 그 선에 수직선을 그리면 각 응력의 작용 방향을 구할 수 있다. 예를 들어, 극점과 최대주응력 σ_1을 연결하고 이 선에 수지선을 그리면 최대주응력 σ_1의 방향을 구할 수 있고, 최소주응력 σ_3을 연결하고 이 선에 수직선을 그리면 최소주응력 σ_3의 방향을 구할 수 있다.

1.3 극(pole)

1.3.1 극을 구하는 방법

그림 1.3에서 응력점 B(σ_y, τ_{xy}) 혹은 A(σ_x, τ_{yx})를 지나고 $x-x$면 혹은 $y-y$면에 평행한 선을 그리면 Mohr원과의 교점 P가 구해지며 이 점이 극점(pole)이 된다. 각 응력원은 하나의 극점을 가진다.

1.3.2 극의 특성

극을 지나고 Mohr원상의 한 점을 연결하는 A-A 직선과 Mohr원과 만나는 점은 그림 1.4(a) 에 도시한 바와 같이 사각형 요소 내 A-A 방향에 평행인 면에 작용하는 응력 σ_{AA}와 τ_{AA}의 좌표가 된다. 요소 내의 A-A 면에 작용하는 응력 요소 수직응력 σ_{AA}와 전단응력 τ_{AA}는 그림 1.4(a)에 도시되어 있으며 그림 1.4(b)의 Mohr 응력도상에는 이들 응력 σ_{AA}와 τ_{AA}가 도시되어 있다.

1.3.3 극의 활용

앞에서 설명한 바와 같이 주어진 방향 A-A면에 작용하는 수직응력과 전단응력을 구할 수 있다. 반대로 Mohr원상의 수직응력과 전단응력의 응력점을 알면 그 응력이 작용하는 면도 구할 수 있다.

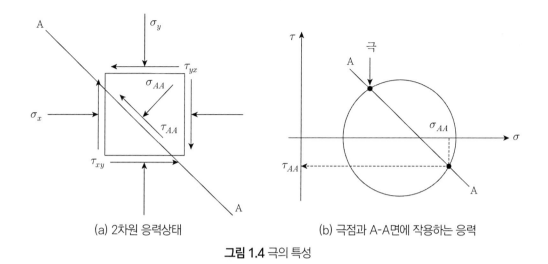

(a) 2차원 응력상태　　　　　　　　(b) 극점과 A-A면에 작용하는 응력

그림 1.4 극의 특성

1.4 지반공학적 2차원 응력상태

통상 재료공학에서 응력은 3차원 응력 상태로 취급한다. 그러나 지반공학 구조물에서는 응력의 상태에 따라 3차원 응력상태 문제를 2차원 응력상태의 문제로 용이하게 취급할 수 있는 경우가 많이 있다. 그중 하나는 평면변형률(plain strain) 상태이고 다른 하나는 축대칭(axial symmetry) 상태이다. 평면변형률 상태는 지반구조물 중 한 축 방향으로 긴 형태의 구조물인 경우 장축 방향의 변형률을 0으로 간주할 수 있다. 평면변형률 상태의 예로는 옹벽, 제방 등의 구조물을 생각할 수 있다. 이들 구조물은 장축 방향으로 어느 위치에서의 단면을 보아도 동일한 단면형상를 가지게 된다. 따라서 이러한 구조물은 장축 방향의 변형률을 고려하지 않음으로써 2차원 응력상태로 취급할 수 있다.

다음으로 축대칭 상태는 두 방향의 응력이 축대칭 상태에 있어 한 축의 응력상태는 고려하지 않는 경우이다. 축대칭 상태의 예로는 물이나 기름의 저장탱크가 지반 위에 놓여 있을 경우를 들 수 있다. 이 경우는 탱크의 중심축을 기준으로 360° 동일한 단면 형상을 볼 수 있어 통상 연직방향 응력과 방사방향 응력만을 고려하여 3차원의 문제를 축을 기준으로 한 단면의 2차원 문제로 다룬다. 일반적으로 축대칭 응력상태에서는 연직방향응력이 최대주응력이 되고 수평방향응력은 방사방향응력으로 취급하여 최소주응력이 된다. 즉, 이 경우는 중간주응력이 최소주응력과 동일하다고 생각한다.

| 참고문헌 |

(1) Harr, M.E.(1966), *Foundations of Theoretical Soil Mechanics*, McGraw-Hill Book Company, New York, pp.6-15, 20-27.

(2) Lambe, T.W. and Whitman, R.V.(1969), *Soil Mechanics*, John Wiley & Sons, Inc., New York, pp.105-112, 138.

(3) Terzaghi, K.(1943), *Theoretical Soil Mechanics*, John Wiley & Sons, Inc., New York, pp.15-24.

흙의 파괴 개념 및 파괴규준

흙의 파괴 개념 및 파괴규준

지반의 거동해석 시에는 그 지반의 응력－변형률 특성과 파괴 시의 응력상태를 정확히 파악할 필요가 있다.[6] 특히 흙 구조물의 설계 시나 구조물의 하부구조설계 시에는 흙의 파괴강도에 대한 지식이 절대적으로 필요하다. 왜냐하면 흙의 파괴강도는 상부구조물의 안정성을 지배하는 가장 큰 요소가 되기 때문이다.

일반적으로 지반 속의 한 요소는 3차원 응력상태에 놓이게 되므로 파괴 역시 3차원 응력하에서 취급되어야만 한다. 이러한 흙의 파괴강도를 정확히 산정하기 위해서는 지반 속의 한 요소에 작용하는 3차원 응력이 어떤 상태에 도달하여야 흙의 파괴가 발생하는가에 대한 정확한 판정의 기준이 필요하다. 이러한 판정 기준을 흙의 파괴규준(failure criterion)이라 한다.[15,17] 토질역학 분야에 Coulomb의 마찰이론이 도입된 이래 수많은 흙의 파괴규준이 제안·사용되고 있다.

2.1 파괴의 정의

소성항복(yield), 강도파괴(strength failure), 파단(rupture) 등 재료의 거동이 어떤 상태로부터 다른 상태로 변화하는 과정을 광의로 항복 혹은 파괴(failure)라 총칭할 수 있다. 이 중 항복은 탄성거동으로부터 소성거동이 탁월한 상태로 변화하는 과정을 가리키며, 파괴는 외력에 대한 저항이 증가상태에서 감소상태로 변화하는 과정을 가리킨다. 그림 2.1은 흙의 평균수직응력 σ_m이 일정한 상태에서의 전단응력－전단변형률 관계의 일례를 보여주고 있다. 응력은 Y점의 초기항복응력에 도달한 후 전단저항은 더욱 증가하여 점 P의 최대치에 도달한다. 그 이후는 전단저항이 감소하여 일정치 R로 접근한다. 여기서 P점의 응력을 최대전단강도, R점의 응력을 잔류강도라 한다. 이와 같이 최대전단강도 상태는 정의대로 파괴에 상당하나 응력이 일정하고 전단변형만이 계속되는 잔류강도 상태를 한계상태(critical state)라 부른다.

이처럼 항복, 파괴는 재료의 응력−변형률 관계에서 특성점이므로 이들의 응력상태를 응력공간 내에서 구하면 그림 2.2에 표시된 항복곡면이나 파괴곡면이 구해진다. 이 항복곡면은 하중 반복과정에서 점차 확장된다. 그림 2.2는 하중재하(loading)와 제하(unloading) 과정에서 변형률경화 현상에 의해 항복곡면이 확장되는 현상을 도시한 그림이다. 이들 곡면의 함수표시를 각각 항복규준(항복함수), 파괴규준이라 부른다.

한편 파단(rupture)은 재료가 두 개 이상의 부분으로 분단되는 과정을 말한다. 그러나 파단은 토질역학보다는 암반역학에서 다루는 경우가 많다.

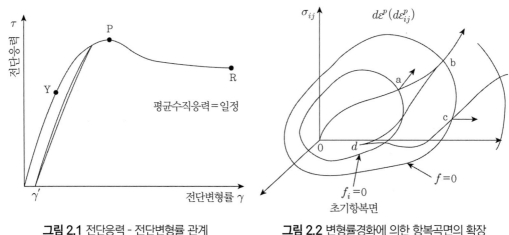

그림 2.1 전단응력 - 전단변형률 관계   **그림 2.2** 변형률경화에 의한 항복곡면의 확장

2.2 파괴 개념[9,16,21]

2.2.1 Mohr-Coulomb 파괴 개념

1776년 Coulomb은 토질에 대한 경험적 관계로 파괴의 개념을 식 (2.1)과 같이 정의하였다.

$$S = p\tan\phi \qquad\qquad (2.1)$$

원래 식 (2.1)로 정의한 파괴 개념은 Coulomb이 1699년 나무블록의 활동 연구 결과로 두 물체 사이의 파괴는 $S = p\tan\phi$로 가정한 데 기인한 결과였다. 그 후 1882년 Otto Mohr는 Mohr원 개념을 개발하여 2차원 혹은 3차원 응력상태를 도면으로 표현하였다. 이들 두 개념을 결합하여 파괴 시의 응력에 대하여 Mohr-Coulomb 파괴 개념을 정립할 수 있었다.[9,16,21]

3차원 응력상태는 그림 2.3(a)에 도시한 바와 같고 이들 응력을 Mohr원으로 도시하면 그림 2.3(b)와 같다. 그림 2.3(b)의 Mohr원에 의하면 중간주응력 σ_2는 강도에 영향을 미치지 않음을 의미한다. 즉, (σ_2, σ_3) 응력원과 (σ_1, σ_2) 응력원은 파괴에 연관된 제일 큰 원 (σ_1, σ_3) 응력원 안에 존재하기 때문이다. 이 결과는 결국 원통형 공시체 삼축압축시험에서 파괴에 영향을 미치는 응력에서 중간주응력 σ_2를 무시하게 하였다. 원통형 공시체 삼축압축시험에서 축대칭 상태에서는 $\sigma_2 = \sigma_3$이 되어 최소주응력과 최대주응력만을 고려하여 파괴를 정의하였다. 따라서 $\sigma_1 = \sigma_3 N_\phi + 2c N_\phi^{1/2}$으로 파괴 개념을 정의하였다. 그러나 개량시험기[11,12]를 사용한 최근 시험 결과 중간주응력 σ_2가 모래의 강도에 영향을 끼침이 밝혀졌다.[4,10,13,22] 이들 시험 결과 $\sigma_2 > \sigma_3$이면 내부마찰각 ϕ가 커진다. 결국 Mohr-Coulomb 규준은 안전 측임을 의미한다.

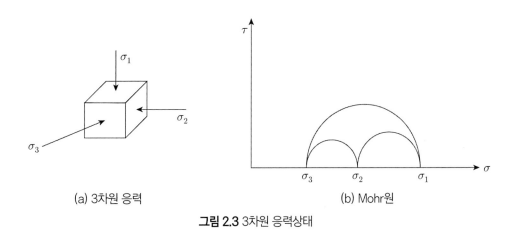

(a) 3차원 응력   (b) Mohr원

그림 2.3 3차원 응력상태

강도정수 c, ϕ를 산출하기 위해서는 구속압, 즉 최소주응력 σ_3를 변화시키면서 일련의 삼축시험으로 $(\sigma_1 - \sigma_3)_f$을 측정하고 포락선을 구하며 그 포락선의 절편과 기울기로 강도정수

c, ϕ를 구한다. 한편 직접전단시험에서는 공시체에 가하는 수직응력 σ_α와 전단응력 τ_α를 직접 측정하고 그림 2.4와 같이 정리하여 절편 c와 기울기 ϕ를 구하여 강도정수로 정한다.

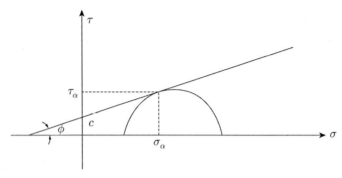

그림 2.4 직접전단시험 결과

여기서 τ_α와 σ_α는 그림 2.5(a)에 도시된 공시체 내 파괴면 상에 발달하는 응력이다. 여기서 각도 α는 그림 2.5(b)의 Mohr원의 중심각의 1/2에 해당하며 그림 2.6의 삼각형에서 기하학적 관계로 구할 수 있다.

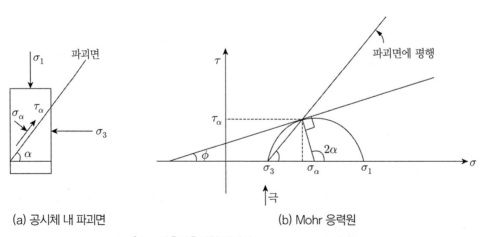

(a) 공시체 내 파괴면   (b) Mohr 응력원

그림 2.5 삼축압축시험 결과와 Mohr-Coulomb 규준

$$2\alpha = 90° + \phi$$
$$\alpha = 45° + \frac{\phi}{2}$$

그림 2.6 각도 α

다음으로 그림 2.7의 Mohr원에 도시된 주응력 사이의 관계는 식 (2.3)과 같이 산출할 수 있다.

$$\frac{\sigma_1 - \sigma_3}{2} = \left(\frac{\sigma_1 + \sigma_3}{2} + c\cot\phi\right)\sin\phi \tag{2.2}$$

$$\sigma_1 - \sigma_3 = (\sigma_1 + \sigma_3)\sin\phi + 2c\cos\phi \tag{2.3}$$

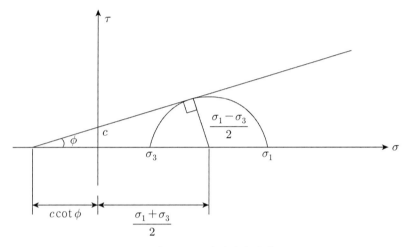

그림 2.7 주응력 사이의 관계

식 (2.3)은 Mohr-Coulomb 파괴상태에 대한 일반표현이며 이 식을 σ_1으로 정리하면 식 (2.4)와 같이 된다.

$$\sigma_1 = \sigma_3\frac{1 + \sin\phi}{1 - \sin\phi} + 2c\frac{\cos\phi}{1 - \sin\phi} \tag{2.4}$$

여기서, $\dfrac{1 + \sin\phi}{1 - \sin\phi} = \tan^2\left(45° + \dfrac{\phi}{2}\right) = N_\phi$ \hspace{2em} (2.5a)

$$\frac{\cos\phi}{1 - \sin\phi} = \tan\left(45° + \frac{\phi}{2}\right) = \sqrt{N_\phi} \tag{2.5b}$$

식 (2.5)를 (2.4)에 대입하면 식 (2.6)이 구해진다.

$$\sigma_1 = \sigma_3 N_\phi + 2c\sqrt{N_\phi} \tag{2.6}$$

식 (2.2)를 다시 쓰면 식 (2.7)과 같이 된다.

$$\frac{\sigma_1 - \sigma_3}{2} = \frac{\sigma_1 + \sigma_3}{2}\sin\phi + c\cos\phi \tag{2.7}$$

여기서, $q = \dfrac{\sigma_1 - \sigma_3}{2}$, $p = \dfrac{\sigma_1 + \sigma_3}{2}$ 이라면 $p - q$식인 식 (2.8)이 구해진다.

$$q = p\sin\phi + c\cos\phi \tag{2.8}$$

식 (2.8)을 도시하면 그림 2.8이 된다. 내부마찰각 ϕ와 점착력 c는 그림 2.8의 a와 b로부터 식 (2.9)의 관계로 구한다.

$$\sin\phi = \tan\alpha \tag{2.9a}$$
$$c = \frac{b}{\cos\phi} \tag{2.9b}$$

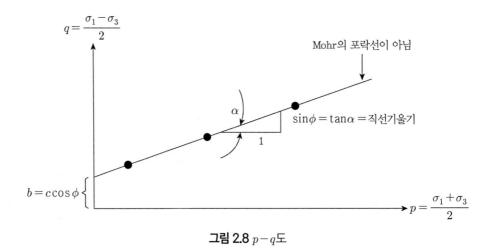

그림 2.8 $p - q$도

그림 2.8은 그림 2.3(b)의 Mohr원을 단일점으로 줄이기 위해 Mohr원을 수정하여 $(p-q)$도를 도입하여 작성한 그림이다. 식 (2.9)로 규정되는 점을 파괴점 A라 하고 이 파괴점 A를 Mohr원의 정점 B와 비교하면 그림 2.9에 A점과 B점으로 도시한 바와 같다.

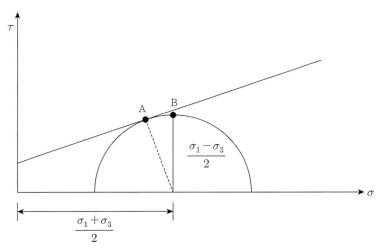

그림 2.9 파괴점과 Mohr원상의 정점의 비교

2.2.2 강도정수 결정

실내 토질시험 결과 강도포락선은 그림 2.10에서 보는 바와 같이 곡선의 형태로 나타난다. 이 곡선의 파괴포락선은 직선과 약간의 강도 차이를 보인다. 그러나 통상적인 응력 범위에서는 이 곡선의 파괴포락선을 직선으로 근사시켜 적용한다.

이 근사직선의 절편과 기울기로 강도정수(내부마찰각 ϕ와 점착력 c)를 정한다. 이 근사직선과 강도정수 c와 ϕ값은 ① 토질과 간극비, ② 시험형태, ③ 응력범위의 세 가지 요인에 의존한다.

따라서 엄밀하게 말하면 c와 ϕ는 토질정수가 아니고 수직응력에 따른 전단강도의 변화를 $S = c + p\tan\phi$로 표현할 수 있는 단순하고 편리한 정수라고 할 수 있다.

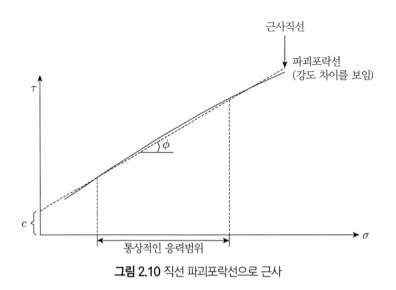

그림 2.10 직선 파괴포락선으로 근사

2.2.3 3차원 응력상태

(1) 3차원 응력

그림 2.11은 정육면체의 흙 요소에 작용하는 응력을 도시한 그림이다. 이미 2차원 응력상태에 대해서는 1장에서 설명한 바 있다. 정육면체의 각 면에는 하나의 수직응력과 두 개의 전단응력이 작용하는데, 수직응력은 응력의 작용방향축을 첨자로 쓰고 전단응력에는 두 개의

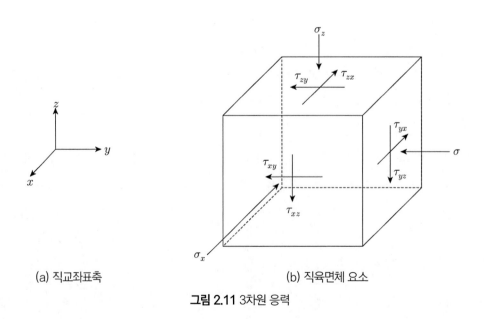

(a) 직교좌표축   (b) 직육면체 요소

그림 2.11 3차원 응력

첨자를 써서 전단응력의 작용면과 작용방향을 나타낸다. 예를 들면, σ_x는 x축 방향 수직응력이고 τ_{xy}는 z축에 수직인 면에 y축 방향으로 작용하는 전단응력이다. 응력의 부호는 수직응력의 경우 압축을 양(+)으로 하고 전단응력은 반시계 방향을 양(+)으로 한다. 3개의 마주보는 면에는 크기는 동일하나 방향이 반대인 응력이 작용한다.

따라서 3개의 수직응력과 6개의 전단응력 중 3개의 수직응력 σ_x, σ_y, σ_z와 3개의 전단응력만 고려한다. 즉, 전단응력은 $\tau_{ij} = \tau_{ji}$이므로 3개의 전단응력만이 독립적으로 작용한다.

2차원 경우로 임의면 ABC상의 응력상태를 알기 위하여 그림 2.12에 도시된 바와 같이 임의면 ABC상의 x, y, z축 방향의 응력성분을 각각 P_x, P_y, P_z라 하면 각 면에 작용하는 힘은 응력×면적으로 산정하고 힘의 평형조건으로 산정할 수 있다.

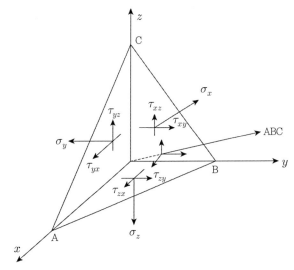

그림 2.12 임의면 ABC상의 응력상태

먼저 ABC의 면적을 W라 하고 그림 2.13에 도시된 OBC 면적, OAB 면적, OAC 면적을 각 면적의 방향여현 l, m, n을 고려하여 x축 방향 힘의 평형조건으로 식 (2.10)을 구할 수 있다.

$$P_x \cdot W = W \cdot l \cdot \sigma_x + W \cdot m \cdot \tau_{yz} + W \cdot n \cdot \tau_{zx} \tag{2.10}$$

동일하게 y축 방향, z축 방향에 대하여도 구하여 정리하면 식 (2.11)이 구해진다.

$$P_x = l \cdot \sigma_x + m \cdot \tau_{yz} + n \cdot \tau_{zx} \tag{2.11a}$$

$$P_y = l \cdot \tau_{xy} + m \cdot \sigma_y + n \cdot \tau_{zx} \tag{2.11b}$$

$$P_z = l \cdot \tau_{xz} + m \cdot \tau_{yz} + n \cdot \sigma_z \tag{2.11c}$$

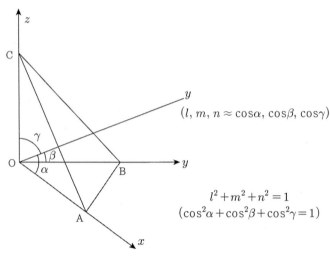

그림 2.13 임의면 ABC의 방향여현

식 (2.11)을 매트릭스로 표현하면 식 (2.12)가 된다.

$$\begin{pmatrix} P_x \\ P_y \\ P_z \end{pmatrix} = \begin{bmatrix} \sigma_x & \tau_{yz} & \tau_{zx} \\ \tau_{xy} & \sigma_y & \tau_{zy} \\ \tau_{xz} & \tau_{yz} & \sigma_z \end{bmatrix} \begin{pmatrix} l \\ m \\ n \end{pmatrix} \tag{2.12}$$

응력텐서

이 응력텐서는 식 (2.13)과 같이 두 부분으로 나눌 수 있다.

전응력텐서＝평균응력성분＋축차응력성분

$$\begin{bmatrix} \sigma_x & \tau_{yz} & \tau_{zx} \\ \tau_{xy} & \sigma_y & \tau_{zy} \\ \tau_{xz} & \tau_{yz} & \sigma_z \end{bmatrix} = \begin{bmatrix} \sigma & 0 & 0 \\ 0 & \sigma & 0 \\ 0 & 0 & \sigma \end{bmatrix} + \begin{bmatrix} (\sigma_x - \sigma) & \tau_{xy} & \tau_{xz} \\ \tau_{yx} & (\sigma_y - \sigma) & \tau_{yz} \\ \tau_{zx} & \tau_{zy} & (\sigma_z - \sigma) \end{bmatrix} \tag{2.13}$$

이를 다시 쓰면

$$\sigma_{ij} = \sigma \cdot \delta_{ij} + s_{ij} \tag{2.14}$$

여기서 δ_{ij}는 Kronecker delta(δ)이며 식 (2.15) 조건으로 사용한다.

$$\begin{pmatrix} i = j : \delta_{ij} = 1 \\ i \neq j : \delta_{ij} = 0 \end{pmatrix} \tag{2.15}$$

(2) 특수응력상태

그림 2.14는 원통형 공시체를 사용한 경우의 삼축압축상태의 응력을 도시한 그림이다. 여기서 평균수직응력은 세 수직응력의 평균치로 식 (2.16)과 같다.

$$\sigma_m = \frac{\sigma_x + \sigma_y + \sigma_z}{3} = \frac{\sigma_1 + \sigma_2 + \sigma_3}{3} = \frac{\sigma_1 + 2\sigma_3}{3} \tag{2.16}$$

$$(\sigma_z - \sigma_m) = \sigma_1 - \frac{1}{3}(\sigma_1 + 2\sigma_3) = \frac{2}{3}(\sigma_1 - \sigma_3) \tag{2.17}$$

식 (2.17)이 진짜 축차응력(deviatoric stress)이다. 2/3 계수 때문에 이 축차응력은 통상 쓰이고 있는 축차응력(이는 응력차를 의미함)에 비례하게 된다.

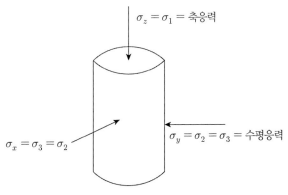

$\sigma_z = \sigma_1 = $ 축응력

$\sigma_x = \sigma_3 = \sigma_2$

$\sigma_y = \sigma_2 = \sigma_3 = $ 수평응력

그림 2.14 삼축압축 응력상태

평면변형률상태에서는 $\sigma_2 \neq \sigma_3$(통상 σ_2는 미지수)이므로 축차응력은 위의 경우와 다르다. 축차응력은 식 (2.17)과 같이 구해진다.

그림 2.15는 원통형 공시체에 대한 삼축신장상태일 때의 응력상태를 도시한 그림이다. 삼축신장상태일 때의 경우 평균수직응력은 식 (2.18)과 같이 되므로 식 (2.17)로 산정된 삼축압축의 경우와 약간 차이가 있다. 이는 수평방향 수직응력, 즉 구속압이 최대주응력이 되기 때문이다.

$$\text{평균수직응력 } \sigma_m = \frac{1}{3}(\sigma_1 + \sigma_2 + \sigma_3) = \frac{1}{3}(2\sigma_1 + \sigma_3) \tag{2.18}$$

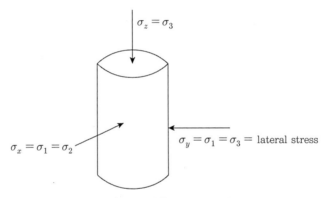

그림 2.15 삼축신장 응력상태

계속하여 축차응력은 식 (2.19)와 같이 된다.

$$(\sigma_x - \sigma_m) = \sigma_1 - \frac{1}{3}(2\sigma_1 + \sigma_3) = \frac{1}{3}(\sigma_1 - \sigma_3) \tag{2.19}$$

식 (2.19)로 정의되는 축차응력은 식 (2.17)로 정의되는 축차응력과 차이가 있다.

2.2.4 주응력공간

주응력공간은 주응력이 알려져 있을 때 사용하면 편리한 공간이다. 주응력은 전단응력이 없는 면에 작용하는 수직응력이므로 전단응력을 고려함이 없이 수직응력, 그것도 주응력만 고려하기 때문에 사용하기 편리한 공간이다. 또한 주응력의 방향은 서로 직교하기 때문에 x, y, z축을 주축이라 하고 임의의 응력을 주응력 공간에 표시하면 그림 2.16에서 보는 바와 같이 한 점 P로 표기가 가능하다.

이 주응력 공간에는 주응력을 취급하기 편리한 평면이 존재한다. 대표적으로 정팔면체면과 삼축면을 들 수 있다. 이들 응력면을 활용하면 삼축시험에서 다룰 수 있는 여러 응력경로를 편리하게 도시할 수 있다.

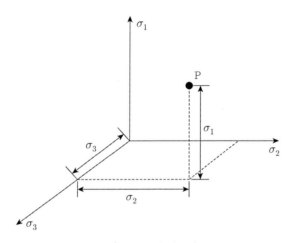

그림 2.16 주응력공간

(1) 정팔면체 응력

우선 주응력 공간에 정수압축(hydrostatic axis)을 도시하면 그림 2.17과 같다. 우선 정팔면체 응력(octahedral stresses)은 각축에 대한 방향여현이 모두 동일한 면상의 수직응력과 전단응력을 의미한다. 여기서 정팔면체 수직응력 σ_{oct}는 식 (2.20)과 같이 평균수직응력의 개념도 포함하고 있다.

$$\sigma_{oct} = \frac{1}{3}\sqrt{(\sigma_1 + \sigma_2 + \sigma_3)} \tag{2.20}$$

한편 정팔면체 전단응력 τ_{oct}은 식 (2.21)과 같다.

$$\tau_{oct} = \frac{1}{3} \sqrt{(\sigma_1 - \sigma_3)^2 + (\sigma_2 - \sigma_3)^2 + (\sigma_3 - \sigma_1)^2}$$ (2.21)

정팔면체 수직응력 σ_{oct}와 정팔면체 전단응력 τ_{oct}는 임의의 응력상태에 대하여 모두 계산 가능하다. 즉, 삼축압축상태와 삼축신장상태를 대상으로 한 경우 식 (2.22)와 (2.23)과 같이 산정할 수 있다.

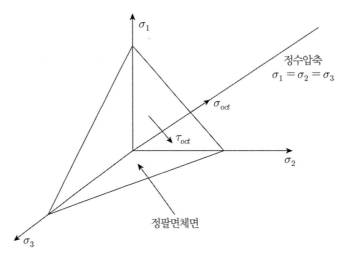

그림 2.17 정팔면체면

먼저 삼축압축 응력상태에서는 $\sigma_1 > \sigma_2 = \sigma_3$이므로 정팔면체 전단응력 τ_{oct}와 정팔면체 수직응력 σ_{oct}은 식 (2.22)와 같이 구해진다.

$$\tau_{oct} = \frac{\sqrt{2}}{3}(\sigma_1 - \sigma_3)$$ (2.22a)

$$\sigma_{oct} = \frac{1}{3}(\sigma_1 + 2\sigma_3)$$ (2.22b)

다음으로 삼축신장 응력상태에서는 $\sigma_1 = \sigma_2 < \sigma_3$이므로 정팔면체 전단응력 τ_{oct}와 정팔면체 수직응력 σ_{oct}은 식 (2.23)과 같이 구해진다.

$$\tau_{oct} = \frac{\sqrt{2}}{3}(\sigma_1 - \sigma_3) \tag{2.23a}$$

$$\sigma_{oct} = \frac{1}{3}(2\sigma_1 + \sigma_3) \tag{2.23b}$$

(2) 삼축면

삼축면(triaxial plane)은 그림 2.18에 빗금으로 표시된 면으로 한 개의 주응력축과 정수압축으로 형성된 면이다. 이 삼축면은 삼축시험에서 응력경로를 도시하는 데 유용하게 사용될 수 있다.

즉, 그림 2.18에 도시한 바와 같이 축응력(axial stress) σ_a와 방사응력(radial stress) σ_r로 형성된 면이 삼축면이다. 삼축면을 따로 분리하여 도시할 경우 여러 가지 편리한 면이 있다.

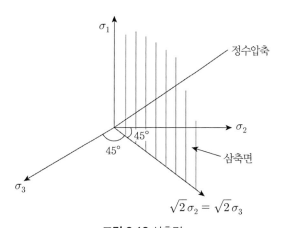

그림 2.18 삼축면

이 삼축면상에 몇몇 특수시험의 응력경로를 도시할 수 있다. 예를 들면, 그림 2.19(a)에 배수시험의 응력경로를 도시하였고 그림 2.19(b)에는 비배수시험의 응력경로를 도시하였다.

먼저 그림 2.19(a)의 배수시험에서 등방압밀 (0-1) 후 배수시험을 하는 경우의 응력경로를 표시하였다(압축시험의 경우는 (0-1-2) 응력경로에 따라 시험을 실시하고, 신장시험의 경우는 (0-1-3) 응력경로에 따라 시험을 실시한다).

이 응력경로도에는 압밀방법에 대한 구분도 표시가능하다. 예를 들면, 비등방압밀의 경우에는 응력경로를 표시할 경우 (0-4)의 응력경로로 도시할 수 있다. 계속하여 비등방압밀 후 배수시험을 실시할 경우의 응력경로도 표시가 가능하다. 이 경우의 응력경로는 비등방압밀 후 압축 배수시험의 경우 응력경로는 (0-4-2)이고 비등방압밀 후 신장 배수시험을 실시할 경우 응력경로는 (0-4-3)이 된다.

한편 비배수시험의 경우 응력경로는 그림 2.19(b)에 도시한 바와 같다. 즉, 등방압밀의 응력경로는 (0-1)이고 이방압밀의 응력경로는 (0-3)이다.

압밀 후 압축전단시험의 경우는 (1-2)와 (3-4)로 표시 가능하다. 즉, 비등방압밀 비배수시험의 응력경로는 0-3-4이고 등방압밀 비배수압축시험의 응력경로는 0-1-2가 된다.

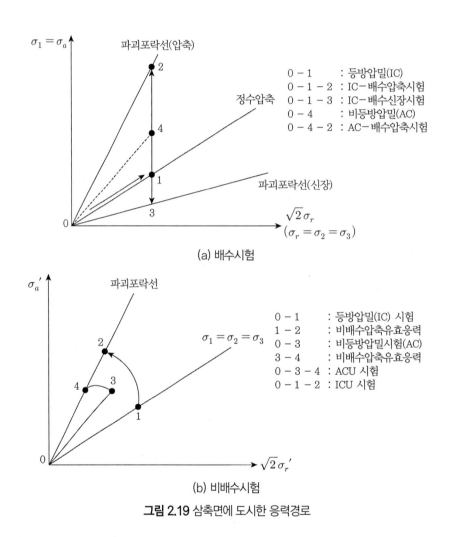

(a) 배수시험

(b) 비배수시험

그림 2.19 삼축면에 도시한 응력경로

(3) 정팔면체면

주응력축을 정팔면체면(octahedral plane)상에 투영하였을 경우 그림 2.20(a)에 도시된 바와 같이 각 축은 120° 간격으로 떨어져 있다. 이 면상에는 정수압축이 한 점(중앙점)으로 표시된다. 그림 2.20(b)은 Mohr-Coulomb 파괴규준을 정팔면체 면상에 도시하였을 경우의 도면이다. 이 도면에 도시한 바와 같이 평면변형률시험 결과의 강도는 Mohr-Coulomb 규준보다 약간 크게 나타난다. 즉, 이는 Mohr-Coulomb 파괴규준이 다소 안전 측임을 의미한다.

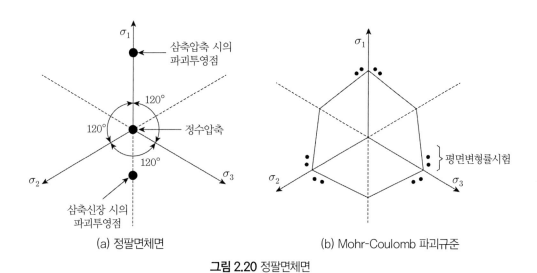

(a) 정팔면체면   (b) Mohr-Coulomb 파괴규준

그림 2.20 정팔면체면

한편 그림 2.21은 정팔면체면상에 정수압축(등방축)과 정팔면체 수직응력 σ_{oct}와 정팔면체 전단응력 τ_{oct}을 도시한 그림이다.

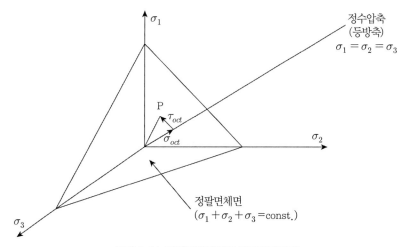

그림 2.21 정팔면체면상의 정팔면체응력

2.3 파괴규준

토질역학에서 Coulomb, Mohr, Mohr-Coulomb, Tresca, von Mises 등의 항복규준 혹은 파괴규준이 예로부터 사용되고 있으며(Villiappam, 1981),[23] 흙의 구성식의 발전에 따라 새로운 항복규준 및 파괴규준도 제안되어 오고 있다(Lade, 1984;[15] Matsuoka & Nakai, 1974[17]). 이들 규준에서는 꼭 항복규준만이라던가 혹은 파괴규준만을 한정하여 이용하고 있지는 않고 어떤 경우에는 항복규준으로, 다른 경우에는 파괴규준으로 이용되는 경우가 많으므로 항복이나 파괴로 한정함이 없이 단순히 규준으로 취급되기도 한다.

흙의 파괴규준은 흙의 상태를 나타내는 양을 가지고 표시하면 좋으므로 일반적으로는 응력과 변형률로 나타내게 된다. 그러나 소성론에서는 파괴규준을 응력만으로 표시하는 것이 보통이다. 이 경우 일반적으로 파괴규준을 등방성의 가정 아래 응력불변량의 함수로 식 (2.24)와 같이 생각하는 것이 타당하다.

$$f(I_1, I_2, I_3) = 0 \tag{2.24}$$

여기서, I_1, I_2, I_3는 각각 응력의 제1, 제2, 제3 불변량이며 각각은 식 (2.25)와 같이 표현된다.

$$I_1 = \sigma_1 + \sigma_2 + \sigma_3 \tag{2.25}$$
$$I_2 = \sigma_1\sigma_2 + \sigma_2\sigma_3 + \sigma_3\sigma_1$$
$$I_3 = \sigma_1\sigma_2\sigma_3$$

응력불변량은 주응력으로 나타낼 수 있으므로 식 (2.24)는 (2.26)과 같이 표현될 수도 있다.

$$F(\sigma_1, \sigma_2, \sigma_3) = 0 \tag{2.26}$$

식 (2.26)은 세 개의 주응력을 좌표축으로 하는 주응력공간(principal stress space)에 있어서 곡면을 나타내는 식으로 생각할 수 있다. 이러한 파괴규준 식 (2.26)으로 정해지는 공간곡면을 파괴곡면이라 한다. 이 파괴곡면은 식 (2.27)과 같이 주응력차의 함수로 나타내기도 한다.

$$F[(\sigma_1 - \sigma_2),\ (\sigma_2 - \sigma_3),\ (\sigma_3 - \sigma_1)] = 0 \tag{2.27}$$

2.3.1 고전적 파괴규준

(1) Coulomb 규준

흙의 파괴규준으로서 가장 오래전부터 널리 사용된 것은 식 (2.28)의 Coulomb 규준이다.

$$\tau_f = c + \sigma_n \tan\phi \tag{2.28}$$

여기서, τ_f는 전단강도, σ_n은 파괴면의 수직응력, c는 점착력, ϕ는 마찰각이다.

Coulomb 규준은 "두 물체 간의 마찰력은 마찰면에 작용하는 수직력에 비례하고 겉보기 접촉면적의 대소에 관련되지 않는다"라는 Coulomb의 실험법칙과 "마찰력은 수직력에 비례하는 마찰력 성분과 수직력에 무관한 점착력 성분으로 성립된다"라는 Vince의 연구 결과에 근거하고 있다.

이 규준을 흙에 적용하는 경우, 강도정수 c, ϕ의 물리적 의미는 명백하지 못하기 때문에 ϕ를 단순히 전단저항각, c를 겉보기점착력이라 부른다.

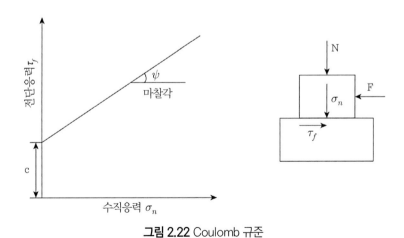

그림 2.22 Coulomb 규준

(2) Mohr 규준

Mohr 규준에서는 재료의 항복 혹은 파괴가 발생할 때 잠재파괴면상의 전단응력 τ는 그면의 수직응력 σ만의 함수라고 생각하여 식 (2.29)와 같이 표시한다.

$$\tau = f(\sigma) \tag{2.29}$$

잠재파괴면상의 응력 σ, τ는 파괴 시의 최대주응력 σ_1, 최소주응력 σ_3와 파괴면의 각도 θ를 알면 그림 2.23의 Mohr 응력원상의 점 P의 응력으로 결정된다. 즉, Mohr 규준은 점 P의 궤적이며 $\tau = f(\sigma)$는 파괴 시의 Mohr 응력원의 포락선으로 구해진다.

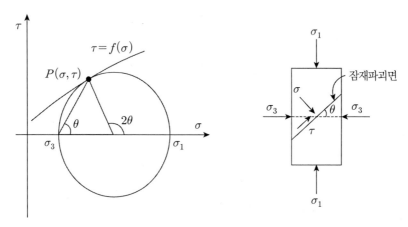

그림 2.23 Mohr 규준

(3) Mohr-Coulomb 규준

Mohr 규준 $\tau = f(\sigma)$가 그림 2.24와 같이 직선관계로 표시된 경우 이를 Mohr-Coulomb 규준이라 부른다. 겉보기점착력 c와 전단저항각 ϕ를 사용하면 식 (2.29)는 다음과 같이 된다.

$$\tau = c + \sigma\tan\phi \tag{2.30}$$

이 포락선에 내접하는 Mohr 응력원을 이용하면, 식 (2.30)은 파괴 시의 최대, 최소주응력 σ_1, σ_3에 의하여 식 (2.31)과 같이 표현된다.

$$\sigma_1 - \sigma_3 = 2c\cos\phi + (\sigma_1 + \sigma_3)\sin\phi \tag{2.31}$$

잠재파괴면의 각도 θ와 전단저항각 ϕ의 관계는 기하학적 관계에서 식 (2.32)와 같이 된다.

$$\theta = \pi/4 + \phi/2 \tag{2.32}$$
$$\theta = 3\pi/4 - \phi/2$$

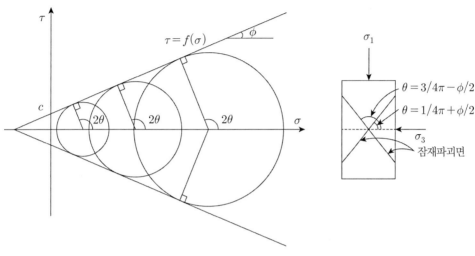

그림 2.24 Mohr-Coulomb 규준

(4) Tresca 규준

Tresca 규준은 최대전단응력 τ_{max}가 재료의 전단강도 k에 도달하면 파괴(혹은 항복)가 발생한다고 생각하는 데 근거한다. 이를 식으로 표현하면 식 (2.33)과 같다.

$$\tau_{max} = (\sigma_1 - \sigma_3)/2 = k \tag{2.33}$$

3차원 주응력 공간에서의 파괴곡면은 그림 2.25에 도시된 바와 같이 일점쇄선으로 표시된 평균주응력 σ_m축에 평행한 6각주이며 σ_m =일정면과의 교선은 정육각형이 된다. 따라서 Tresca 규준은 중간주응력 σ_2와 평균주응력 σ_m의 영향을 받지 않는다. 이 규준을 평균응력 σ_m에 의하여 강도가 변화하는 재료의 파괴규준에 적용할 수 있도록 확장한 것이 식 (2.34)와 같은 확장 Tresca 규준이다.

$$(\sigma_1 - \sigma_3)/\sigma_m = a \tag{2.34}$$

여기서 $\sigma_m = (\sigma_1 + \sigma_2 + \sigma_3)/3$, a는 재료정수이다. 이 파괴곡면의 형상은 그림 2.26에 도시된 바와 같이 6각추이고, σ_m =일정면과의 교선은 Tresca 규준과 같은 모양의 정육각형이다.

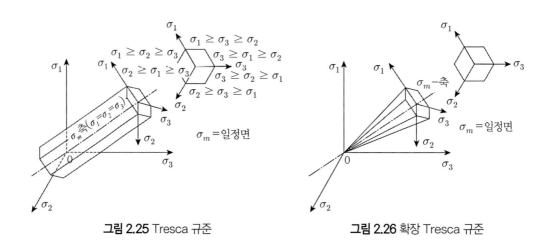

그림 2.25 Tresca 규준   **그림 2.26** 확장 Tresca 규준

(5) von Mises 규준

von Mises 규준은 전단탄성에너지가 어떤 일정치에 달하면 재료가 파괴(혹은 항복)한다고 생각하여 식 (2.35)와 같이 표현하였다.

$$(\sigma_1 - \sigma_2)^2 + (\sigma_2 - \sigma_3)^2 + (\sigma_3 - \sigma_1)^2 = 9\tau_{oct}^2 = 2k^2 \tag{2.35}$$

여기서, τ_{oct}는 정팔면체 전단응력이다. 이 규준은 중간주응력의 영향을 고려하고 있지만, 그림 2.25에 도시된 바와 같이 파괴곡면은 σ_m축에 평행한 원주이므로 강도는 평균응력 σ_m의 변화에 영향을 받지 않는다.

이 규준을 평균응력 σ_m에 따라 강도가 변화하는 재료에 적용할 수 있도록 확장한 것을 확장 von Mises 규준이라 부르며 식 (2.36)과 같이 표시한다.

$$(\sigma_1 - \sigma_2)^2 + (\sigma_2 - \sigma_3)^2 + (\sigma_3 - \sigma_1)^2 = 9\tau_{oct}^2 = a^2\sigma_m^2 \tag{2.36}$$

여기서, a는 재료정수이다. 식 (2.36)에 의한 주응력공간 내의 파괴면 형상이 그림 2.28에 도시된 바와 같이 원추이고, $\sigma_m =$ 일정면과의 교선은 von Mises 규준과 같은 모양의 원이 된다.

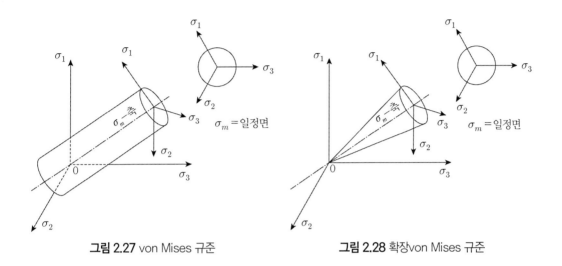

그림 2.27 von Mises 규준   **그림 2.28** 확장von Mises 규준

2.3.2 3차원 파괴규준

(1) Lade 규준

Lade(1984)는 유효점착력이 없는 재료의 3차원 파괴규준은 곡선의 파괴포락선을 가진다고 하였다.[14] 이 규준은 제1 및 제3 응력불변량 항으로 식 (2.37)과 같이 제안되었다.

$$(I_1^3 / I_3 - 27)(I_1 / P_a)^m = \eta_1 \tag{2.37}$$

여기서, P_a는 응력의 단위로 표시된 대기압이고, η_1과 m은 재료에 따라 결정되는 재료정수이다. 식 (2.37)로 얻어지는 파괴면은 주응력공간상에서 그림 2.29(a)에서 보는 바와 같이 응력축의 원점에서 정점을 가지는 비대칭 총알모양이다. 정점에서의 각도는 η_1의 값에 따라 증가한다. 또한 이 파괴면은 정수압축에 대하여 볼록한 형태를 가지며 곡률은 m값에 따라 증가한다. $m = 0$인 경우 파괴면은 직선이 된다. 그림 2.29(b)는 $m = 0$이고 η_1이 1, 10, 10^2 및 10^3인 정팔면체면($I_1 =$ 일정)상의 파괴면의 단면도이다.[15]

η_1이 증가할수록 파괴면 단면형상은 원형에서 부드럽고 매끄러운 모서리를 가지는 삼각

형으로 변하고 있다. $m=0$일 때는 이들 단면은 I_1값에 따라 변화하지 않는다. 그러나 $m>0$
인 경우는 파괴면의 단면형상은 I_1의 값이 증가함에 따라 삼각형에서 원형 쪽으로 변한다.

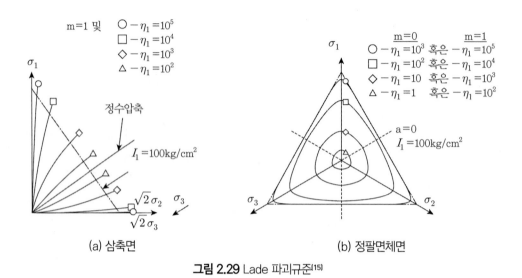

그림 2.29 Lade 파괴규준[15]

(2) Matsuoka-Nakai 규준

3차원 응력장에 있어서 흙의 역학거동을 설명하기 위하여 도입된 공간활동면(Spetical mobilized plane)의 개념에 의거하여 Matsuoka와 Nakai(1974)는 파괴규준을 응력불변량의 항으로 식 (2.38)과 같이 제안하였다.[17]

$$I_1 I_2 / I_3 = k \tag{2.38}$$

여기서, k는 재료정수이다. 이 규준은 그림 2.30에서 보는 바와 같이 삼축압축 및 심축신장 상태에서는 Mohr-Coulomb 규준에 일치하나, 중간주응력의 영향을 고려하므로 인하여 정팔면 체상의 파괴면은 Mohr-Coulomb 파괴면을 외측으로 둘러싸고 있다. 즉, 삼축압축과 삼축신장 사이의 파괴면은 직선이 아니다.

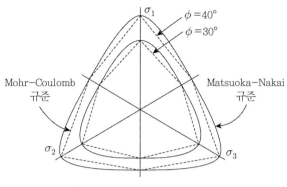

그림 2.30 Matsuoka-Nakai 규준[17]

2.3.3 각 파괴규준의 평가

자갈, 모래 실트, 점토 등과 같은 마찰재료(frictional material)에는 유효점착력이 없거나 거의 무시할 수 있을 정도이다.

Mitchell(1976)은 광범위한 유효응력에 걸친 시험으로 실질적인 유효응력 파괴포락선은 곡선이고, 고도의 과압밀점토의 경우에도 유효점착력은 없거나 매우 작음을 보였다(단, chemical bonding(cementation) 현상이 없는 경우).[18]

몇몇 구성방정식모델에서는 마찰재료의 파괴상태로 확장 Tresca 규준 혹은 확장 von Mises (혹은 Drucker-Prager) 규준을 채택하고 있다. 이들 두 규준에 의하면 평균수직응력이 일정한 상태에서 압축강도와 신장강도는 동일하다.

Bishop(1966)은 이들 두 파괴규준은 원칙적으로 사질재료의 거동을 나타낼 수 없다고 하였다.[8] 그림 2.31(a)는 모든 응력이 압축(+)인 주응력공간의 외측 부분까지 이들 규준의 파괴면이 연장되어야 함을 지적하고 있다. 즉, 삼축압축상태에서 얻은 마찰력이 큰 경우 삼축신장 부근의 응력상태는 세 주응력 중 하나는 부(−)값을 가지는 응력 공간에 존재하게 된다.

그러나 이것은 유효점착력이 없는 재료에 대해서는 분명히 모순된다. 삼축압축상태의 마찰각이 작은 경우일지라도 이들 두 규준은 마찰재료의 삼차원 유효강도변화에 대한 실험 결과를 올바르게 나타내고 있지 못하다.

한편 Mohr-Coulomb 규준은 그림 2.31(b)와 같이 일그러진 육각형의 파괴면을 보이며 마찰각이 90°에 가까울수록 삼각형의 파괴면에 근접해간다.

Mohr-Coulomb 규준에는 중간주응력이 고려되어 있지 않으며, 정수압축을 포함하는 Rendulic면

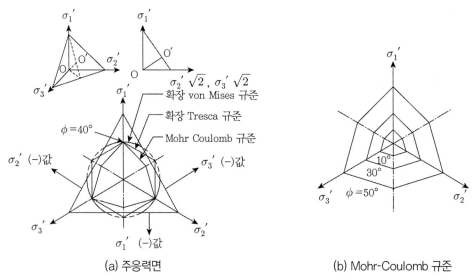

(a) 주응력면

(b) Mohr-Coulomb 규준

그림 2.31 파괴규준의 비교

(이를 삼축면(Triaxial plane)이라고도 함)과의 교선인 파괴 궤적은 직선이 된다. 그러나 마찰재료의 강도에는 중간주응력의 영향이 큼을 그림 2.32와 같은 입방체형 삼축시험 결과로부터 밝혀졌다.[4,10]

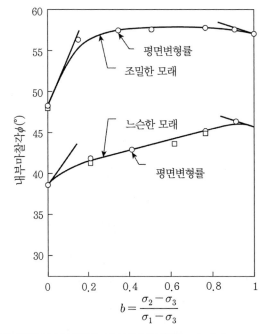

그림 2.32 중간주응력 변화에 따른 내부 마찰각(Lade & Duncan, 1973)[11]

더욱이 정팔면체상의 실험적 파괴선은 직선이 아니었고, 각 주응력축의 투영축에 수직으로 교차하고 있었다.

또한 실험 결과에 의하면 삼축면상의 파괴선은 곡선을 보이고 있다. 그러나 마찰재료의 이와 같은 중요한 사항을 Mohr-Coulomb 규준에서는 다룰 수 없게 되어 있다.

그림 2.33은 각 규준에 대하여 평균응력 σ_m 및 중간주응력 σ_2의 의존도를 알아보기 위하여 파괴곡면과 삼축면 및 σ_m 일정면과의 교선형상을 표시한 그림이다. 그림 중 θ 및 b는 중간주응력의 크기를 나타내는 변수로 식 (2.39) 및 (2.40)과 같이 구한다.

$$\theta = \tan^{-1}[\sqrt{3}(\sigma_2 - \sigma_3)/((\sigma_1 - \sigma_2) + (\sigma_1 - \sigma_3))] \tag{2.39}$$

$$b = (\sigma_2 - \sigma_3)/(\sigma_1 - \sigma_3) \tag{2.40}$$

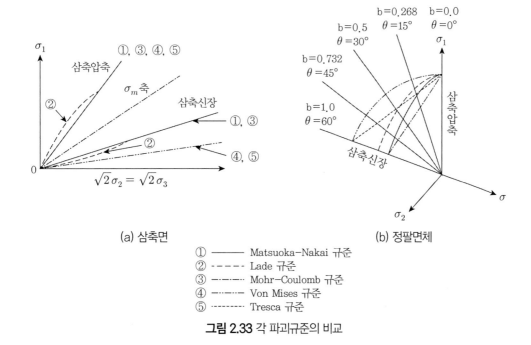

(a) 삼축면   (b) 정팔면체

① ——— Matsuoka-Nakai 규준
② - - - - Lade 규준
③ -·-·- Mohr-Coulomb 규준
④ -··-··- Von Mises 규준
⑤ - - - - Tresca 규준

그림 2.33 각 파괴규준의 비교

그림으로부터 알 수 있는 바와 같이 확장 von Mises 규준, Matsuoka-Nakai 규준 및 Lade 규준은 모두 중간주응력의 영향을 고려하고 있다.

그러나 Matsuoka-Nakai 규준은 삼축압축 및 삼축신장 응력상태에서 Mohr-Coulomb의 규준에 일치하는 특징을 가지고 있다. 따라서 삼축면에서는 그림 2.33(a)에서 보는 바와 같이 Mohr-Coulomb의 파괴선과 동일하게 나타나고 있다. 그러나 앞에서도 인용한 바와 같이 Mitchell의 실험 결과에 의하면 실질적인 유효응력파괴포락선은 곡선으로 밝혀지고 있다.

한편 Lade 규준은 평균응력 σ_m의 영향도 고려하고 있으며 삼축신장 응력상태에서는 그림 2.33(b)에서 보는 바와 같이 Mohr-Coulomb 규준과 일치하지 않고 있다. 또한 삼축면에서 파괴선은 그림 2.33(a)에 도시된 바와 같이 곡선으로 되는 점이 특징으로 되어 있다.

2.4 요소시험 결과와의 비교

삼축시험은 흙의 강도특성을 파악하기 위한 요소시험으로 예로부터 많이 사용되어 오고 있다. 삼축시험이라고 하면 통상 원통형 공시체에 대한 축대칭삼축시험을 가리킨다(Bishop & Henkel, 1962).[7,20]

그러나 이 시험방법은 원통형 공시체를 사용하는 관계로 요소 내의 응력상태가 항상 축대칭상태에 있게 된다. 그러나 실제지반 내의 응력상태는 축대칭상태와 달리 세 개의 주응력의 크기가 다른 경우도 많이 있으므로 정확한 파괴규준을 확립하려면 현장에 더욱 근접한 상태의 요소시험을 실시할 필요가 있다. 즉, 흙 요소에 서로 다른 세 주응력을 독립적으로 재하시킬 수 있는 다축시험장치가 필요하게 된다.

다축시험으로 최근에 고안되어 주로 사용되고 있는 시험은 크게 둘로 구분될 수 있다. 하나는 입방체형 삼축시험(cubical triaxial test)이며[12,13] 다른 하나는 비틀림전단시험(비틀림 shear test)[1,2,14]이다. 이 중 입방체형 삼축시험은 입방체형 공시체에 서로 다른 세 주응력을 각각 독립적으로 재하시킬 수 있게 한 시험이다.

한편 비틀림전단시험은 중공원통형 공시체(hollow cylindrical specimen)를 사용하여 공시체의 내측면과 외측면에는 구속측압을 가하고 공시체 상하단에 연직하중 및 비틀림하중을 가하여 각각 다른 세 주응력이 공시체 내에 발생될 수 있도록 하는 시험이다.

입방체형 삼축시험은 세 주응력축의 방향이 항상 고정되어 있는 데 반하여 비틀림전단시험에서는 주응력축의 방향이 전단진행과 함께 회전하게 되어 주응력회전의 효과도 고려할 수 있는 장점이 있다.

2.4.1 재료정수

식 (2.37)의 Lade 규준에서 재료에 따라서 정하여지는 재료정수 η_1과 m은 요소시험으로 얻어진다.

파괴 시의 $(I_1^3/I_3 - 27)$과 (P_a/I_1)의 관계를 그림 2.34와 같은 양면대수지에 정리하여 η_1과 m을 결정한다.

즉, η_1은 (P_a/I_1)이 1인 위치에서 회귀분석 직선의 종축 좌표치로 정해지며 m은 그 직선의 기울기로 정해진다. 이들 재료정수를 얻기 위해서는 응력을 측정할 수 있는 요소시험이면 모두 사용될 수 있다. 따라서 $b=0$인 축대칭삼축시험과 같이 되도록 간편한 시험을 사용하는 것이 유리하다.

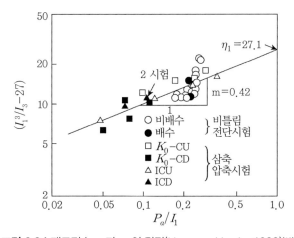

그림 2.34 재료정수 η_1과 m의 결정(Hong and Lade, 1989)[10]

2.4.2 등방성 흙

그림 2.35는 초기등방성을 가지도록 마련된 조밀한 상태의 Montery No.O Sand(Lade & Duncan, 1973)[11]에 대한 입방체형 삼축압축시험 결과를 $I_1=5\text{kg/cm}^2$인 정팔면체상에 유효응력항으로 투영 정리한 결과이다.

이 모래는 석영과 장석으로 구성되어 있으며 평균직경은 0.43mm이고 균등계수는 1.53, 비중은 2.645, 간극비 $e=0.57$, 상대밀도 $D_r=98\%$였다. 심축압축 시의 내부마찰각은 48.5°였고

η_1과 m은 각각 104와 0.16이었다.

그림 중 굵은 실선은 식 (2.37)의 Lade[11] 규준에 의한 파괴면이고 점선은 Mohr-Coulomb[11] 규준에 의한 파괴면이다. 이 결과에 의하면 이 모래시료의 파괴강도는 Lade의 파괴규준과 아주 잘 일치하고 있으나 Mohr-Coulomb의 파괴규준은 중간주응력이 최소주응력과 같지 않은, 즉 $b > 0$인 경우의 시험치를 과소평가하고 있음을 알 수 있다. 따라서 Lade의 파괴규준은 초기 등방성을 가지는 모래지반의 파괴규준으로 적합함을 알 수 있다.

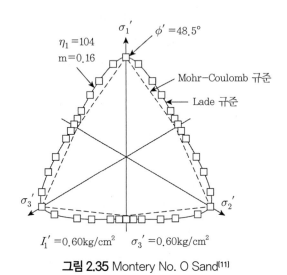

그림 2.35 Montery No. O Sand[11]

정규압밀점토시료에 대한 입방체형 삼축시험 결과는 그림 2.36(a)와 같다(Lade, 1984).[15] 사용된 점토시료는 EPK(Edgar Plastic Kaolinite) 점토로 K_0 – 압밀에 의한 고유이방성을 제거시키기 위하여 실내에서 반죽성형하여 등방성을 가지도록 하였다. 이 경우도 그림 2.35의 모래시료의 경우와 동일하게 Lade의 파괴규준이 점토시료의 파괴강도와 잘 일치하고 있음을 알 수 있다.

Lade와 Musante(1978)는 Illite계 점토인 Grundite 점토에 대하여 EPK 점토와 동일한 방법으로 실내에서 반죽성형한 등방성 점토시료를 준비하여 입방체형 삼축시험을 시험한 결과 그림 2.36(b)와 같이 양호한 결과를 얻었다.[13]

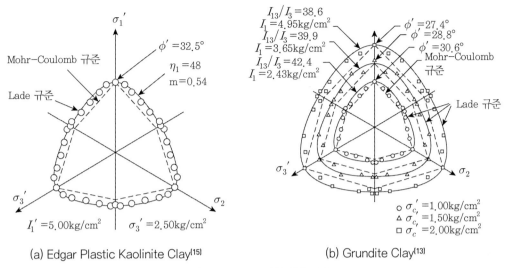

(a) Edgar Plastic Kaolinite Clay[15]　　　　(b) Grundite Clay[13]

그림 2.36 점토의 삼축시험 결과

Tsai와 Lade(1985)는 Lade 규준을 등방성 과압밀점토에까지 확대 적용시킬 수 있는가 여부를 확인하기 위하여, 반죽성형한 과압밀 EPK 점토에 대하여도 그림 2.37과 같은 좋은 결과를 얻었다.[22]

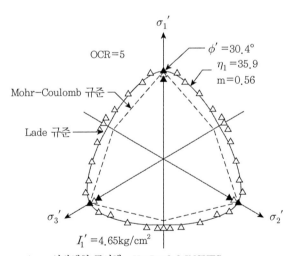

△ – 입방체형 공시체.　H=D=3.0 INCHES
▲ – 원통형 공시체.　H=D=2.8 INCHES
▲ – 원통형 공시체.　H=2.3D　D=2.8 INCHES

그림 2.37 과압밀 Edgar Plastic Kaolinite Clay[22]

결국 Mohr-Coulomb 규준은 $b > 0$인 등방성 흙의 파괴강도를 과소산정하고 있는 반면에 Lade 규준은 등방성 흙의 파괴강도 산정에 적용될 수 있다고 할 수 있다. Matsuoka-Nakai 규준도 중간주응력을 고려하고 있기는 하지만 삼축신장응력상태($b = 1$)에서는 Mohr-Coulomb 규준과 동일하므로 결국 실제 파괴강도를 과소산정하고 있다고 할 수 있다.

즉, 그림 2.32에서도 설명된 바와 같이 $b = 1$인 삼축신장의 경우 Mohr-Coulomb 규준은 삼축압축과 동일한 내부마찰각을 가지게 되지만 실제 시험 결과는 삼축신장이 삼축압축보다 큰 내부마찰각을 보인다.

2.4.3 흙의 이방성

이방성을 가지는 흙에 적용하기 적합한 파괴규준을 확립하기 위하여 모래와 점토시료에 대하여 입방체형 삼축압축 시험을 각각 그림 2.38 및 그림 2.39와 같이 실시하였다.

즉, 모래시료에 대한 삼축시험은 직교이방성 구조를 가지도록 실내에서 준비한 Cambria 모래에 대하여 실시하였으며(Ochiai & Lade, 1985)[19] 점토시료에 대한 삼축시험은 압밀퇴적된 지반에서 직접 채취한 San Fransisco Bay Mud를 실내에서 일차원 압밀을 추가로 가한 후 과압밀비가 5가 되도록 하여 실시하였다.[4,5]

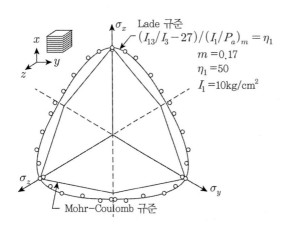

그림 2.38 Cambria Sand[19]

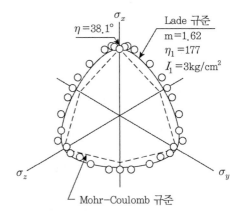

그림 2.39 San Francisco Bay Mud(과압밀 점토)[4,5]

이들 이방성 공시체의 방향성을 나타내기 위하여 그림 2.40(a)와 같이 입방형 공시체의 방향을 Cartesian 좌표계로 결정·사용하였다. 즉, x축은 직교이방성 공시체의 회전대칭축에 일치시켰다. 따라서 그림 2.40(b) 및 (c)의 정팔면체면상에 표시된 각도 θ는 σ_x축에서 응력점 $P(\sigma_x, \sigma_y, \sigma_z)$까지의 시계 방향 각도이며 식 (2.39) 대신에 식 (2.41)과 같이 계산된다.

$$\tan\theta = \sqrt{3}\,\frac{\sigma_y - \sigma_z}{(\sigma_x - \sigma_y) + (\sigma_x - \sigma_z)} \tag{2.41}$$

삼축시험은 θ가 0°에서 180°까지의 범위에 대하여 실시되었다. 이들 시험 결과 흙의 초기 직교이방성 구조는 파괴 이전의 흙의 응력-변형률 거동에는 크게 영향을 미쳤으나 파괴강도는 등방체의 파괴규준으로 제안된 Lade 규준과 매우 양호하게 일치함을 보였다. 이는 대부분의 흙의 파괴는 큰 전단변형 상태에서 발생되므로 이러한 큰 전단변형은 공시체 내의 흙의 구조를 상당히 변화시켜 파괴 시의 구조는 등방체의 구조에 근접하여 감에 기인한 것으로 판단된다. 결국 Lade의 파괴규준은 이방성 구조를 가지는 흙의 3차원 파괴강도 산정에도 실용적으로 사용될 수 있음을 알 수 있다.

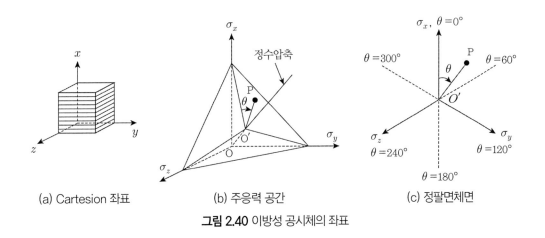

그림 2.40 이방성 공시체의 좌표

2.4.4 주응력회전 효과

자연퇴적점토지반에서는 K_0-응력상태로 압밀이 되며, 이러한 점토지반에 구조물이 축조되면 응력의 크기가 변화됨과 동시에 주응력축의 방향도 회전하게 된다. 이러한 주응력의 크기와 방향의 변화는 응력-변형률 거동에 크게 영향을 미칠 것이다. 따라서 흙의 거동에 대하여 충분히 이해하기 위해서는 주응력축회전의 영향을 파악하는 것이 대단히 중요하다. 그러나 통상의 축대칭삼축시험이나 입방체형 삼축시험으로는 전단시험 중 주응력을 회전시킬 수가 없다. 여기에 전단시험 중 주응력 회전을 가능하게 하기 위하여 비틀림전단시험이 개발사용되고 있다.[1-3,14] 비틀림전단시험에 사용된 중공원통형 공시체에 작용하는 응력을 원통좌표로 표시한 것이 그림 2.41(a)이다. 공시체 중의 미소요소에 작용하는 수직응력과 전단응력으로 Mohr의 응력원을 그려보면 그림 2.41(c)와 같이 되며 최대주응력 σ_1 및 최소주응력 σ_3는 식 (2.42)에 의하여 산출될 수 있다.

$$\begin{matrix} \sigma_1 \\ \sigma_3 \end{matrix} = \frac{1}{2}(\sigma_z + \sigma_\theta) \pm \sqrt{(1/4)(\sigma_z - \sigma_\theta)^2 + \tau_{z\theta}^2} \tag{2.42}$$

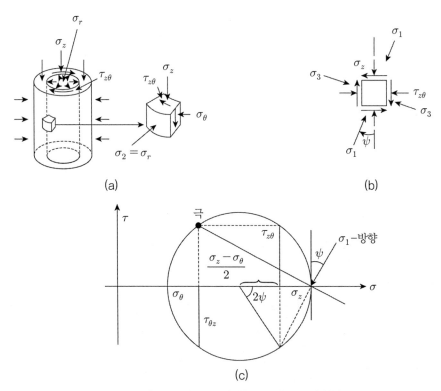

(a)

(b)

(c)

그림 2.41 비틀림전단시험에 의한 주응력 회전[10]

한편 주응력 σ_1의 방향은 식 (2.43)에 의하여 구해진다.

$$\tan 2\psi = \frac{2\tau_{z\theta}}{\sigma_z - \sigma_\theta} \tag{2.43}$$

실내에서 반죽성형하여 K_0-압밀을 한 EPK 점토공시체에 대하여 응력경로를 여러 가지로 변경하면서 실시된 비틀림전단시험 결과는 그림 2.42와 같다.[10] 이 그림은 실험 결과를 연직 축차응력 $(\sigma_z - \sigma_\theta)$와 전단응력 $\tau_{z\theta}$의 관계로 정리한 것이다. 그림 중 곡선은 식 (2.37)의 Lade 규준에 의하여 구하여진 파괴면이다.

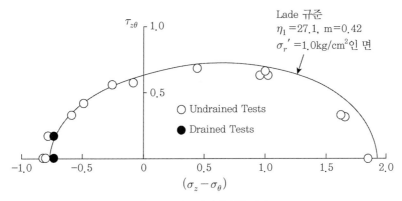

그림 2.42 비틀림전단시험 결과[10]

이 그림에서 식 (2.37)에 의한 파괴면은 시료의 파괴강도와 실용적으로 잘 일치함을 알 수 있다. $b=0$인 삼축압축의 경우는 Lade 파괴규준이 시험치를 약간 크게 산정하고 있음이 보이고 있다. 그러나 그 오차는 적은 것으로 판단된다. 이 결과에 의하면 K_0-압밀점토의 파괴강도는 응력경로나 주응력회전에 영향을 크게 받지 않음을 알 수 있다. 따라서 비틀림전단시험 결과로부터 경험적으로 얻은 파괴면은 실용상 식 (2.37)의 Lade 규준으로 모형화시킬 수 있다. 결국 K_0-압밀점토에 대한 응력경로나 주응력회전은 주로 파괴 이전의 응력-변형률 거동에 영향을 주나 파괴강도에는 영향을 주지 않는다고 하겠다. 이는 점토 시료의 파괴상태는 전단변형이 상당히 크게 발생한 후에 발생되므로 이때는 점토공시체재의 초기 구조가 상당히 변화된 것으로 판단된다.

2.5 각 파괴규준의 비교평가

이상에서 토질역학에 활용되고 있는 각종 파괴규준을 열거 고찰하고 시험 결과와 비교·검토해보았다. 확장 Tresca 규준과 확장 von Mises 규준은 유효점착력이 없는 마찰재료의 파괴기준으로는 부적합하다. 왜냐하면 이들 규준은 $b=1$인 삼축신장 부근 응력상태에서는 세 주응력 중 하나의 주응력은 부$(-)$가 되는 응력 공간에 존재하게 되며 압축강도와 신장강도가 동일하게 되는 모순이 있다. Mohr-Coulomb 규준은 이러한 모순을 해결하여 토질역학에서 많이 사용되고 있다. 그러나 Mohr-Coulomb 규준에는 중간주응력의 영향이 고려되어 있지 않으며 삼축면에서의 파괴포락선도 직선으로 표현된다. 그러나 최근의 시험 결과에 의하면 파괴강도는 중간주응력의 영향을 많이 받고 있으며 삼축면에서의 파괴포락선도 곡선으로 밝혀졌다. Matsuoka-Nakai 규준은 중간주응력의 영향을 고려함으로써 Mohr-Coulomb 규준의 결점을 보완하였으나 삼축압축과 삼축신장 시의 내부마찰각이 동일하다고 한 점은 Mohr-Coulomb 규준의 결점을 개선시키지 못하고 있다.

따라서 삼축면에서의 파괴포락선은 여전히 직선으로 남아 있게 되었다. 실제 시험 결과에 의하면 이들 규준은 $b=1$인 삼축신장 시의 내부마찰각을 과소평가하고 있었다. Lade 규준은 파괴포락선을 곡선으로 표현하고 중간주응력의 영향도 고려하므로 Mohr-Coulomb 규준의 결점을 개선하였다.

입방체형 공시체를 사용하는 삼축시험기로 등방성 흙에 실시된 3차원 삼축시험 결과 Lade 규준은 모래와 점토의 실험적 3차원 파괴강도를 잘 평가하여 보여주고 있었다. 이 규준은 이방성 입자구조를 가지는 흙의 3차원 파괴규준으로서도 충분한 실용성을 가지고 있었다. 또한 중공원통형 공시체를 사용하는 비틀림전단시험에 의한 K_0−압밀점토의 파괴강도도 Lade 규준에 의하여 잘 평가될 수 있음을 알았다.

| 참고문헌 |

(1) 홍원표(1988a), '흙의 비틀림전단시험에 관한 기초적연구', 대한토질공학회지, 제4권, 제1호, pp.17-27.

(2) 홍원표(1988b), '비틀림전단시험에 의한 K_0-압밀점토의 거동', 대한토목학회논문집, 제8권, 제1호, pp.151-157.

(3) 홍원표(1988c), 'K_0-압밀점토의 주응력회전효과', 대한토목학회논문집, 제8권, 제1호, pp.159-164.

(4) 홍원표(1988d), '중간주응력이 과압밀점토의 거동에 미치는 영향', 대한토목학회논문집, 제8권, 제2호, pp.99-107.

(5) 홍원표(1988e), '이방성 과압밀점토의 강도특성', 대한토질공학회지, 제4권, 제3호, pp.35-42.

(6) 홍원표(1999), 흙의 역학기초, 중앙대학교 대학원 강의교재 1.

(7) Bishop, A.E. and Henkel, D.J.(1962), *The Measurement of Soil Properties in the Triaxial Test*, 2nd ed., Armold, London.

(8) Bishop, A.W.(1966), "The strength of soils as engineering materials", 6th Rankine Lecture, Geotechnique, Vol.16, No.2, pp.91-130.

(9) Holtz, R.D. and Kovacs, W.D.(1981), *Introduction to Geotechnical Engineering*, Prentice-Hall International, Inc., London, Ch.10.

(10) Hong, W.P. and Lade, P.V.(1989), "Elasto-plastic behavior of Ko-consolidated clay in torsion shear tests", Soils and Foundations, Vol.29, No.2, pp.127-140.

(11) Lade, P.V. and Duncan, I.M.(1973), "Cubical triaxial tests on cohesionless soil", Jour. SMFD, ASCE, Vol.99, No. SM10, pp.793-812.

(12) Lade, P.V.(1978), "Cubical triaxial apparatus for soil testing", Geotechnical Testing Journal, Vol.1, No.2, pp.93-101.

(13) Lade, P.V. and Musante, H.M.(1978), "Three-dimensional behavior of remolded clay", Jour. GED, ASCE, pp.193-209.

(14) Lade, P.V.(1981), "Torsion shear apparatus for soil testing", Laboratory Shear Strength of Soil, ASTM STP 740, R.N. Yong and F.C. Townsend eds, American Society for Testing and Materials, pp.145-163.

(15) Lade, P.V.(1984), "Failure criterion for frictional materials", Mechanics of Engineering Materials, Chapter 20, Edited by C.C. Desai and R.H. Gallager, John Wiley & Sons, Inc. New York, pp.385-402.

(16) Lambe, T.W. and Whitman, R.V.(1969), *Soil Mechanics*, John Wiley & Sons, Inc., New York, pp.133-143.

(17) Matsuoka, H. and Nakai, T.(1974), "Stress-deformation and strength characteristics of soil under three

different principal stress", 日本土木學會論文集, No.232, pp.59-70.

(18) Mitchell, J.K.(1976), *Fundamentals of Soil Behavior*, John Wiley & Sons, Inc, New York.

(19) Ochiai, H. and Lade, O.V.(1983), "Three-dimensionsl behavior of sand with anisotropic fabric", Jour. GED, ASCE, Vol.109, No.GT10, pp.1313-1328.

(20) Saada, A.S. and Townsend, F.C.(1981), "State of the Art, Laborratory Strength Testing of Soils", ASTM STP 740, R.N. Yong and F.C. Townsend eds, American Soceity for Testing and Materials, pp.7-77.

(21) Terzaghi, K. and Peck, R.B.(1967), *Soil Mechanics in Engineering Practice*, 2nd WEd., John Wiley & Sons, Inc., New York.

(22) Tsai, J. and Lade, P.V.(1985), "Three-dimensional behavior of remolded overconsoildated clay", Reports No. UCLA, ENG 85-09.

(23) Vallinppam, S.(1981), *Continum Mechanics Fundamentals*, A.A. Balkema, Rotterdam, pp.116-120.

전단강도 측정법

전단강도 측정법

3.1 시험법

지반의 전단강도를 알아보는 시도는 예로부터 수없이 많이 제시·사용되어왔다. 예를 들면, Terzaghi(1943)는 예리한 봉이나 폐 레일, 보강철과 같은 여러 가지 도구를 사용하여 지반강도를 조사하였다.[16]

한편 Schmertmann(1975)은 현위치시험보다 육안관찰이나 만져서 모래의 내부마찰각을 결정하였으며,[14] Peck, Harrson and Thornburn(1974)는 주먹이나 손가락을 지반에 관입하여 점토의 지반강도를 조사하였다(표 3.1 참조).[13]

표 3.1 점토의 연경도와 현위치시험법[13]

점토의 연경도	현위치시험법	일축압축강도(q_u) 단위: (tsf)≒(kg/cm²)
매우 연약함(very soft)	주먹으로 쉽게 수인치 관입	<0.25
보통 연약함(soft)	엄지로 쉽게 수인치 관입	0.25~0.50
중간 연약함(medium soft)	중간 정도 힘의 엄지로 수인치 관입	0.50~1.0
견고함(stiff)	엄지로 오목 들어간다. 힘껏 누르면 관입된다.	1.0~2.0
매우 견고함(very stiff)	엄지손톱으로 오목 들어간다.	2.0~4.0
단단함(hard)	엄지손톱으로 오목 들어가기 어렵다.	>4.0

Note: 액성한계 상태의 모든 점토의 전단강도는 27g/cm²이다.

이와 같이 지반의 전단강도는 여러 가지 방법으로 직접 측정하거나 경험적으로 결정해오고 있다. 이들 방법을 분류하면 그림 3.1과 같다. 우선 지반의 전단강도측정시험법은 실내시험과 현장시험의 두 가지로 크게 분류할 수 있다.

현재 전단강도시험법은 그림 3.1의 계통도에 도시된 바와 같이 크게 둘로, 실내시험과 현장시험으로 구분할 수 있다. 실내시험으로는 직접전단시험, 단순전단시험, 삼축시험(원통형 공시체 및 정육면체 공시체에 대한), 평면변형률시험, 비틀림전단시험, 실내베인시험을 각국의 시험법(예를 들면, ASTM, JIS, KS 등)에 규정하여 사용하고 있다. 실용상 충분한 정밀성을 확보할 수 있다.

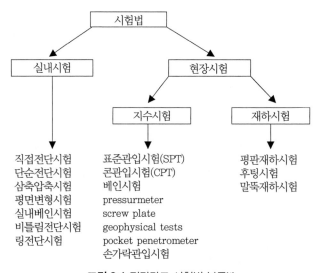

그림 3.1 전단강도 시험법 분류[4]

이들 실내시험법 중 간편성으로 인하여 직접전단시험, 일축압축시험 및 삼축압축시험이 현재까지 가장 많이 사용되고 있다.[1-8,15] 그러나 최근에는 3차원 응력상태(정확히 중간주응력의 영향)와 지중주응력 회전효과를 고려한 전단강도 특성을 조사하기 위하여 입방체형 삼축압축시험기(이를 진짜 삼축시험기(true triaxial test apparatus)라 한다), 단순전단시험기(simple shear test), 평면변형시험기 및 비틀림전단시험기 등이 개발되어 아직은 연구단계 수준이지만 많이 활용되기 시작하였다.

현장시험은 재하시험과 지수(indication)시험의 둘로 다시 구분할 수 있다. 재하시험은 현장에서 구조물이나 지반에 직접 하중을 재하하여 지지력이나 전단강도를 구하는 시험법이며,

지수시험은 직접 지지력이나 전단강도를 구할 수는 없어도 지반의 전단강도를 간접적으로 판단할 수 있는 지수를 구하는 시험법이다.

우선 현장재하시험으로는 평판재하시험, 후팅시험, 말뚝재하시험을 열거할 수 있다. 그 밖에도 산사태가 발생한 지역의 안전성을 역해석하여 전단강도를 추정하기도 한다.

다음으로 지수시험은 관입시험이 가장 많이 사용되고 있다. 대표적인 관입시험으로는 표준관입시험(SPT)과 콘관입시험(CPT)이 있다. 이들 시험으로 구해지는 지수 N값과 관입저항치 q_c는 지지력이나 전단강도가 아니므로 직접 사용할 수는 없다. 그러나 이들 지수는 지지력이나 전단강도와 연계된 선행 경험이 많이 축적되어 있어 그 결과에 의한 상관식으로 지지력이나 전단강도를 추정하여 사용한다. 이러한 관입시험의 원조는 표 3.1에 정리한 바와 같이 주먹이나 손가락을 지중에 관입하는 시험법일 것이다. 최근에는 Pocket penetometer도 개발되어 사용하고 있다. 그 밖에도 지수시험으로는 Pressurement, Screw plate, Geophysical test도 개발·사용되고 있다.[4]

3.2 실내시험의 발달 및 분류

실내시험의 목적은 현장에서의 하중재하상태를 실내시험기내에서 재현시켜 거동 및 특성을 관찰하는 것이다. 즉, 지반 속의 한 흙 요소가 현재 지중에서 받고 있는 응력상태를 먼저 시험기 내에서 재현시킨 후 하중재하에 따라 지중 흙 요소가 받게 될 응력의 조건을 재현시켜 흙 요소의 역학적 거동을 조사 관찰하는 것이 실내시험의 목적이다.

표 3.2는 각종 전단시험에서의 응력상태를 도시·정리한 표이다. 우선 삼축시험은 입방체형 혹은 원통형 공시체에 작용하는 세 응력의 응력상태를 나타내고 있다. 즉, 입방체형 공시체에 대한 삼축시험에서는 세 주응력을 독립적으로 가할 수 있게 구상한 시험법이며 원통형 공시체에 대한 삼축시험에서는 수평방향 구속압을 최소주응력으로 한 경우의 삼축시험으로 이 경우는 항상 수평방향의 응력이 같으므로 중간주응력이 최소주응력과 같게 된다(신장시험의 경우는 중간주응력이 최대주응력과 같게 된다).

한편 평면변형률시험과 평면응력시험은 한 축의 변형률 혹은 응력이 0인 경우의 응력상태를 나타내는 시험법이다.

표 3.2 각종 전단시험에서의 하중재하상태

시험 종류	응력도	응력상태
입장체형 삼축시험		$\sigma_a \neq \sigma_b \neq \sigma_c$
일반삼축시험 (원통형 공시체)		$\sigma_b = \sigma_c = \sigma_c$
평면변형률시험		$\varepsilon_b = 0$
평면응력시험		$\sigma_b = 0$
일차원 압축시험		$\varepsilon_b = \varepsilon_c = \varepsilon_r = 0$
일축압축시험		$\sigma_b = \sigma_c = \sigma_r = 0$
등방압축시험		$\sigma_a = \sigma_b = \sigma_c = \sigma$

마지막으로 일축압축시험은 수평방향의 응력이 대기압으로 삼축시험의 특수한 경우에 해당하며 등방압축시험은 세 축에 동일한 응력이 가해지는 경우의 압축시험이다.

이러한 목적을 달성하기 위해서는 다음과 같은 조건이 실내시험에서 만족되어야 한다.

① 실재 현장하중조건(배수조건 포함)이 알려져야 한다.
② 실재시험장치는 현장상태를 소요정확도로 재현시킬 수 있어야 한다.
③ 현장재하조건과 실내시험조건 사이의 차이가 합리적으로 고려되어야 한다.

흙의 전단강도를 측정할 수 있는 실내시험으로 현재까지 개발·사용되고 있는 시험방법은 응력과 변형률의 주면(principal planes)이 고정되어 있는가 여부에 따라 크게 두 가지로 분류할 수 있다.[1-4]

첫 번째 시험법은 응력과 변형률의 주면을 항상 일정하게 하고 시험하는 시험방법이다.

예를 들어, 원통형 공시체를 사용하든 입방체형 공시체를 사용하는 삼축시험에서는 x, y, z 의 세 축의 방향이 고정되어 있고 이들 축의 방향이 주응력축이 된다. 따라서 이들 시험에서는 처음 재하한 수직응력이 작용하는 주면이 시험 종료 시까지 동일하게 주면으로 고정되어 있으므로 이들 시험에서는 주응력회전이 불가능한 시험이다. 결국 이 주면에 작용하는 수직응력이 주응력으로 시험 종료 시까지 작용한다. 그러나 실제 현장에서는 응력이 변함에 따라 주응력은 물론이고 주면도 변한다. 따라서 이런 시험법은 현장에서의 실제 거동을 나타낼 수 없는 결점을 갖게 된다. 일축압축시험은 삼축압축시험의 특별한 경우로, 즉 측압이 없는 상태에서의 압축시험이다.

한편 두 번째 시험법은 주응력의 방향이 수직응력과 전단응력의 크기에 따라 변할 수 있게 개발된 시범방법이다. 이들 시험은 표 3.3에 정리한 바와 같다.

표 3.3 주응력회전가능시험[4]

시험 종류	시험개략도	재하판
직접전단시험		거칠고 회전 불가능
단순전단시험		거칠고 회전 가능
비틀림전단시험 링전단시험		거칠고 회전 불가능

즉, 시험 중 주응력회전 효과를 반영할 수 있는 시험법으로는 직접전단시험, 단순전단시험 및 비틀림전단시험을 들 수 있다. 이 중 직접전단시험은 정해진 파괴면상에 작용하는 수직응력과 전단응력은 측정이 가능하나 파괴면 이외의 면에 이들 응력이 작용할 때의 주응력 및 주면은 알 수 없는 것이 단점이다.

실내시험은 현장조건의 실내재현이라는 어려운 문제를 해결하기 위하여 끊임없이 개발 발전되고 있다. 대략적인 변천 과정을 설명하면 다음과 같다.

우선 초기의 전단강도측정실험기로는 직접전단시험(direct shear test)을 들 수 있다. 이 시험법은 Coulomb의 파괴이론으로 흙의 전단강도를 결정하기에 편리하도록 개발된 시험법이다. 즉, 시료 내의 파괴가 상하 전단상자 사이에서 발생되도록 유도·실시하는 시험법으로 시험이 간편하여 가장 일반적으로 사용되고 있다. 직접전단시험은 현재 삼축시험기와 더불어 실무에 상당히 많이 활용되고 있다. 그러나 전단파괴면이 미리 결정된다는 사항은 지중의 흙 요소 내의 파괴면이 어느 방향으로 발생할지 모르는 점과 비교하면 현장조건의 올바른 실내재현이라 할 수 없다. 또한 지반 속 한 요소가 받는 응력은 3차원 응력상태인 점도 반드시 재현되어야 한다. 그러나 전단상자 내의 파괴면에서는 3차원의 응력상태를 명백히 규명할 수가 없는 단점이 있다.

이러한 점을 개선하기 위하여 개발된 전단시험법으로 삼축압축시험(triaxial compression test)을 들 수 있다. 일반적인 삼축시험이란 원통형 공시체를 사용하는 삼축시험을 의미한다. 이는 반무한체 지반 내의 한 요소는 축대칭상태에 있어 수평방향응력이 연직 축을 중심으로 어느 방향으로나 동일한 점을 감안하여 실내에서 재현시킨 시험이다. 즉, 삼축상태의 응력을 고려하되 중간주응력(σ_2)과 최소주응력(σ_3)을 동일하게 한 ($\sigma_2 = \sigma_3$)의 특수한 경우를 대상으로 한 시험이다.

일축압축시험(uniaxial compression test)은 삼축압축시험의 특수한 경우로 수평방향응력이 대기압, 즉 0인 시험이라 할 수 있다. 따라서 불구속압축시험(unconfined compression test)이라고도 한다. 그러나 실제 지반 속의 3차원 응력상태는 중간주응력(σ_2)과 최소주응력(σ_3)이 같지 않은 경우가 많다. 따라서 일반적인 삼축시험은 지중의 진짜 삼차원 응력상태, 즉 $\sigma_1 \neq \sigma_2 \neq \sigma_3$인 응력상태를 나타낼 수는 없다.

이 점을 보완하기 위하여 개발된 삼축시험이 입방체형 공시체를 사용한 삼축시험(cubical triaxial test 혹은 true triaxial test)이다. 이 시험은 세 개의 주응력을 원하는 크기로 각각 독립적으로 제어할 수 있도록 제작한 시험장치이다. 이 시험으로 중간주응력(σ_2)이 전단강도에 미치는 영향을 측정할 수 있다. 중간주응력의 영향을 고려할 수 있는 시험기로는 평면변형률시험(plane strain test)도 들 수 있다. 이는 3차원 축 중에서 한 개의 축의 변형이 발생되지 않도록 시험기를 제작하므로 중간주응력의 영향이 고려될 수 있게 한 시험이다. 이 시험법은 입방체형 삼축시험 중 한 특수한 경우로 간주할 수 있다.

이와 같은 삼축시험기로 3차원 응력상태의 전단강도를 구할 수 있게 되었다. 그러나 이들 시험에도 현장의 응력변화상태를 실내에서 재현할 수 없는 부분이 있다. 즉, 이들 시험에서는 주응력작용면이 항상 일정하다. 예를 들면, 연직면 및 수평면이 주응력작용면으로 초기응력상태에서 파괴 시까지 일정하며 변화되지 못하게 되어 있다. 그러나 실제 지반에서는 지중요소의 초기응력은 연직응력과 수평응력이 주응력에 해당한다. 그러나 지중 혹은 지상에 하중(제하도 포함)이 가해지면 지중의 흙 요소에는 초기의 응력상태에서 수직응력이 변화됨과 동시에 전단응력도 작용하게 된다. 따라서 초기의 주응력 작용면은 더 이상 주응력작용면이 아니며, 수직응력과 전단응력으로부터 새로운 주응력 및 그 작용면이 결정되게 된다. 즉, 이는 지중에서는 하중이 가하여짐에 따라 주응력의 방향이 변하게 됨을 의미한다(이를 주응력회전 현상이라 한다).

이러한 주응력회전효과를 고려한 전단강도를 삼축시험이나 평면변형률시험으로는 구할 수 없다. 이러한 점을 고려한 전단강도를 구할 수 있는 시험기로 비틀림전단시험과 단순전단시험이 개발되었다. 이들 시험은 초기에 연직방향 및 수평방향으로 수직응력만 작용하는 상태에서 전단응력을 서서히 작용시킴으로써 주응력의 크기와 방향이 변화되도록 하여 전단강도를 측정한다. 이들 시험을 통하여 중간주응력의 효과는 물론이고 주응력회전효과도 고려할 수 있게 하였다. 이들 시험은 아직은 연구단계에서 활용되고 있으나 머지않은 장래에 실무에도 적용될 것으로 예상된다.

3.3 보편적 실내시험[2,5,8,12]

현장에서의 지반의 거동을 예측하기 위해 실내에서 흙 요소에 대한 실내시험을 실시한다. 따라서 실내시험의 목적은 현장하중조건을 실내에서 재현시키는 것이라 할 수 있다. 실내시험에 요구되는 조건으로는 다음의 세 가지를 들 수 있다.

① 배수조건을 포함한 실제 현장 하중조건이 알려져야 한다.
② 실내시험장치는 현장상태를 소요정확도로 재현시켜야 한다.
③ 현장재하조건과 실내시험조건 사이의 차이가 합리적으로 추정되어야 한다.

현장에서의 지반거동을 예측하기 위한 실내요소시험으로 다양한 실내시험이 개발되었다. 이러한 발전은 실내조건을 보다 더 현장조건을 재현시킬 수 있게 개발하기 위함이다. 그러나 실내시험 개발에서 항상 유념해야 할 사항은 현장조건을 합리적으로 재현시킬 수 있음과 동시에 접근성, 즉 활용성이 좋아야 한다. 현재 보편적으로 많이 손쉽게 사용 가능한 시험법으로는 직접전단시험괴 심축시험이 있다.

3.3.1 직접전단시험

직접전단시험은 Coulomb 파괴기준에 적합한 시험으로 가장 간편하면서 오래된 시험법이다. 이 시험은 200년 전 Coulomb이 전단강도정수를 구하기 위해 사용하였던 시험이다.

흙 시료가 그림 3.2에 보이는 전단상자 속에 놓여 있다. 이 전단상자는 상부 상자와 하부 상자의 둘로 나누어 있어 상부 상자와 하부 상자의 수평 경계면이 파괴면이 되도록 유도한다. 따라서 이 시험에서는 파괴면이 항상 수평 방향으로 정해지도록 되어 있는 시험이다.

전단상자의 상부와 하부에는 그림 3.2에서 보는 바와 같이 gripper plates가 시험 중 시료를 물고 있어 고정시키는 효과가 있다. 이들 gripper plates를 통해 배출되는 물은 gripper plates 상하부에 있는 다공판 혹은 다공석을 통하여 배출되도록 한다. 상판 위의 다공판을 지나 재하판을 통해 수직하중을 가할 수 있다.

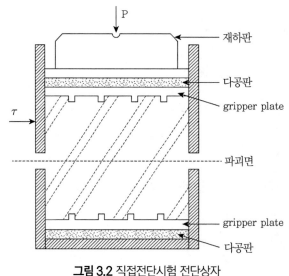

그림 3.2 직접전단시험 전단상자

그림 3.3은 모래시료에 대한 전단시험 결과를 도시한 그림이다. 시료는 먼저 수직하중 P (혹은 수직응력 σ)를 가한 후 전단응력 τ를 가한다. τ를 시료의 수평면상에서 파괴 발생 시까지 증가시킨다. 수직하중 P(혹은 수직응력 σ)가 증가하면 전단응력 τ_{max}(혹은 τ_f)도 증가한다. 세 번의 시료공시체에 대한 시험에서 수직응력은 그림 3.3(a)에 도시된 바와 같이 σ_{n1}, σ_{n2}, $\sigma_{n3}(\sigma_{n1}<\sigma_{n2}<\sigma_{n3})$로 각각 다르게 적용하여 τ_{max}(혹은 τ_f)를 구하고 세 번의 시험으로 구해진 세 쌍의 수직응력과 최대전단응력을 그림 3.3(b)와 같이 정리한다. 이 직선의 기울기를 전단강도 포락선의 기울기로 정하여 내부마찰각 ϕ를 구한다.

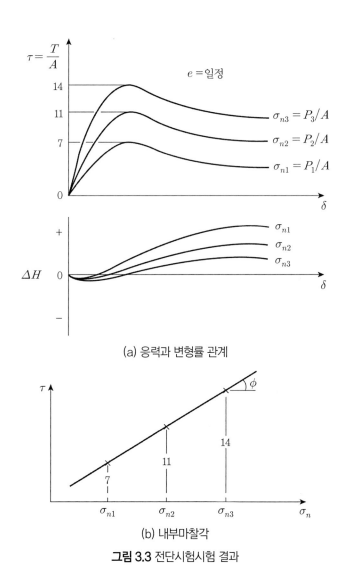

(a) 응력과 변형률 관계

(b) 내부마찰각

그림 3.3 전단시험시험 결과

한편 그림 3.3(a)의 아래 그림에는 높이 방향의 수직변위와 수평변위의 관계를 도시하였다. 이 그림에 의하면 전단 초기에는 시료 높이가 줄어드나(압축) 이후 시료 높이가 다시 늘어나는, 즉 제적이 증가하는 dilatancy 현상이 나타난다. 이 dilatancy 현상은 수직응력이 클수록 크게 발생하였다.

건조된 모래의 경우 시험 결과는 식 (3.1)과 같은 식으로 표현된다.

$$S = P \tan\phi \tag{3.1}$$

여기서, ϕ는 파괴포락선의 기울기이며 이를 내부마찰각이라 정한다.

직접전단시험의 장점은 다음과 같다.

① 전단강도 개념을 표시하기 용이하다.
② 전단응력(전단강도)의 직접 측정이 가능하다.
③ 장치가 만들기 쉽고 사용하기 용이하다.
④ 조립토에 대한 배수시험에 용이하고 체적변형 측정이 용이하다(높이 Δh의 변화).
⑤ 평면변형률 및 K_0−압밀 등의 비등방 하중조건의 재현이 가능하다.

한편 직접전단시험의 결점은 다음과 같다.

① 상·하판 사이의 수평파괴면에 전단응력분포가 불균일하다(실제는 단부에 응력집중 현상이 발생한다).
② 파괴가 정해진 면으로 발생되도록 한다(연직하중 P에 수직인 면으로).
③ 변형계수를 구하기 위한 변형률 측정이 불가능하다(변형에 포함된 흙의 양(두께)을 알 수 없기 때문).
⑤ 불투수성 토질에 대한 급속재하 시의 비배수시험에는 적용이 불가능하다(배수시험에 적합하다).

3.3.2 삼축시험(원통형 공시체)

토질역학 분야에서 직접전단시험은 가장 보편적인 시험이었다. 그러나 Casagrande는 1930년 직접전단시험이 지니고 있는 결점을 보완하기 위해 원통형 공시체에 대한 삼축시험을 연구 개발하였다.[5,12] 삼축시험에서는 배수조건을 조절할 수 있는 최대의 장점을 지니고 있다. 그러나 주응력 σ_1, σ_3의 축이 회전되지 않고 항상 고정되어 있는 결점을 개선하지는 못하였다.

보편적인 삼축시험에 사용되는 원통형 공시체에 작용하는 주응력은 그림 3.4와 같다. 먼저 고무멤브레인으로 감싼 원통형 공시체를 아크릴셀 내에 넣고 셀압을 가하면 셀압이 구속압 σ_c가 되며 이 구속압이 최소주응력 σ_3가 된다.

구속압을 재하한 후 연직 축방향으로 축차응력 $\sigma_d(=\sigma_1-\sigma_3)$를 재하한다. 구속압 σ_3에 연직축차응력 σ_d를 더하면 이 응력이 최대주응력 σ_1이 된다.

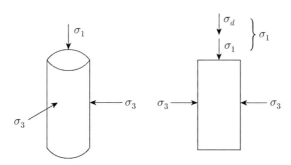

그림 3.4 삼축시험에 사용되는 원통형 공시체의 주응력

그림 3.5는 원통형 공시체를 사용하는 삼축시험장치의 원리를 개략적으로 도시한 그림이다.[5,12] 이 그림에서 보는 바와 같이 원통형 공시체를 삼축셀(Lucite cell) 내에 넣고 물을 채워 구속압을 가한 후 공시체에 파괴가 발생할 때까지 연직 축 방향으로 축차응력을 가하여 시험을 진행한다. 이때 공시체는 고무멤브레인으로 싸서 셀압이 가해진 물, 즉 압력수가 공시체 내로 들어오는 것을 방지한다.

삼축시험의 시험방법을 간략하게 기술하면 다음과 같다.

① 공시체의 상하부에 Lucite판이나 다공판을 넣고 공시체를 상부링과 하부링 사이에 고무멤브레인에 싸여 있게 준비한다.

② 공시체를 삼축셀에 넣고 구속압을 가한다.

③ 재하 피스톤을 통해 축차응력을 연직으로 가한다.

④ 상·하부링의 배수선을 burette나 간극수압 측정기(pore pressure tranducer)에 연결한다. 배수시험의 경우는 burette의 눈금으로 배수량을 측정하여 체적변화를 측정하고 비배수시험의 경우는 간극수압계(pore pressure tranducer)에 연결하여 간극수압을 측정한다.

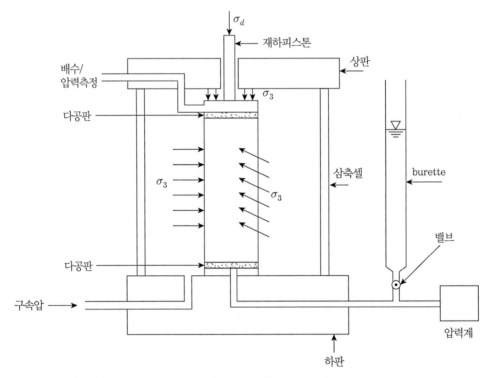

그림 3.5 삼축시험장치의 개략도[5,6]

삼축시험에서 측정하는 항목은 다음 네 가지이다.

① 구속압(셀압)

② 축차하중(deviator load)

③ 연직변형률

④ 체적변화 혹은 간극수압

삼축시험의 장점은 다음과 같다.

① 배수조절이 가능하고 간극수압 측정이 가능하다.
② 변형률 측정이 가능하다. 이는 변형계수 산정에 활용할 수 있다.
③ 여러 가지 재하조건을 가할 수 있다. 응력경로도 다양하게 조절할 수 있다(예를 들면, K_0-상태의 이방압밀(ACU), 신장, 다양한 응력경로 제어 등).

한편 삼축시험의 단점은 다음과 같다.

① 상·하부링과 공시체 사이의 마찰로 단부에 응력집중이 발생할 수 있다.[11]
② 축대칭 하중조건만 가능하다(실제현장은 평면변형률 하중조건에 있는 경우가 많다).
③ 등방압밀은 용이하나 이방압밀이 어렵다(그러나 실제 현장은 이방압상태이다).

3.4 특수 실내시험

3.4.1 입방체형 삼축시험

통상적으로 삼축시험이라고 하면 원통형 공시체에 대한 축대칭삼축시험을 의미한다. 그러나 이 시험은 원통형 공시체를 사용하는 관계로 요소 내의 응력상태가 항상 축대칭 상태에 있게 되어 수평방향의 주응력은 항상 서로 같아야 한다.

따라서 이러한 상태하에서는 중간주응력이 항상 최소주응력(혹은 신장시험 시는 최대주응력)과 같게 되어 중간주응력의 영향을 고려할 수 없게 된다. 즉, 이러한 축대칭삼축시험으로 얻어진 흙의 강도를 Mohr-Coulomb의 파괴규준으로 구하는 것은 이 규준에서는 중간주응력이 강도에 미치는 영향을 고려하고 있지 않기 때문에 가능하다.

그러나 최근의 여러 연구[1,3]에 의하면 중간주응력은 흙의 응력-변형률 거동 및 전단강도에 큰 영향을 미치고 있음을 알 수 있다.

따라서 올바른 흙의 거동을 조사하기 위해서는 요소에 서로 다른 세 주응력을 재하시킬 수 있는 다축시험장치가 필요하다.

그림 3.6(b)는 입방체형 삼축시험기의 단면 중 일 부분을 잘라내어 도시한 것이다.[10,11] 공시체는 상판과 하판 및 고무멤브레인에 의해 둘러싸여 있으며, 그 크기는 76×76×76mm인 정육면체 모양이다.

상판과 하판을 둘러싸고 있는 고무멤브레인은 방수와 공기의 차단을 위하여 O-링으로 밀봉되어 있다. 즉, 상판과 하판 측면에는 다공석과 배수선을 설치하고 이 배수선을 통해 공시체의 체적변형량 혹은 간극수압을 측정할 수 있도록 하였다.

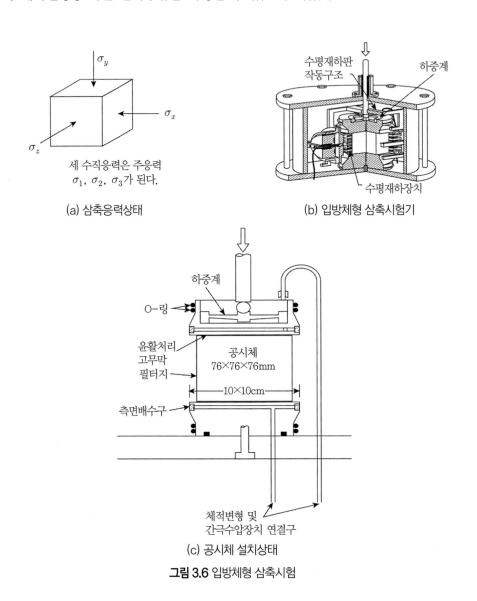

(a) 삼축응력상태

(b) 입방체형 삼축시험기

(c) 공시체 설치상태

그림 3.6 입방체형 삼축시험

또한 시험 시 공시체와 상하판에서 발생할 수 있는 마찰력을 피할 수 있도록 상·하판 표면에 실리콘그리스를 바르고 고무막을 부착시켜 표면윤활처리를 실시한다.

하중의 작용방향에 따른 주응력과 변형측정방법에 대해 살펴보면 최소주응력 σ_3는 수평방향으로 작용하도록 셀압을 가한다. 그리고 연직하중은 변형제어방식으로 재하하며, 최대주응력 σ_1은 연직방향 축차응력(vertical deviator strees) $(\sigma_1 - \sigma_3)$을 측정하여 구한다.

그리고 중간주응력 σ_2는 σ_3와 직교하는 또 하나의 수평방향으로 작용하도록 특수 수평재하장치를 사용하여 응력제어방식으로 재하하며, 수평방향 축차응력(horizontal deviator stress) $(\sigma_2 - \sigma_3)$를 측정하여 구한다.

연직방향 변형률은 삼축셀 밖의 재하피스톤에 부착시킨 다이얼게이지로 측정하며 중간주응력방향의 변형량은 클립게이지로 측정한다. 그리고 최소주응력방향 변형량은 체적변형량과 연직변형량 및 중간변형량으로부터 산정한다.

3.4.2 비틀림전단시험

지중에 흙 요소의 삼차원 거동을 조사하기 위해 입방체형 삼축시험이 개발되어 활용되었다. 그러나 이 시험기에서는 지중주응력방향의 회전현상을 실내 재현시킬 수 없는 단점이 있다. 이러한 단점을 보완하기 위해 시험 시 연직하중뿐만 아니라 전단응력을 공시체표면에 동시에 작용시킬 수 있는 시험장치가 필요하다. 이러한 점을 보완하기 위해 개발된 시험이 비틀림전단시험이다.[9]

그림 3.7은 공시체의 주위가 상부링과 하부링 및 멤브레인으로 둘러싸여 있는 중공원통형 공시체(hollow cylindrical specimen)를 이용한 비틀림시험기의 일례이다.[9] 즉, 중공원통형 공시체의 내측면과 외측면에 구속압을 가하고 공시체의 상·하단에 연직하중을 가함과 동시에 전단력을 가하며 각각 상이한 세 주응력을 산정할 수 있도록 고안한 시험기이다.

중공원통형 공시체를 이용한 비틀림전단시험기는 공시체의 내·외측면에 동일한 구속압을 작용시킬 수 있으며, 전단응력과 수직응력이 공시체의 상단부와 하단부를 통해 전달될 수 있다.

하중을 작용시킬 수 있는 재하장치는 그림 3.7(b)에서 보는 바와 같이 바닥판 아래에 설치되어 있으며, 내측 챔버의 중앙을 지나 상판에 연결된 중앙축을 통하여 상판에 전달되고 이 힘은 상판 하부에 부착된 상부링을 통하여 공시체에 전달된다.

이러한 하중을 중앙축에 전달시키기 위한 연직하중장치는 압축과 인장을 가할 수 있는 두 개의 유압실린더로 되어 있으며, 비틀림하중전달장치는 그림 3.7(b)에서와 같이 중앙축에 시계 방향과 반시계 방향으로 회전시킬 수 있는 4개의 유압실린더로 형성되어 있다. 이들 연직하중과 비틀림하중은 힘을 각각 독립적으로 작용시킬 수 있다.

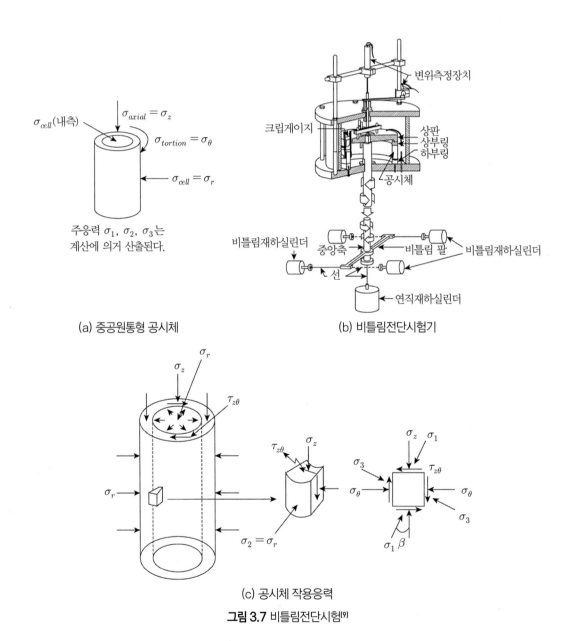

(a) 중공원통형 공시체

(b) 비틀림전단시험기

(c) 공시체 작용응력

그림 3.7 비틀림전단시험[9]

3.4.3 기타 전단시험

앞에서 설명한 시험 이외에도 몇몇 특수시험이 제안·연구되고 있다. 예를 들면, 평면변형률시험(plane strain test), 단순전단시험(simple shear test), 링전단시험(ring shear test) 등을 들 수 있다.[4]

그림 3.8은 평면변형률시험의 원리를 개략적으로 도시한 그림이다. 이 시험에서는 중간주응력축방향의 변형률 ϵ_2가 0이 되는 상태로 많은 흙 구조물의 응력상태를 나타내고 있다.

여기서 주의할 점은 중간주변형률 ϵ_2가 0일지라도 중간주응력 σ_2는 0이 아닐 뿐만 아니라 최소주응력과 같지도 않다. 따라서 이 시험은 입방체형 삼축시험의 특수한 경우로 취급할 수 있다.

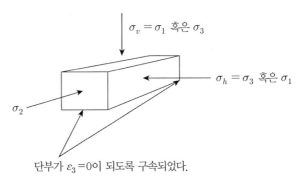

그림 3.8 평면변형률시험의 응력상태[4]

다음은 그림 3.9에 도시한 링전단시험이다.[4] 이 시험은 대변형을 공시체에 부여하면서 전단시험을 실시할 수 있는 장점이 있다. 즉, 공시체에 대변형을 가함으로써 전단강도 중 잔류강도 혹은 극한강도를 구할 수 있다.

마지막으로 그림 3.10은 단순전단시험의 개략도이다. 이 시험은 일견 직접전단시험과 유사하게 보일 수 있으나 공시체 내의 변형이 균일하게 발생되도록 하고 전단상자가 서로 마주보는 판이 회전이 가능하도록 고안한 것으로 직접전단시험과는 다르다.

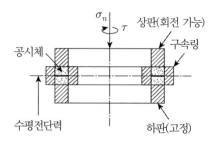

그림 3.9 링전단시험

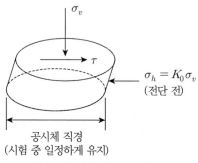

(a) 단순전단 시의 응력상태

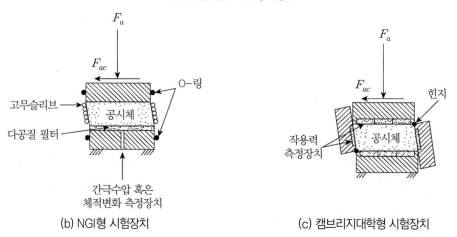

(b) NGI형 시험장치　　　　　(c) 캠브리지대학형 시험장치

그림 3.10 단순전단시험[4]

현재 NGI형과 캠브리지대학형의 두 가지가 있다.[4] 그러나 이 시험에서는 전단상자 단부의 구속력이 전단강도에 영향을 많이 미쳐 공시체 내의 변형이 균일하게 발생되지 못하는 결점이 지적되고 있다.

| 참고문헌 |

(1) 남정만·홍원표(1993), '입방체형 삼축시험에 의한 모래의 응력 – 변형률 거동', 대한지반공학회지, 제9권, 제4호, pp.83-92.

(2) 홍원표(1987), '정규압밀점토의 비배수전단강도에 미치는 압밀방법의 영향', 대한토질공학회지, 제3권, 제2호, pp.41-53.

(3) 홍원표(1988), 이방성 과압밀점토의 거동에 미치는 영향, 대한토목학회논문집, 제8권, 제2호, pp.99-107.

(4) 홍원표(1999), 기초공학특론(I) 얕은기초, 중앙대학교 출판부.

(5) Bishop, A.W. and Henkel, D.J.(1962), *The Measurement of Soil Properties in the Triaxial Test*, Edward Arnold Ltd., London, 2nd Ed.

(6) Black, D.K. and Lee, K.L.(1973), "Saturating laboratory samples by back pressure", SMFD, ASCE, Vol.99, SM1, pp.75-93.

(7) Duncan, J.M. and Dunlop, P.(1968), "The siginificance of cap and base restraints", Jour., SMFD, ASCE, Vol.94, No.SM1, pp.271-290.

(8) Harr, M.E.(1966), *Foundations of Theoretical Soil Mechanics*, McGraw-Hill Book Company, New York, pp.169-175.

(9) Hong, W.P. and Lade, P.V.(1989), "Elasto-plastic behavior of Ko consolidated clay in torsion shear test", So;is and Founda., Tokyo, Japan, 29(2), pp.127-140.

(10) Lade, P.(1978), "Cubical triaxial apparatus for soil teasting", Geotechnical Testing Jounal, GTJoDJ, Vol.1, No.2, pp.93-101.

(11) Lade, P.V.(1982), "Localization effects in triaxial tests on sand", IUTAM Conference on Deformation and Failure of Granular Materials, Delft, pp.461-471.

(12) Lambe, T.W. and Whitman, R.V.(1969), *Soil Mechanics*, John Wiley & Sons, Inc., New York, pp.117-136.

(13) Peck, R.B., Hanson, W.E. and Thornburn, T.H.(1974), *Foundation Engineering*, 2nd Ed., John Wiley & Sons, Inc., New York, p.29.

(14) Schmertmann, J.H.(1975), "Measurement of in situ shear strength", State-of-the Art Report, Proc., ASCE Specialty Conference on in situ Measurement of Soil Properties, Raletgh, North Carolina, Vol.II, pp.57-138.

(15) Skempton, A.W.(1954), "The pore pressure coefficients A and B", Geotechnique, Vol.IV, pp.143-147.

(16) Terzaghi, K.(1943), *Theoretical Soil Mechanics*, John Wiley & Sons, Inc., New York.

실내재현 및 배수조건

Chapter 04 실내재현 및 배수조건

4.1 하중과 배수의 실내재현

앞에서 설명한 바와 같이 올바른 실내시험을 위해서는 현장에서의 상태를 실내에서 잘 재현해야 한다. 실내시험에서 재현해야 할 사항은 크게 두 가지이다. 하나는 (1) 현장의 하중재하상태이고 다른 하나는 (2) 현장의 배수조건을 들 수 있다.

(1) 먼저 현장 하중재하상태의 재현에서는 다음과 같이 두 단계의 재하상태를 취급해야 한다.

① 첫 번째 단계는 현재의 하중 혹은 응력을 재현하는 단계이다. 즉, 이는 지중 한 요소가 받고 있는 현재의 응력상태에 해당한다. 이 응력상태에서는 상재하중의 상태를 모두 포함해야 한다. 기존 구조물 하중 등도 포함되어야 한다. 즉, 첫 번째 단계에서는 응력과 압밀의 초기 상태를 다 재현할 수 있어야 한다.

② 다음 단계로는 추가 재하(혹은 변화)단계를 재현해야 한다. 즉, 건설로 인해 응력상태에 변화가 올 경우 이를 재현하여 장차 발생할 거동을 실내시험 결과로 예측할 수 있어야 한다. 통상 파괴 발생 없이 어느 정도까지 추가하중을 견딜 수 있는가. 주어진 하중조건하에서 흙의 최대강도를 알 수 있을 때까지 시험이 계속된다(이 경우 배수조건도 포함하여 고려해야 한다). 시험 결과는 지반의 실재하중이 첨두강도보다 낮음을 확인하기 위하여 적당한 안전율과 함께 사용된다. 위의 두 경우에서 현장에서의 배수조건에 주의하고 실내에서 최대한도로 재현해야 한다.

(2) 다음으로 현장 배수조건을 고려해야 한다.

실내시험에서 배수의 영향은 두 단계로 구분하여 고려한다. 공시체를 마련하는, 즉 공시체 조성단계인 압밀단계와 전단을 실시하는 전단단계로 구분된다. 두 단계를 모두 표현할 수 있어야 한다.

통상 시료를 압밀한 후 전단을 실시하므로 압밀과 연관되는 단계를 압밀과 비압밀로 구분한다. 다음으로 전단단계에서도 배수를 허용하느냐 여부에 따라 배수와 비배수로 구분한다. 이들 두 단계를 합성하여 실시하는 것이 보통이다. 예를 들면, 압밀을 한 후 배수상태에서 전단을 실시하면 압밀-배수시험(통상 배수시험이라 칭한다)이고, 압밀한 후 비배수상태에서 전단을 실시하면 압밀-비배수시험이라 칭한다. 마지막으로 압밀도 실시하지 않고 비배수상태에서 전단시험을 실시하면 비압밀-비배수시험이라 칭한다.

이상에 설명한 바와 같이 현장배수조건을 재현한 실내시험을 정리하면 다음과 같이 세 가지 시험이 가능하다.

① 배수시험(Drained tests): CU 시험 혹은 S 시험(Slow)

② 압밀-비배수시험(Consolidated-Undrained): CU 시험

  통상 ICU(등방압밀) 혹은 ACU(이방압밀)

  R 시험(Rapid)

③ 비압밀-비배수시험(Unconsolidation-Undrained): UU 시험 혹은 Q 시험(Quick)

4.2 공시체의 포화[5,6,16]

흙이 지하수위 아래에 존재할 경우 흙의 포화 정도를 어떻게 판단할 것인가? 이론적으로는 포화된 것으로 판단할 수 있을 것이다. 그러나 종종 흙이 지하수위 아래에 존재해도 포화도가 100%가 안 되는 경우도 존재한다.

요소시험에서 공시체의 포화도는 흙의 거동을 해석하는 데 대단히 중요한 사항이다. 현재 흙 공시체에 대한 실내시험 연구는 완전건조한, 즉 포화도가 0%인 경우의 흙과 완전포화된, 포화도가 100%인 경우의 흙으로 구분하여 양 극단의 경우만 취급하는 경우가 대부분이다.

물론 불포화토에 대한 연구도 많이 진행되고 있지만 불포화토에는 그다지 손쉽게 접근할 수 없는 것이 현실이다. 왜냐하면 불포화토의 간극에는 간극공기압 u_a과 간극수압 u_w의 두 가지가 존재하므로 이들 각각의 거동뿐만 아니라 이 압력의 차이인 suction $(u_a - u_w)$이 존재하므로 매우 복잡한 거동을 보이게 된다.[18]

따라서 실내시험에서 취급하는 흙은 포화된 경우로 가정하여 포화시료에 대한 실내시험의 경우가 대부분이다. 실내시험에서 취급하는 공시체시료에는 소량의 공기가 함유되어 있을 가능성이 있다. 이 경우 간극수압 측정에 영향이 크므로 실내시험에서는 시료의 완전포화시키고 완전포화 여부를 확인할 필요가 있다.

그러나 다짐으로 조성된 시료나 불교란시료의 경우는 불포화시료의 경우가 많다. 대부분 다짐으로 조성된 공시체에는 공기가 포함되어 배출되지 못한 채 존재하는 경우가 많다. 따라서 이 경우는 불포화시료로 취급하여 실내시험을 실시해야 한다. 그 밖에도 불교란시료일지라도 시료에 균열이 있거나 고무멤브레인과 공시체 사이에 공기가 협재되어 있는 경우 역시 불포화시료로 취급해야 한다.

불포화시료의 경우에는 실내시험 전에 Skempton의 B치를 측정하여 포화도를 반드시 검토해야 한다.[16] 이 원리는 시료가 포화되어 있다면 셀 속에 놓여 있는 공시체 외부에 셀압을 증가시키면 공시체 내부의 간극수압도 동일한 양만큼 증가한다는 원리에 의한 것이다.

따라서 간극수압계수 B치는 식 (4.1)로 정의되며 실내시험에서 직접 측정이 가능하다.[16]

$$B = \frac{\Delta u}{\Delta \sigma_c} = \frac{간극수압\ 증가량}{구속압\ 증가량} : 간극수압계수 \qquad (4.1)$$

여기서 B는 Skempton에 의해 정의된 간극압계수이고 Δu는 간극수압 증가량, $\Delta \sigma_c$는 구속압 증가량이다. B치는 일반적으로 흙의 포화도와 흙의 강성에 의존한다. 그림 4.1은 포화도와 B값의 관계를 조사한 한 실내시험 사례의 개략도이다.

포화토의 경우 $B = 1.0$이 바람직하다. 즉, $\Delta \sigma_c = \Delta u$이다. 구속압의 변화는 간극수압변화의 원인이 된다. 이는 시료가 포화되어 있으면 구속압의 증가는 유효응력을 변화시키지 않는다는 의미이다. 시료가 포화되어 있지 않으면(즉, $B < 0.98 \sim 1.00$이면) 간극수압을 증가시켜 포화시킬 수 있다. 이 경우 공시체 내부에 배압(back pressure)을 가하여 공시체의 포화도를 증

대시킬 수 있다.[6] 이때 만약 공시체에 공기방울이 남아 있으면 배압에 의해 이 공기방울이 물에 용해되어 포화도를 증대시킬 수 있다.

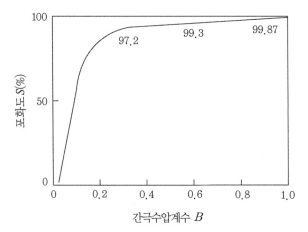

그림 4.1 포화도 S(%)와 간극수압계수 B값의 관계

이 경우 유효응력 $\sigma_{3,consol}$은 식 (4.2)와 같이 표현할 수 있다.

$$\sigma_{3,consol} = \sigma_{3c} = \sigma_{3,cell} - u_0 \tag{4.2}$$

여기서, $\sigma_{3,consol}$은 정해진 압밀응력이고 $\sigma_{3,cell}$은 σ_{3c}와 u_0의 합이고 u_0는 공기용해에 필요한 배압이다.

공시체 시료를 포화시키기 위해 우선 공시체를 낮은 구속압으로 설치하고 $\sigma_{3,cell}$과 배압 u_0를 같은 크기로 증가시킨다.

여기서, 구속압 $\sigma_{3,cell}$과 배압 u_0를 증가시키는 방법은 A법과 B법의 두 가지가 있다.[5,6]

(1) A법

① 비배수상태에서 구속압을 원하는 값까지 증가시킨다.
② 배수밸브를 열고 배압을 증가시킨다.

(2) B법

① $\sigma_{3, cell}$과 배압 u_0를 동시에 조금씩 증가시킨다.

② 압력증가 시마다 B값을 측정할 수 있다.

③ B ≒ 1.00일 때 멈춘다.

A법은 배압이 원하는 값에 도달하기까지 사이에 공시체가 과압밀 상태가 될 우려가 있어 B법이 좋다.

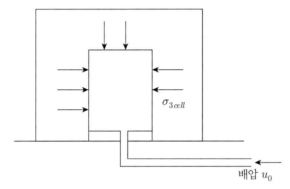

그림 4.2 구속압 $\sigma_{3, cell}$와 배압 u_0

일반적으로 시료를 포화시키는 방법으로는 다음의 두 가지가 주로 활용된다.

① 공극을 압축시키고 무게를 일정하게 하여 포화시킨다.

배수밸브를 닫고 셀압을 증가시킨다. 이때 Δu의 변화를 측정한다.

이 경우는 대형다짐 흙 성토시료의 포화에 해당한다. 상재압으로 포화된다. 포화(100%)시키기 위해 필요한 Δu는 다음 식 (4.3)과 같다.

$$\Delta u = P_0 \frac{(1 - S_0)}{S_0 H} \tag{4.3}$$

여기서, P_0 = 공극 속의 초기공기압(초기공극압과 동일하게 가정), P_0는 절대압이다.

S_0 = 초기포화도

H = 물의 체적당 공기의 Henry 용해율(＝0.02 체적)

이 경우 셀압 증가 시 배압만 측정

② 포화 및 일정 체적 유지

배압하에서 물을 주입한다. 배수밸브를 열고 간극수쳄버에 배압을 증가시킨다(셀압도 동시에 증가시킨다).

100% 포화에 필요한 Δu는 식 (4.4)와 같다.

$$\Delta u = P_0 \frac{(1-H)}{H}(1-S_0) \tag{4.4}$$

4.3 단부마찰영향

통상적 삼축시험 시 공시체 위아래에는 그림 4.3(a)에서 보는 바와 같이 상·하판이 놓여 있다. 때로는 공시체가 다공판(porous stone or plate) 사이에 직접 놓여 있기도 하다.[5,8,13]

그러나 Duncan & Dunlop(1968)은 공시체 시료와 상·하판 사이에는 그림 4.3(b)에 도시된 바와 같이 연직응력이 공시체에 가해질 때 이 연직응력에 의해 공시체가 수평방향으로 팽창하려 하며, 이때 마찰력이 중심축 방향으로 발달하여 공시체의 양 단부에는 단부마찰력에 의한 단부구속력에 의하여 변형이 억제된다고 하였다.[7] 그 결과 공시체 내부에는 균일한 변형이 발생하지 못하고 공시체는 그림 4.3(b)와 같이 옆으로 불룩한 모양으로 변형한다. 따라서 공시체 내부의 내부마찰각은 공시체 전체에 균일하지 않고 위치에 따라 다르게 되므로 올바른 전단강도, 즉 내부마찰각을 구할 수 없게 되므로 진정한 의미에서의 요소시험이 불가능하게 된다.

이와 같이 축대칭 원통형 공시체용 삼축시험기에는 배수 및 간극수압 측정을 목적으로 공시체 상·하면에 상·하판 혹은 다공판을 사용하는 경우가 많다. 이러한 조건에서는 공시체가 변형할 때 공시체 상·하면에서의 마찰저항으로 인하여 단부에 전단응력이 발생하며 공시체는 그림 4.3(b)에 도시된 형상과 같이 가운데가 불룩한(bulging) 형태로 변형된다. 이는 결국 응력, 변형 및 간극수압이 공시체 내부에 불균일하게 되는 원인이 되며, 흙의 전단강도 및 응력-변형률 거동에 큰 영향을 미치게 된다.

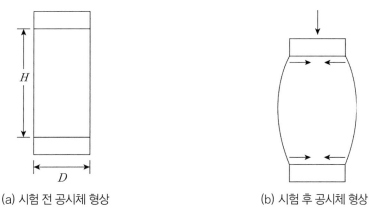

(a) 시험 전 공시체 형상	(b) 시험 후 공시체 형상

그림 4.3 단부마찰영향

그러나 그림 4.4에서 보는 바와 같이 공시체의 높이 H와 직경 D의 비(H/D)가 증가하면 내부마찰각이 감소한다. 이 그림에서 보는 바와 같이 일반적으로 공시체의 높이 비(H/D)가 2~2.5이면 내부마찰각이 일정치에 도달한다. 이는 이 정도의 단면형상비의 경우는 전단강도가 단부구속력의 영향을 받지 않음을 의미한다. 따라서 현재 이 단부구속마찰의 영향을 제거하지 못한 상태에서 시험할 경우는 단부구속마찰의 영향을 최소화시키기 위해 공시체의 높이 H와 직경 D의 비(H/D)를 2~2.5로 하여 사용하고 있다.[7]

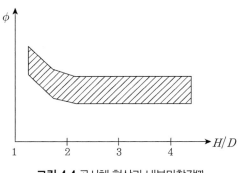

그림 4.4 공시체 형상과 내부마찰각[7]

그러나 공시체의 높이에 따른 공시체의 파괴형태를 조사한 Lade(1982)의 연구에 의하면, 그림 4.5(a)에서 보는 바와 같이 공시체의 높이를 공시체직경 D의 $\tan(45° + \phi/2)$배 이상 높게 하면 공시체는 항상 단일선파괴(line failure) 형태로 파괴된다고 하였다.[12] 이는 파괴선 부근의 흙에는 응력이 강도에 도달하였으나 파괴선 부근 이외의 흙에는 응력이 아직 강도에까지 도달하지 않았음을 의미한다. 결국 이는 응력과 변형이 공시체의 각 부분에 골고루 발생되어 있지 않음을 의미한다.

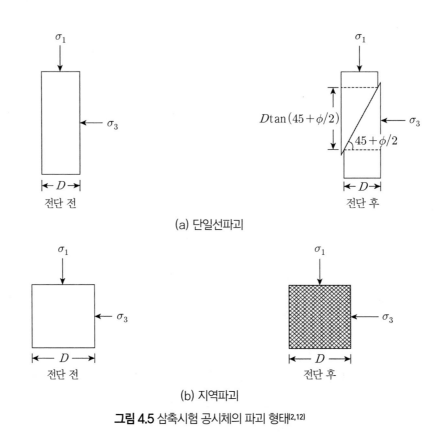

(a) 단일선파괴

(b) 지역파괴

그림 4.5 삼축시험 공시체의 파괴 형태[2,12]

변형률의 불균일은 결국 체적변화와 간극수압의 불균일 분포의 원인이 된다. 높은 투수성의 모래의 경우는 간극수압이 빠르게 공시체 전체에 걸쳐 같아지며 중앙부와 단부에서 동일하게 된다. 그러나 낮은 투수성의 점토의 경우는 공시체 전체에 걸쳐 간극수압이 느리게 같아진다. 이는 점토의 경우 시험이 시료 전체에 균일하게 느리게 실시되어야 함을 의미한다.

공시체 내 변형률의 균일화는 bulging과 불균일응력으로 영향을 받게 된다. 따라서 시험 결과에 공시체의 형상에 의한 영향을 제거하려면 단부구속력을 제거한 상태에서 시험을 실시하여 bulging이나 공시체 내에 불균일응력이 발생하지 않게 해야 된다.

이 단부구속력 제거를 위해서는 공시체 양 단부에 윤활면(lubrication)을 조성하여 시험을 실시해야 한다. 윤활면이 실시되면 $H/D = 1.0$ 형상의 공시체로 시험해도 무방하다.

삼축시험을 요소시험으로 실시하기 위해서는 다시 말하여 삼축시험용 공시체를 하나의 흙 요소로 생각하여 그 특성을 살피려면 Rankine 파괴선과 같은 파괴형태가 요소 전체에 걸쳐 균일하게 발생하는 그림 4.5(b)의 지역파괴 형태로 파괴됨이 이상적이다.[1-4,11,12] 이러한 파괴형태를 발생시키기 위해서는 공시체 속의 응력, 변형 및 간극수압이 공시체 전 부분에 걸쳐 균일하게 발생되도록 해야 한다. 이런 변형상태를 조성하기 위해서는 공시체의 높이를 $D\tan$ $(45° + \phi/2)$보다 작게 함과 동시에 공시체 상·하단부에 윤활면을 조성하여 공시체 단부에서의 마찰저항을 제거시켜주어야 한다.[1-4,11,12]

이와 동일한 방법으로 시험한 결과에 의하면 $H/D = 1$인 공시체에 실시한 시험 결과는 지역파괴 형태는 물론이고 입방체형 공시체에 대한 다축삼축시험 결과와 아주 잘 일치하여 원통형 공시체에 의한 공시체 형상의 영향을 없앨 수 있다.

또한 $H/D = 2.3$이고 단부의 마찰영향을 제거하지 않은 공시체에 대한 시험 결과는 단부마찰력을 제거한 $H/D = 1$ 공시체의 시험 결과보다 강도가 다소 크게 산정되었다.

따라서 공시체의 높이와 직경의 비를 그림 4.5(b)와 같이 1:1로 하고 공시체 상·하단부에 마찰력이 강한 다공판 대신 합성수지 lucite를 사용하고 윤활면 조성을 실시하는 것이 바람직하다.

이와 동일한 방법으로 시험한 결과에 의하면 $H/D = 1$로 실시한 결과는 지역파괴 형태는 물론이고 입방체형 공시체에 대한 다축삼축시험 결과와 아주 잘 일치하여 원통형 공시체에 의한 공시체 형상의 영향을 없앨 수 있다. 따라서 공시체의 높이와 직경의 비를 그림 4.5(b)와 같이 1:1로 하고 공시체 상·하면에 마찰력이 강한 다공판 대신 합성수지 lucite를 사용하여 윤활면을 실시함이 바람직하다.[1-4]

그림 4.6은 윤활면을 조성한 사례를 도시한 한 예이다. 우선 공시체의 상·하단부면에 고무를 각각 1장씩 부친다. 이 고무는 공시체가 측방으로 변형할 때 공시체와 함께 늘어나게 된다. 그런 후 실리콘그리스를 고무 위에 바르고 고무를 또 한 장 붙인다. 결국 고무를 이중으로 붙이게 된다. 또 다시 실리콘그리스를 고무 위에 바르고 고무멤브레인으로 공시체와 상·하판

을 함께 쌓고 O-링으로 멤브레인을 고정시킨다. 이때 다공판이 막히지 않도록 조심한다. 이렇게 하면 연직하중에 의해 공시체가 측방으로 변형하려 할 때 상·하판의 고무가 같이 변형하게 되어 단부마찰력이 공시체와 상·하단부에 작동하지 않게 된다.

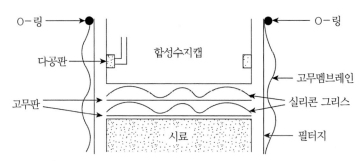

그림 4.6 공시체 단부의 윤활면(lubrication) 조성 사례

4.4 배수의 영향

4.4.1 배수시험

배수시험에서는 완속재하로 과잉간극수압이 발생되지 않는다. 따라서 이 시험에서는 과잉간극수압이 발생되지 않으므로 전응력과 유효응력이 동일하다.

간극수의 배출 혹은 흡수에 의해 체적변화가 발생한다.[10] 즉, 간극수가 배출되면 압축이 발생되며 간극수가 흡수되면 체적이 팽창하게 된다. 이러한 체적의 변화는 공시체 내의 함수비(w), 간극비(e) 및 건조단위중량(γ_d)을 변화시킨다.

배수시험은 압밀단계와 전단단계의 두 단계로 실시된다. 압밀단계에서는 통상적으로 등방압밀을 가하고 전단단계에서는 파괴 시까지 전단하중을 재하한다.[14,17] 여기서 전단응력이라 함은 직접전단시험에서는 $\Delta\tau$를 의미하고 삼축시험에서는 축차응력 $\Delta(\sigma_1 - \sigma_3)$ 혹은 $\Delta\sigma_d$을 의미한다.

배수시험이 적용될 수 있는 현장의 예로는 조립모래나 자갈을 포함하고 있는 모든 현장에서는 포화 여부에 관계없이 배수시험 결과를 적용할 수 있다.[15]

그러나 액상화의 경우는 빠른 재하로 인하여 배수가 어려우므로 배수시험을 적용할 수 없다.

반면에 세립의 약간의 실트를 포함하고 있는 모래지반에서는 현장하중이 적당히 완속으로 재하되면 배수시험 결과를 적용할 수 있다.

또한 모든 토질에 장기재하의 경우에도 배수시험을 적용할 수 있다. 예를 들면, 절토사면 안정, 굴착 후 수년이 경과한 경우에도 배수시험을 적용할 수 있다.

그 밖에도 연약점토 퇴적층상에 축조된 성토지반이나 정상침투의 흙댐 거동과 안정해석에 배수시험 결과를 적용할 수 있다.

배수시험은 시간이 상당히 오래 소요되는 경우의 흙의 거동을 취급할 수 있으므로 점토층 위의 후팅의 장기거동해석(long term behavior analysis)에 배수시험 결과를 적용할 수 있다.

배수시험에서는 그림 4.7 속에서 기술되어 있는 바와 같이 파괴포락선 상부의 응력상태는 실제 존재할 수 없고 과잉간극수압 Δu가 0이므로 유효응력은 전응력과 동일하게 된다.

그림 4.7은 배수시험 결과를 도시한 그림이다. 일반적으로 지반의 강도는 구속압 σ가 증가할수록 함께 증가한다.

즉, 지반강도를 나타내는 유효내부마찰각 ϕ'는 구속압(σ_3)이 증가할수록 (그림 4.7의 수평축값이 커질수록을 의미한다) 감소한다. 따라서 파괴포락선은 아래로 기울어진 곡선이 된다.

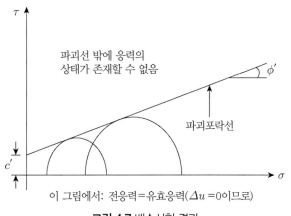

그림 4.7 배수시험 결과

한편 유효점착력 c'는 대부분의 흙에서 매우 작아 0이 된다.

그러나 고소성토나 과압밀 및 교란된 점토에서는 유효점착력(c')이 양의 값이 된다. 즉, $c' > 0$이 된다.

4.4.2 압밀 - 비배수시험

전단시험을 실시하기 이전에 공시체를 조성하기 위해서는 압밀단계를 거쳐야 한다. 압밀단계는 과잉간극수압이 다 소멸될 때까지 진행되어야 한다. 이 과정이 현장에서는 압밀이 완료된 것을 의미하며 이 과정은 배수시험과 동일하다. 즉, 압밀이 완료된 단계에서의 과잉간극수압 Δu는 0이 된다. 통상 실내삼축시험에서는 압밀압으로 등방압을 가한다. 이 점이 현장에서의 압밀상태와 차이가 있다. 압밀이 완료되면 배수선을 잠그고 파괴 시까지 전단하중을 비배수상태로 재하한다. 이러면 과잉간극수압 Δu가 증가하거나 감소한다. 이때 비배수상태이므로 체적변화가 없으며 간극수압만 변한다.

이러한 시험을 압밀－비배수시험이라 부르며 현장에서 적용할 수 있는 경우는 비교적 다양하게 존재한다. 일례로 새로운 재하 전에 기존응력상태에서 초기압밀이 완료된 비교적 불투수성 퇴적지반상에 수 일에서 수 주(간혹 수년) 동안 재하로 강도가 증가되는 경우를 들 수 있다. 예를 들면, 건물기초 이외에도 성토, 댐, 고속도로 기초지반의 거동예측에 CU 시험을 적용할 수 있다. 흙댐에서 수위급강하 시에도 이 시험의 결과를 적용할 수 있다.

그 밖에도 압밀－비배수시험은 지표면 시료의 시험 결과로 퇴적층의 깊이에 따른 강도를 예측할 경우에도 적용할 수 있다.

이 시험에서는 전단과정에서 과잉간극수압 Δu가 0이 아니므로 전응력과 유효응력의 두 종류의 강도정수를 구할 수 있다. 그림 4.8에 개략적으로 도시된 바와 같이 $\sigma = \sigma' + \Delta u$이므로 Mohr원은 두 경우 동일 직경을 가지며 유효응력의 경우는 전응력보다 그림 4.8(b)에서 보

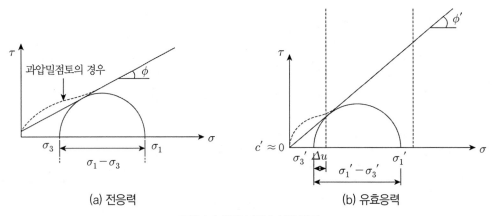

그림 4.8 압밀-비배수시험 결과

는 바와 같이 Δu만큼 옆으로 이동하게 된다.

그림 속에 점선으로 도시한 결과는 과압밀점토에 해당한다. 이 결과에 의하면 유효내부마찰각 ϕ'는 전응력에 의한 내부마찰각 ϕ보다 크게 나타난다. 한편 유효점착력 c'에 대해서는 대부분의 경우 배수시험에서 구한 배수유효점착력 $c'_{drained}$는 비배수유효점착력 $c'_{undrained}$와 거의 유사하게 0으로 나타난다($c'_{drained} \simeq c'_{undrained} \simeq 0$). 그러나 재성형한 흙 시료나 다짐한 흙 시료의 경우는 $c' \simeq 0$으로 나타난다.

한편 이 시험에 활용되는 공시체 조성에 적용되는 압밀방법은 등방압밀(ICU)과 이방압밀(ACU)의 두 가지가 있는데, 이들 압밀과정을 Mohr의 응력도면에 도시하면 그림 4.9와 같다. 즉, 등방압밀의 경우는 최대주응력 σ_1과 최소주응력 σ_3이 동일하여 하나의 점으로 표시된다. 그러나 이방압밀의 경우는 대부분이 흙에서의 이방압밀은 최대주응력 σ_1이 최소주응력 σ_3보다 커서 최대주응력 σ_1이 최소주응력 σ_3 사이의 차이가 발생하여 그림 4.9(b)와 같이 이방압밀의 Mohr원은 최소주응력 σ_3의 우편에 그려진다.

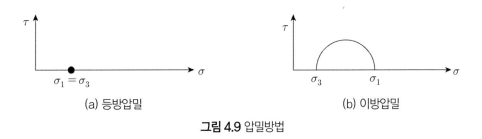

(a) 등방압밀   (b) 이방압밀

그림 4.9 압밀방법

이방압밀은 대부분 K_0 – 압밀에 해당하는데, 그림 4.10에서와 같이 지표면이 수평인 경우와 경사면의 경우로 나눠 생각할 수 있다.

여기서 K_0값은 다음과 같다. 즉, 정규압밀점토지반에서는 0.5 이하이고 과압밀점토지반에서는 2 혹은 3이 되며 다짐점토에서는 2 이하로 정한다.

- $K_0 \leq 0.5$: 정규압밀점토지반
- $K_0 = 2$ 혹은 3: 과압밀점토지반
- $K_0 \leq 2$: 다짐점토

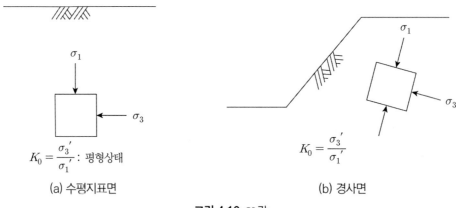

$$K_0 = \frac{\sigma_3{}'}{\sigma_1{}'} : \text{평형상태}$$

(a) 수평지표면

$$K_0 = \frac{\sigma_3{}'}{\sigma_1{}'}$$

(b) 경사면

그림 4.10 K_0값

4.4.3 비압밀 - 비배수시험

비배수 상태에서 구속압으로 재하된 시료를 파괴 시까지 전단하중을 증가시켜 가하는 시험을 비압밀−비배수시험이라 부른다. 물론 압밀단계뿐만 아니라 전단단계에서도 비배수 상태 유지하면서 진행하는 시험이다. 비배수 상태이므로 체적변화는 발생하지 않을 것이며 과잉간극수압만 발생한다. 이 간극수압은 활용할 목적이 있으면 측정하고 활용할 목적이 없으면 측정하지 않아도 된다.

비압밀−비배수시험(UU 시험으로도 칭함)은 그림 4.11과 같은 현장에서 지반의 거동이나 파괴를 예측할 때 활용할 수 있다. 먼저 그림 4.11(a)에서는 급히 축조된 흙댐의 성토 시 댐의 안전성 검토에 시험 결과를 활용할 수 있다.

다음으로 성토나 건물기초가 급히 축조된 경우 기초지반의 안전성 문제에 적용할 수 있다. 기초지반에 급히 재하되면 구속압과 전단응력이 증가하게 된다.

끝으로 절토사면에서 굴토된 직후의 지반강도를 파악할 때 활용할 수 있다(그림 4.11(c) 참조).

UU 시험은 비배수전단강도를 구하고자 할 경우 많이 활용되는 시험이다. 특히 비교적 배수가 용이하지 않은 점성토나 현장배수가 될 수 없을 정도로 급속재하 시 거동을 파악하기 위한 시험으로 적합하다.

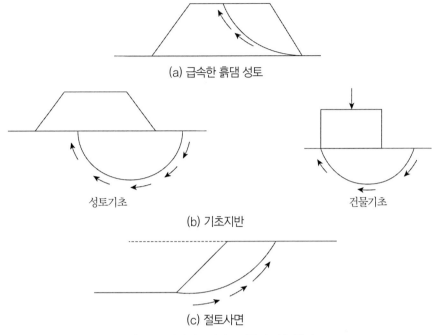

(a) 급속한 흙댐 성토

성토기초

건물기초

(b) 기초지반

(c) 절토사면

그림 4.11 비압밀 - 비배수시험의 적용 현장

그림 4.12는 비압밀−비배수 실내시험을 실시한 결과에 대한 개략도이다.[9] 이 그림은 전응력으로 도시한 결과이다. UU 시험은 이 그림에 도시한 바와 같이 전응력으로 구한 비배수 전단강도를 구하기 위해 수행하는 시험이다. 전응력에 의한 내부마찰각 ϕ 가 0인 비배수전단 강도 s_u 를 구할 수 있다. 이 그림에서 보는 바와 같이 비배수강도는 구속압에 영향을 받지 않는다. 따라서 수평구속압인, 즉 구속압 σ_c 가 0인 일축압축시험에 의한 일축압축강도는 UU 시험의 강도와 동일하게 된다. 이 비교를 위해서는 일축압축시험의 조건이 UU 시험과 동일 해야 한다. 그러기 위해서는 일축압축시험에 적용하는 공시체시료는 포화시료이어야 하며 불 교란(intact)시료이고 균질한 공시체이어야 한다. 일반적으로 시료가 지반에서 채취되었을 때 응력해방으로 팽창하려는 경향이 있다. 그러나 이 경향으로 부간극수압이 발생하고 팽창이 방지된다.

일축압축시험은 비압밀−비배수 시험의 특수한 경우로 취급할 수 있다. 몇몇 특수시료에 대한 일축압축시험 결과를 정리하면 다음과 같다.

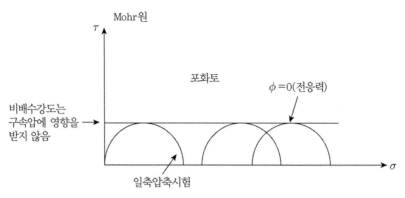

그림 4.12 비압밀 - 비배수 시험 결과 개략도

불포화 점토의 일축압축시험 결과는 다소 안전 측이다. 단단한 균열점토(stiff fissured clay)는 구속압으로 균열이 열리므로 공시체가 분리된다. 무늬점토(varved clay)는 조립층에는 메니스커스가 형성되지 않는다. 공기가 들어가서 물이 조립층에서 세립층으로 이동하므로 유효응력이 감소한다.

높은 구속압상태에서는 공기가 물에 녹으므로 공기가 물에 용해될 때까지 포락선이 곡선이 된다. 그런 후 수평으로 강도를 유지하고 이때까지 포화가 진행된다. 그림 4.13에서 보는 바와 같이 포화도가 100% 이하일 때는 강도가 낮게 나타나다가 포화된 이후 강도가 수평으로 일정하게 유지되고 있다. 이러한 경향은 초기포화도가 낮을수록 현저히 나타난다.

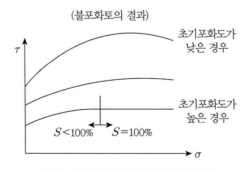

그림 4.13 불포화토의 일축압축시험 결과

일축압축시험으로 구해진 일축압축강도 q_u와 비배수전단강도 c_u는 그림 4.14와 같다. 여기서 비배수전단강도는 식 (4.5)로 구한다.

$$c_u = \frac{1}{2} q_u$$

(4.5)

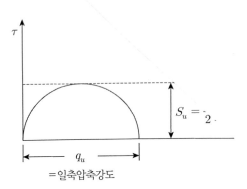

그림 4.14 일축압축강도와 비배수전단강도

| 참고문헌 |

(1) 남정만·홍원표(1993), '입╱╱의한 모래의 응력-변형률 거동', 대한지반공학회지,
제9권, 제4호, pp.83-92.

(2) 홍원표(1987), '정규압╱╱전단강도에 미치는 압밀방법의 영향', 대한토질공학회지, 제3
권, 제2호, pp.41-5╱ ╱점토의 거동에 미치는 영향, 대한토목학회논문집, 제8권, 제2호, pp.99-107.

(3) 홍원표(1988), 'o╱특론(I) 얕은기초, 중앙대학교 출판부.

(4) 홍원표(1999╱enkel, D.J.(1962), *The Measurement of Soil Properties in the Triaxial Test*, Edward

(5) Bishop, ╱ndon, 2nd Ed.

Arnol╱ ╱. and Lee, K.L.(1973), "Saturating laboratory samples by back pressure", SMFD, ASCE,
(6) Bl╱, SM1, pp.75-93.

(7) ╱uncan, J.M. and Dunlop, P.(1968), "The siginificance of cap and base restraints", Jour., SMFD, ASCE,
Vol.94, No.SM1, pp.271-290.

(8) Harr, M.E.(1966), *Foundations of Theoretical Soil Mechanics*, McGraw-Hill Book Company, New York.

(9) Holtz, R.D. and Kovacs, W.D.(1981), *Introduction to Geotechnical Engineering*, Prentice-Hall International,
Inc., London.

(10) Hong, W.P. and Lade, P.V.(1989), "Elasto-plastic behavior of Ko consolidated clay in torsion shear
test", So;is and Founda., Tokyo, Japan, 29(2), pp.127-140.

(11) Lade, P.(1978), "Cubical triaxial apparatus for soil teasting", Geotechnical Testing Jounal, GTJoDJ,
Vol.1, No.2, pp.93-101.

(12) Lade, P.V.(1982), "Localization effects in triaxial tests on sand", IUTAM Conference on Deformation
and Failure of Granular Materials, Delft, pp.461-471.

(13) Lambe, T.W. and Whitman, R.V.(1969), *Soil Mechanics*, John Wiley & Sons, Inc., New York.

(14) Peck, R.B., Hanson, W.E. and Thornburn, T.H.(1974), *Foundation Engineering*, 2nd Ed., John Wiley
& Sons, Inc., New York.

(15) Schmertmann, J.H.(1975), "Measurement of in situ shear strength", State-of-the Art Report, Proc.,
ASCE Specialty Conference on in situ Measurement of Soil Properties, Raletgh, North Carolina, Vol.II,
pp.57-138.

(16) Skempton, A.W.(1954), "The pore pressure coefficients A and B", Geotechnique, Vol.IV, pp.143-147.

(17) Terzaghi, K.(1943), *Theoretical Soil Mechanics*, John Wiley & Sons, Inc., New York.

(18) 最上武雄(1973), 土質力學, 日本土木學會 監修, 技報堂,第5章.

사질토의 특성

사질토의 특성

5.1 사질토의 특성

사질토의 특성은 다음 두 가지를 들 수 있다.

① 입상체(모래, 자갈, 암)
② 입자 사이에 부착력이 없다.

입상체 흙으로는 모래, 자길 및 암을 들 수 있다. 그러나 일반적으로는 사질토라 하면 모래를 위주로 생각하고 있다. 입상체에는 습윤 및 고결된 입상체를 제외하고는 입자 사이에 부착력이 없다. 사질토가 습윤상태에 있으면 겉보기점착력이 생기며 고결된 경우에도 시험 결과 점착력이 나타난다. 그러나 그림 5.1과 같이 사질토의 파괴포락선은 곡선이므로 진정한 점착력은 없다고 할 수 있다. 즉, 구속압에 따라 내부마찰각이 달라 파괴포락선이 곡선으로 나타난다.

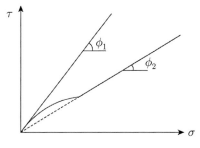

그림 5.1 사질토의 파괴포락선

5.2 모래의 압축성

5.2.1 모래의 압축성에 영향을 미치는 요소

모래의 밀도는 압밀 후 높아진다. 그런데 모래의 강도는 밀도에 의존한다. 따라서 모래의 강도를 조사할 때는 압축성을 고려할 필요가 있다.

그림 5.2는 50번체와 100번체 사이의 Sacramento River Sand의 구속압 σ_3와 간극비 e 사이의 관계에서 보는 바와 같이 구속압이 증가할수록 간극비가 감소한다. 그 밖에도 그림 5.2에서는 구속압이 클수록 곡선경사가 가팔라지고 초기간극비가 크면 압축성도 커짐을 알 수 있다.

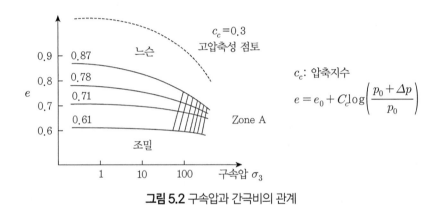

그림 5.2 구속압과 간극비의 관계

모래의 경우 높은 구속압에서는 느슨한 밀도나 조밀한 밀도 모두 유사한 최종간극비에 근접한다(예를 들면, 그림 5.2 속의 zone A). 그러나 이들 시료의 초기밀도에 대한 곡선들은 초기구속압에 평행하였음을 알 수 있다.

모래의 압축성에 영향을 미치는 요소로는 다음 여섯 가지를 들 수 있다.

① 밀도
② 입자 형상
③ 입자 크기
④ 입도
⑤ 응력
⑥ 입자 광물

밀도에 대해서는 이미 그림 5.2에서 설명한 바와 같이 밀도가 느슨하면 압축성이 증가한다. 다음으로 입자 형상은 각이 진 입자는 더 압축되고 조립자일수록 더 압축된다. 또한 입자에 대한 형상과 입자 크기가 같으면, 즉 동일한 밀도에서는 균등할수록 더 압축된다.

한편 응력에 대해서는 Ruthledge(1944)에 의하면 체적변화는 그림 5.3에서 보는 바와 같이 최대주응력에만 의존하고 최소주응력/중간주응력에는 그다지 크게 의존하지 않는다.[4]

끝으로 입자 광물에 대해서는 약한 입자일수록 더 압축되는 경향이 있다.

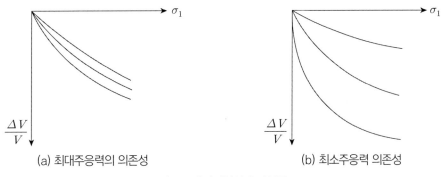

(a) 최대주응력의 의존성　　　　　　　(b) 최소주응력 의존성

그림 5.3 체적변화의 응력의존도

5.2.2 입자파쇄

초기밀도가 큰 물질은 입자파쇄에 의해서만 압축된다. 압축/압밀에 의한 입자파쇄는 다음 사항과 함께 증가한다.

① 구속압 σ_3가 증가할수록

② 입자 크기가 클수록

③ 각이진 입자일수록

④ 입도(조립자가 세립자보다 잘 파쇄된다)

파쇄량은 저압에서는 작게 발생한다. 그러나 입자파쇄 문제는 대흙댐에서 발생되는 응력범위 내에서는 매우 중요한 문제가 된다.

5.2.3 전단 시 체적변화

그림 5.4는 느슨한 모래(간극비가 e_L)와 조밀한 모래(간극비가 e_D)의 전단 시 거동을 도시한 그림이다. 이들 간극비는 한계간극비 e_c를 기준으로 느슨한 모래는 $e_L > e_c$인 경우이고 조밀한 모래는 $e_D < e_c$인 경우이다.

느슨한 모래에 대한 전단시험 시에는 축차응력 $(\sigma_1 - \sigma_3)$이 축변형률 ϵ_1의 증가와 함께 증가하는 거동을 보이며, 조밀한 모래에 대한 전단시험 시에는 축차응력 $\sigma_1 - \sigma_3$이 축변형률 ϵ_1의 증가와 함께 증가하다가 첨두강도에 도달한 후 감소하여 잔류강도에 도달한다.

이와 동시에 간극비는 두 경우 모두 한계간극비 e_c에 도달하는 거동을 보인다. 즉, 느슨한 모래의 경우는 간극비가 처음부터 점차 감소하여 한계간극비에 도달하며, 조밀한 모래의 경우는 간극비가 첨두강도까지는 점차 감소하다가 첨두강도 이후 다시 증가하여 한계간극비에 도달한다. 이는 첨두강도 도달 이후 잔류강도에 이르기까지 다이러턴시 현상이 발생되었음을 보여주고 있다.

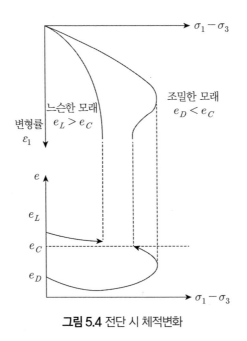

그림 5.4 전단 시 체적변화

그림 5.4의 시험 결과를 그림 5.5와 같이 다시 도시하면 느슨한 모래와 조밀한 모래의 축변형률 변화에 따른 강도거동과 체적변형거동을 더욱 자세히 관찰할 수 있다. 특히 그림 5.5에

서는 다이러턴시 현상에 의한 체적팽창현상을 관찰하기 편리하다.

그림 5.5에서 보는 바와 같이 느슨한 모래에서는 전단시험 시 처음부터 압축이 발생하였으나 조밀한 모래에서는 전단 초기 압축 후 다이러턴시 현상에 의해 팽창하였음을 알 수 있다. 이와 같이 다이러턴시 현상은 입상토의 기본적 특성이며 낮은 구속압하의 전단역에서 발생된다.

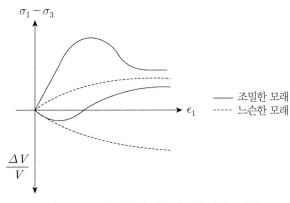

그림 5.5 모래의 전단 시 압축과 팽창 다이러턴시

그림 5.6은 전단시험 시 발생하는 전단역을 도시한 그림으로 느슨한 시료의 경우는 다이러턴시 현상이 발생되지 않았으나 조밀한 시료의 경우는 다이러턴시 현상이 전단역에서 발생하였음을 알 수 있다.

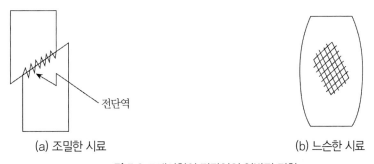

(a) 조밀한 시료   (b) 느슨한 시료

그림 5.6 모래시험의 전단역의 일반적 경향

5.2.4 전단저항력의 근원

전단 시 발달하는 저항력의 두 가지 근원은 다음과 같다.

① 입자운동에 필요한 에너지
② 전단 시의 팽창 다이러턴시 혹은 압축에 필요한 에너지

첫 번째 입자운동에 필요한 에너지로는 입자의 활동, 입자의 재배열, 입자 분쇄를 들 수 있다. 이 중 입자 분쇄에 대해서 Mitchell(1976)은 Rate Process 이론으로 설명하고 있다.[3]

한편 전단 시의 팽창 다이러턴시가 발생할 때 입자운동을 도시하면 그림 5.7과 같다. 그림 5.7(a)에 도시된 작은 공극(조밀한 밀도의 의미)은 전단응력 작용 시 인접 입자를 타고 넘어 그림 5.7(b)와 같은 배열을 이루게 된다. 이 결과 입자 사이의 공극은 더 커져서 결과적으로 체적이 증가하게 된다. 그림 5.7(b)에서는 체적증가한 현상을 배열입자들의 높이 h가 증가하여 $h + \Delta h$로 증대한 것으로 도시하고 있다.

(a) 작은 공극 (b) 큰 공극

그림 5.7 다이러턴시 발생 시 입자운동

5.2.5 팽창에 필요한 에너지량 계산법

직접전단과 삼축압축 시 발생한 팽창에 필요한 에너지를 계산하는 방법을 설명하면 다음과 같다.

(1) Talor 계산법 – 직접전단

일에너지 평형조건으로부터 식 (5.1)을 정립하고 이 식으로부터 팽창에 소요되는 힘 S_E를

식 (5.2)와 같이 산출한다.

$$PA\dot{\delta}_Y = \dot{\delta}_X A S_E \tag{5.1}$$

$$S_E = P\frac{\dot{\delta}_Y}{\dot{\delta}_X} \tag{5.2}$$

식 (5.2)의 $\dot{\delta}_Y/\dot{\delta}_X$는 그림 5.8(a)의 아래 그림의 전단상자의 수평 및 연직 변위곡선 $\delta_X - \delta_Y$ 곡선의 기울기이다. 이 곡선 중 가장 급한 곳에서 다이러턴시가 가장 크다.

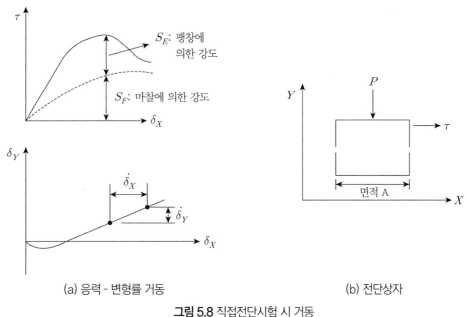

(a) 응력 - 변형률 거동 　　　　　　　(b) 전단상자

그림 5.8 직접전단시험 시 거동

(2) Bishop 계산법 – 삼축압축

그림 5.9(a)에 도시한 바와 같이 삼축압축 시 다이러턴시 현상에 의해 공시체가 팽창하게 되면 suction에 의해 간극수가 공시체 내부로 유입됨에 착안하여 팽창에 필요한 에너지와 일량을 산출한다.

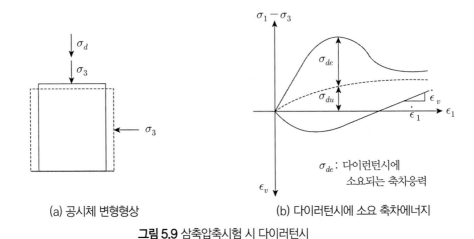

(a) 공시체 변형형상　　　　　　(b) 다이러턴시에 소요 축차에너지

그림 5.9 삼축압축시험 시 다이러턴시

먼저 팽창에너지 E는 구속압과 체적변화량을 곱하여 구하면 식 (5.3)과 같다.

$$E = \sigma_3 \Delta \dot{V} \tag{5.3}$$

팽창에 필요한 일량 W는 식 (5.4)와 같이 된다.

$$W = \sigma_{de} A \Delta \dot{L} \tag{5.4}$$

에너지보전법칙에 의거 식 (5.3)과 (5.4)를 같게(즉, $E = W$) 놓고 정리하면 식 (5.5)로 다이러턴시에 소요되는 축차응력 σ_{de}를 구할 수 있다.

$$\sigma_3 \Delta \dot{V} = \sigma_{de} A \Delta \dot{L} \tag{5.5}$$

$$\sigma_{de} = \sigma_3 \frac{\Delta \dot{V}}{A \Delta \dot{L}} \tag{5.6}$$

체적변형률은 $\dot{\epsilon}_V = \Delta \dot{V}/V$이고 축변형률은 $\dot{\epsilon}_1 = \Delta \dot{L}/L$이므로 식 (5.6)은 (5.7)로 된다.

$$\sigma_{de} = \sigma_3 \frac{\Delta \dot{V}/V}{A \Delta \dot{L}/L} \frac{1}{A} \frac{V}{L} \tag{5.7}$$

이 식을 정리하면 다이러턴시에 소요되는 축차응력 σ_{de}는 식 (5.8)과 같이 구해진다.

$$\sigma_{de} = \sigma_3 \frac{\dot{\epsilon}_V}{\dot{\epsilon}_1} \tag{5.8}$$

이 식에 쓰이는 $\dot{\epsilon}_V$와 $\dot{\epsilon}_1$는 그림 5.9(b)에 도시되어 있다. 즉, 다이러턴시 발생 시의 체적변형률 $\dot{\epsilon}_V$과 축변형률 $\dot{\epsilon}_1$ 사이의 관계곡선의 기울기에 해당한다.

(3) Rowe의 응력 다이러턴시

삼축압축의 기하학적 및 물리적 개념에 의거하여 다음 식이 성립한다.

$$\frac{\sigma_1}{\sigma_3} = \left(1 - \frac{d\epsilon_V}{d\epsilon_1}\right)\tan^2\left(45° + \frac{\phi_u}{2}\right) \tag{5.9}$$

그림 5.10은 다이러턴시 이론에 의거한 부분을 수정한 내부마찰각의 측정치와 수정치이다.

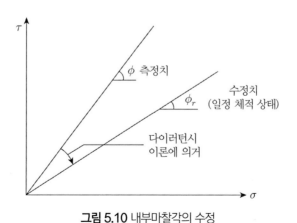

그림 5.10 내부마찰각의 수정

식 (5.9)에서 $(1 - d\epsilon_V/d\epsilon_1)$는 다이러턴시에 기여하는 부분이고 ϕ_u는 내부입자마찰각이다. 다이러턴시 재료의 경우 $(1 - d\epsilon_V/d\epsilon_1) > 1$이 된다.

일반적으로 낮은 구속압의 조밀모래에 대하여 다이러턴시 기여분$(\dot{\epsilon}_V/\dot{\epsilon}_1)$을 제거하고 ϕ값을 구하였다.

그러나 Seed & Lee(1967)는 위 식을 높은 구속압에서는 적용할 수 없다고 하였다. 왜냐하면 입자가 모서리에서 전단되거나 파쇄되기 때문에 다이레이션이 억제된다고 하였다.[5]

Rowe에 의하면 일정체적상태의 내부마찰각의 수정치 ϕ_r은 광물입자 간 마찰인 ϕ_u에 거의 일치한다고 하였다.

5.3 모래의 강도에 영향을 미치는 영향요소

모래의 강도는 다양한 요소에 영향을 받는다. 그중에서도 비교적 큰 영향을 미치는 요소를 열거하면 다음과 같다.

① 광물 구성
② 입자형상-모난 정도
③ 표면조도
④ 입자 크기
⑤ 입도
⑥ 상대밀도
⑦ 환경요소

이들 요소 중 첫 번째인 광물 구성은 광물질별 고유 내부마찰각이 존재하므로 이 입자 내부고유마찰각에 따라 모래의 강도가 달라질 수 있다. 주요 광물질별 입자내부마찰각은 대략 위에 열거한 바와 같다. 즉, 장석(feldspar)은 $\phi_u = 27°$, 석영(quartz)은 $\phi_u = 22°$로 크지만 활석(talc)과 운모(mica)는 ϕ_u값이 각각 9°와 13°로 비교적 작다.

입자형상에 대하여도 모난 입자는 둥근 입자만큼 조밀하게 되지 않지만 내부마찰각이 크다. 동일한 입자형상에서도 표면조도가 크면 내부마찰각이 크다. 입자 크기는 별로 영향이 없지만 입도가 좋은 흙은 균등한 흙보다 잘 다져지므로 다이러턴시가 크게 발생한다. 따라서 입도가 좋은 흙의 내부마찰각이 균등한 흙의 내부마찰각보다 크다.

한편 상대밀도(D_r)도 크면 다이러턴시 경향이 크다. 그림 5.11은 흙의 간극비 혹은 간극률과 내부마찰각 사이의 관계를 개략적으로 도시한 그림이다. 상대밀도는 흙의 간극과 연계되어 있다. 그림 5.11은 상대밀도와 관련되어 있는 간극비 혹은 간극률의 변화에 따른 내부마찰각의 변화를 도시한 그림이다. 먼저 그림 5.11(a)에서는 간극비가 클수록, 즉 상대밀도가 클수록 내부마찰각이 커짐을 보여주고 있다. 반면에 그림 5.11(b)에서는 간극률이 클수록 내부마찰각이 작아짐을 보여주고 있다.

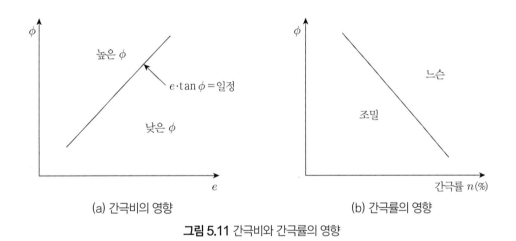

(a) 간극비의 영향   (b) 간극률의 영향

그림 5.11 간극비와 간극률의 영향

끝으로 환경적인 요소로는 다양한 요소가 사질토의 전단강도에 영향을 크게 미치고 있다. 환경요소로는 ① 구속압, ② 삼축압축시험 시의 여러 변수(구속압, 기본 광물의 고유내부마찰각, 다이러턴시, 파쇄 혹은 재성형(재배열)), ③ 물, ④ 변형률 조건, ⑤ 압밀방법을 들 수 있다. 이들 환경 요소의 영향에 대하여 기술하면 다음과 같다.

5.3.1 구속압

우선 그림 5.12는 구속압이 전단강도에 미치는 영향을 도시한 그림이다. 이 그림에서 보는 바와 같이 파괴포락선은 곡선의 형태를 보이고 있다. 이는 구속압이 클수록 다이러턴시가 적어 내부마찰각이 작기 때문이다. 실질적으로 점착력c는 0이므로 내부마찰각ϕ는 식 (5.10)으로 결정한다.

$$\tan^2\left(45° + \frac{\phi}{2}\right) = \left(\frac{\sigma_1}{\sigma_3}\right)_f \tag{5.10}$$

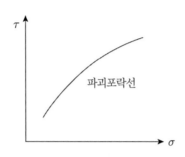

그림 5.12 구속압에 따른 파괴포락선

5.3.2 삼축압축 시의 변수

그림 5.13은 삼축압축시험 결과를 개략적으로 도시한 그림이다. 이 그림에서 보는 바와 같이 낮은 구속압(σ_3)에서 입자의 파쇄는 발생하지 않으며, 구성 광물의 기본 마찰각 ϕ_u는 일정하다.

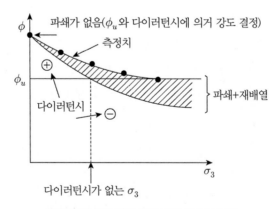

그림 5.13 삼축시험 시의 여러 변수의 영향

따라서 임의의 압력하에서 측정된 강도(ϕ)는 다음 사항에 의거 결정된다.

① 기본마찰각

② 다이러턴시

③ 파쇄 혹은 재성형(재배열)

이 그림에서 보는 바와 같이 이 응력에서 강도는 ϕ_u와 파쇄 및 재배열에 의거 결정된다. 이들 요소, 즉 기본 마찰각, 다이러턴시 및 파쇄의 비율은 이 그림에 도시된 바와 같다.

5.3.3 밀도와 구속압에 의한 강도 변화

한편 그림 5.14에는 고압의 구속압과 낮은 구속압일 때의 내부마찰각의 차이가 도시되어 있고 구성광물의 기본마찰각 ϕ_u와 파쇄와 다이러턴시에 의해 기여되는 내부마찰각을 도시하고 있다. 결국 이 그림 5.14는 그림 5.1과 동일한 결과를 보여주고 있다.

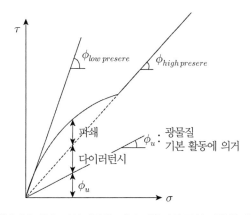

그림 5.14 파쇄, 다이러턴시, 기본 마찰가의 구성 비율의 개략도

그림 5.15는 조밀한 밀도와 느슨한 밀도의 Sacrament Sand와 Ottawa Sand를 대상으로 실시한 삼축압축시험 결과를 활용하여 밀도와 구속압에 의한 강도 변화를 비교해본 그림이다. 우선 이 그림에서 조밀한 시료와 느슨한 시료의 강도차는 구속압이 적을수록 크게 나타났다. Silica 모래와 파쇄 석영 성분이 많은 Ottawa Sand와 같이 매우 단단한 입자로 구성된 모래는

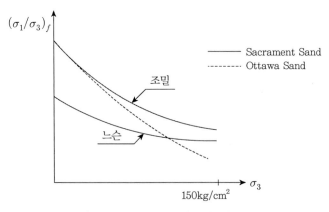

그림 5.15 밀도와 구속압에 의한 강도 변화

수평곡선을 얻기 위해서는 매우 높은 구속압 σ_3가 필요함을 알 수 있다.

5.3.4 물의 영향

수압이 클수록 석영의 기본마찰각 ϕ_u는 증가하고 운모의 기본마찰각 ϕ_u는 감소한다. 재료에 따라서 물의 영향으로 연약화된다. 물이 높은 응력 집중점에 침투되면 입자가 분쇄된다. 단단하고 둥근 입자에는 영향이 없고 모나고 연약 혹은 풍화된 입자에는 어느 정도 영향이 있다. 그림 5.16은 피라미드 댐 재료의 삼축압축 시 물 공급에 의해 강도가 감소한 사례를 보여주고 있다. 불포화토에 습기는 모관효과에 의하여 겉보기 강도의 원인이 된다.

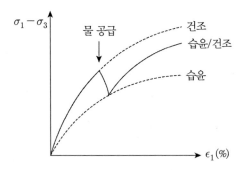

그림 5.16 물 공급에 의한 강도 변화

5.3.5 변형률 조건

지반구조물에는 삼축상태의 구조물보다는 평면변형률상태의 구조물이 많다. 따라서 이 두 변형률 조건의 차이에 의해 강도에도 영향을 미치게 된다. 이러한 평면변형률 구조물에서는 y축 방향 변위 혹은 변형률이 0이 된다. 즉, $\delta_y = 0$, $\epsilon_y = 0$의 조건에서 시험이 실시되어야 현장의 상태를 실내에서 재현한 것이라 할 수 있다.

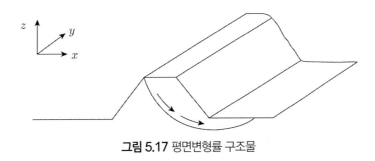

그림 5.17 평면변형률 구조물

평면변형률상태하에서는 식 (5.11)에 표현되어 있는 바와 같이 σ_y는 중간주응력이 된다.

$$\sigma_1 > \sigma_2 = \sigma_y > \sigma_3 \tag{5.11}$$

반면에 삼축상태에서는 식 (5.12)와 같은 상태가 되어 평면변형률과는 다른 응력상태가 된다.

$$\sigma_1 > \sigma_2 = \sigma_3 \tag{5.12}$$

평면변형률 상태지반은 삼축상태지반보다 강하고 다이러턴시가 크다. 탄성론을 모래에 적용 가능하다고 가정하면 초기탄성계수는 평면변형률의 경우가 삼축압축의 경우보다 크게 산정된다. 예를 들어, 삼축압축 포아송비 ν_T가 0.3인 경우 변면변형률 초기탄성계수 E_{ps}는 삼축압축 초기탄성계수 E_T의 1.1배 크고($E_{ps} \approx 1.1 E_T$) 평면변형률 포아송비 ν_{ps}는 삼축압축 포아송비 ν_T보다 크게($\nu_{ps} = 0.43 > 0.3 = \nu_T$) 산정된다.

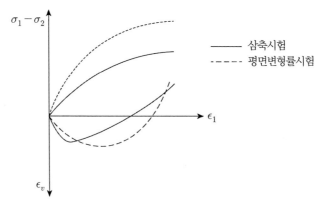

그림 5.18 삼축시험과 평면변형률 시험의 비교

한편 내부마찰각을 두 시험으로 구하여 비교한 그림이 그림 5.19이다. 그림 5.19(a)는 구속 압 σ_3를 일정하게 한 경우이고 그림 5.19(b)는 간극비 e를 일정하게 한 경우의 시험 결과이다. 이 두 경우에 있어서도 평면변형률 내부마찰각이 삼축압축의 경우보다 내부마찰각이 크게 나타났다. 이 결과에 의거하면 현행 원통형 공시체에 대한 삼축시험은 현장에서의 평면변형 률의 경우를 과소 산정하고 있음을 알 수 있다. 결국 삼축시험을 사용하는 것은 안전 측의 강도로 설계하는 것이라 할 수는 있어도 비경제적인 설계를 하고 있음을 의미한다.

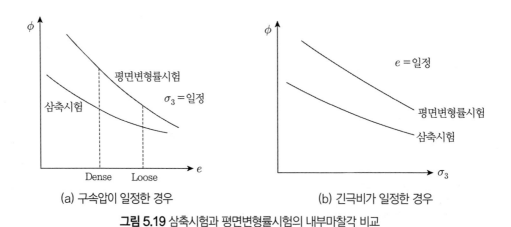

(a) 구속압이 일정한 경우　　　　(b) 간극비가 일정한 경우

그림 5.19 삼축시험과 평면변형률시험의 내부마찰각 비교

5.3.6 압밀방법

내부마찰각 ϕ에는 영향이 없다.

5.4 모래의 지반계수

5.4.1 탄성론

지반변형량을 계산하기 위해 통상 탄성론을 사용한다. 등방재료에 대한 Hooke 법칙으로 수직변형률 ϵ_x, ϵ_y, ϵ_z는 식 (5.13)으로 산정한다.

$$\epsilon_x = \frac{1}{E}[\sigma_x - \nu(\sigma_y - \sigma_z)] \tag{5.13a}$$

$$\epsilon_y = \frac{1}{E}[\sigma_y - \nu(\sigma_x - \sigma_z)] \tag{5.13b}$$

$$\epsilon_z = \frac{1}{E}[\sigma_z - \nu(\sigma_x - \sigma_y)] \tag{5.13c}$$

또한 전단변형률 γ_{yz}, γ_{xz}, γ_{xy}는 식 (5.14)로 산정한다.

$$\gamma_{yz} = \frac{1}{G}\tau_{yz} \tag{5.14a}$$

$$\gamma_{xz} = \frac{1}{G}\tau_{xz} \tag{5.14b}$$

$$\gamma_{xy} = \frac{1}{G}\tau_{xy} \tag{5.14c}$$

여기서 G는 전단계수로 식 (5.15)로 구한다.

$$G = \frac{8}{2(1+\nu)} \tag{5.15}$$

5.4.2 탄성계수

지반거동은 비선형거동을 보인다. 따라서 여러 개의 지반계수를 가진다. 근본적으로는 활선계수(secant modulus)와 접선계수(tangent modulus)의 두 가지 탄성계수를 주로 사용한다. 이들 두 계수는 그림 5.20에 도시한 바와 같이 구한다. 즉, 활선계수는 원점과 거동 중의 한 점을 연결한 직선의 기울기로 정하고 접선계수는 거동 중인 두 점을 서로 연결한 직선의 기울기로 정한다. 그림 5.20에서 보는 바와 같이 활선계수가 접선계수보다 크게 나타난다. 그러나 초기 원점부에서는 이 두 계수가 같다.

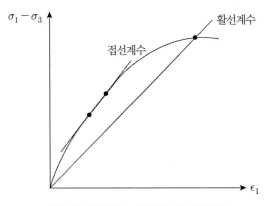

그림 5.20 탄성계수; 활선계수와 접선계수

5.4.3 초기탄성계수에 대한 구속압의 영향

그림 5.21은 완전구 모양의 모형 모래를 대상으로 실시한 시험 결과로부터 구한 초기탄성계수(E_i)를 구속압 $(\sigma_3)^{1/3}$과 연계하여 정리한 그림이다. 이 결과에 의하면 초기탄성계수(E_i)는 $(\sigma_3)^{1/3}$에 따라 증가함을 알 수 있다. 그림 5.21에는 점토와 모래의 초기탄성계수도 함께 도시하였다. 모래의 초기탄성계수(E_i)는 $(\sigma_3)^n$에 따라 증가하며 점토의 초기탄성계수(E_i)는 (σ_3)에 따라 증가함을 보여주고 있다.

따라서 초기탄성계수와 구속압과의 관계는 식 (5.16)과 같이 제시할 수 있다. 식 (5.16) 중의 K과 n은 토질, 밀도, 입자의 모난 정도 등에 의존하는 정수이다.

$$E_i = KP_a \left(\frac{\sigma_3}{P_a} \right)^n \tag{5.16}$$

여기서, P_a = 대기압

K = 계수(무차원)

$$n = 지수(무차원)$$

계수 K의 전형적인 값은 300~1,000이고 지수 n은 구속압에 의존하는 식 (5.16)의 형태로 나타난다.

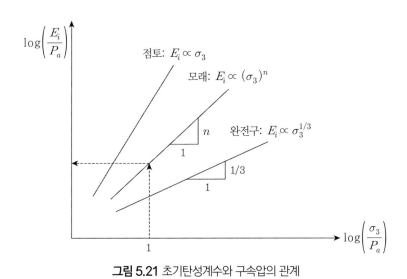

그림 5.21 초기탄성계수와 구속압의 관계

즉, 그림 5.16에 의하면 모형구의 경우 초기탄성계수 E_i는 구속압$(\sigma_3)^{1/3}$에 따라 증가함을 알 수 있다. 즉, 초기탄성계수는 구속압에 의존하고 있음을 알 수 있다. 모래의 경우 초기탄성계수 E_i는 구속압 σ_3에 지수 n승의 관계를 보인다. 이 지수 n은 토질에 따라 다음과 같이 정한다. 이상적인 완전구의 경우 $n = 1/3$이며 모래와 점토는 다음과 같다.

모래: $n = \dfrac{1}{2}(0.4 - 0.7)$

점토: $n \approx 1.0$

OC점토: $n \approx 0$

시험초기에 변형률 ϵ이 거의 없으므로 과잉간극수압 Δu도 거의 발생하지 않아 배수초기탄성계수 $(E_i)_{drained}$는 비배수초기탄성계수 $(E_i)_{undrained}$와 동일하다. 그 밖에도 반복재하 시는 그림 5.22에서 보는 바와 같이 제하(unloading) 시와 재재하(reloading) 시의 기울기를 사용하여 탄성계수를 정한다.

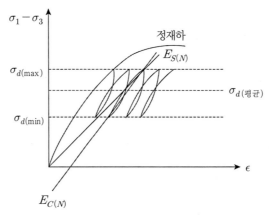

그림 5.22 반복재하 시의 탄성계수

5.5 포아송비

일반적으로 포아송비 ν는 그림 5.23에서의 삼축압축 시의 공시체의 변형형상에서 축변형률 ϵ_1에 대한 수평변형률 ϵ_3의 비로 식 (5.17)과 같이 정의한다.

$$\nu = -\frac{\epsilon_3}{\epsilon_1} \tag{5.17}$$

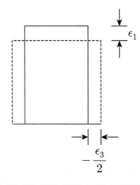

그림 5.23 삼축압축시험 시 공시체의 변형형상

항상 포아송비 ν는 0.5를 초과하지 않는 정(+)의 수자로 정의한다. 삼축압축시험에서 공시체의 수평변형률 ϵ_3는 부(−)이므로 포아송비 ν는 정(+)이 된다. 배수 삼축시험 시에는 축변형률 ϵ_1과 수평변형률 ϵ_3를 직접 측정하여 포아송비를 산정한다. 그러나 체적변형률 ϵ_V를 측정하여 구하기도 한다. 미소변형의 경우 체적변형률 ϵ_V는 식 (5.18)과 같다.

$$\epsilon_V = \epsilon_1 + \epsilon_2 + \epsilon_3 \tag{5.18}$$

등방재료의 삼축압축 상태에서는 $\epsilon_2 = \epsilon_3$이므로 식 (5.18)은 (5.19)와 같이 된다.

$$\epsilon_V = \epsilon_1 + 2\epsilon_3 \tag{5.19}$$

이 식에서 체벽변형률 ϵ_V와 축변형률 ϵ_1의 비를 구하면 포아송비를 식 (5.20)과 같이 구할 수 있다.

$$\frac{\epsilon_V}{\epsilon_1} = 1 + 2\frac{\epsilon_3}{\epsilon_1} \tag{5.20}$$

따라서 포아송비 ν는 식 (5.21)과 같이 된다.

$$\nu = -\frac{\epsilon_3}{\epsilon_1} = \frac{1}{2}\left(1 - \frac{\epsilon_V}{\epsilon_1}\right) \tag{5.21}$$

$\nu = f(\epsilon_V, \epsilon_1)$이므로 체적변화에 따라 여러 가지 방법으로 포아송비를 구할 수 있다.

한편 그림 5.24에는 접선 포아송비 ν_{sec}와 활선 포아송비 ν_{tan}를 구하는 방법을 도시하였다. 즉, 활선 포아송비를 구할 때는 전변형률을 사용하고 접선 포아송비를 구할 때는 변형률 증분을 사용한다. 이렇게 구한 포아송비를 정리하면 그림 5.25와 같다. 그림 5.25에 의하면 포아송비를 구하는 방법에 따라 포아송비가 0.5에 도달하거나 0.5를 초과하는 결과가 나타난다.

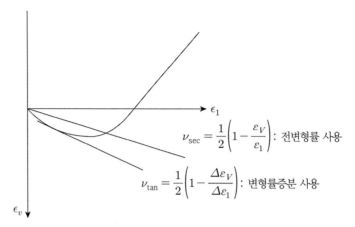

그림 5.24 접선 포아송비 ν_{sec}와 활선 포아송비 ν_{tan}

$$\nu_{sec} = \frac{1}{2}\left(1 - \frac{\varepsilon_V}{\varepsilon_1}\right)$$: 전변형률 사용

$$\nu_{tan} = \frac{1}{2}\left(1 - \frac{\Delta\varepsilon_V}{\Delta\varepsilon_1}\right)$$: 변형률증분 사용

결국 이 그림의 시험 결과에서는 몇몇 모순점이 발생한다. 먼저 등방재료의 탄성론에서 포아송비는 0.5를 초과할 수 없다. 따라서 그림 5.25의 위 그림에서 접선 포아송비가 0.5에 이르는 지점 이후와 활선 포아송비가 0.5에 이르는 지점 이후의 포아송비 산정은 역학적으로 모순에 이르게 된다. 일반적으로 비배수시험에서는 체적변형률 ε_V가 0이므로 활선 포아송비와 접선 포아송비가 0.5로 같다.

그림 5.25의 다음 그림에서 포아송비가 0인 초기지점에서는 수평변형률 ε_3가 0이므로 $\varepsilon_V = \varepsilon_1$이 된다. 이는 이 상태에서는 모든 변형이 축방향으로만 발생함을 의미한다.

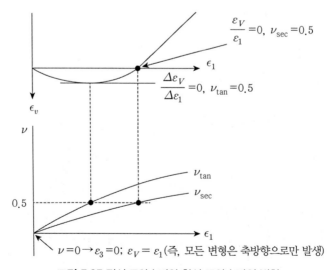

그림 5.25 접선 포아송비와 활선 포아송비의 변화

| 참고문헌 |

(1) Holtz, R.D. and Kovacs, W.D.(1981), *Introduction to Geotechnical Engineering*, Prentice-Hall International, Inc., London.

(2) Lambe, T.W. and Whitman, R.V.(1969), *Soil Mechanics*, John Wiley & Sons, Inc., New York.

(3) Mitchell, J.K.(1976), *Fundamentals of Soil Behavior*, John Wiley & Sons, Inc, New York.

(4) Rutledge, P.C.(1944), "Relation of undisturbed sampling of laboratory testing", Transactions, ASCE, Vol.109, pp.1152-1153.

(5) Seed, H.B. and Lee, K.L.(1967), "Undrianed srength characteristics of cohesionless soils", Jour., SMFD, ASCE, Vol.93, No. SM6, pp.333-360.

모래의 비배수전단강도

모래의 비배수전단강도

6.1 포화모래의 비배수강도

모래에 대한 시험에는 배수조건에 따라 배수시험과 비배수시험의 두 가지를 생각할 수 있다. 배수시험 시에는 체적변화를 측정할 수 있고 비배수시험에서는 체적이 불변하므로 일정체적조건에서의 시험에 해당한다. 배수시험시의 체적변화는 구속압과 밀도에 의존한다.

6.1.1 한계간극비와 한계구속압[1,2]

그림 6.1(a)는 구속압 σ_3을 일정하게 한 조건에서 한계간극비 e_{cr}보다 간극비가 큰 느슨한 밀도의 시료 e_l와 한계간극비 e_{cr}보다 간극비가 적은 조밀한 밀도의 시료 e_d(그림 6.1(b) 참조)에 대하여 배수삼축시험을 실시하여 강도 σ_1/σ_3 − 체적변형률 ϵ_V를 축변형률 ϵ_1과 함께 도시한 그림이다. 여기서 한계간극비라 함은 파괴 시 체적변화량이 발생하지 않는 간극비를 의미한다.

이 한계간극비는 일정하지 않고 구속압에 따라 변한다. 구속압이 느슨한 시료의 경우 다이러턴시 발생이 어렵기 때문이다. 그림 6.2에서는 구속압 σ_3을 증가시킬수록 한계간극비 e_{cr}이 작아짐을 보여주고 있다.

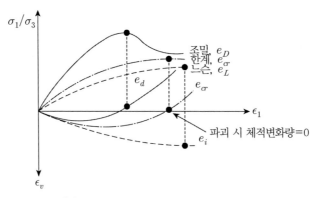

(a) 간극비와 강도 및 체적변형률과의 관계

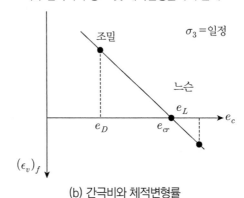

(b) 간극비와 체적변형률

그림 6.1 구속압이 일정할 경우 조밀한 시료와 느슨한 시료의 거동

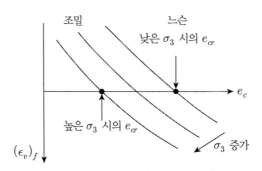

그림 6.2 구속압의 증가에 따른 한계간극비의 변화

그림 6.3은 간극비 e_c를 일정하게 한 조건에서 한계구속압 σ_{3cr}보다 구속압을 크게 한 시료와 한계구속압 σ_{cr}보다 구속압을 작게 한 시료에 대하여 배수삼축시험을 실시하여 강도 σ_1/σ_3 – 체적변형률 ϵ_V를 축변형률 ϵ_1과 함께 도시한 그림이다. 여기서 한계구속압이라 함은

파괴 시 체적변화량이 발생하지 않는 구속압을 의미한다. 그림 6.3에 의하면 느슨한 시료, 즉 간극비가 큰 시료는 다이러턴시가 발생하기 어렵고 한계구속압 σ_{3cr}은 시료의 간극비 e_c에 의존함을 알 수 있다.

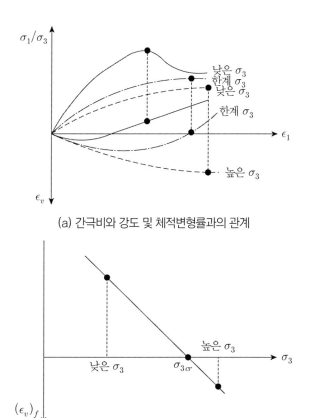

(a) 간극비와 강도 및 체적변형률과의 관계

(b) 구속압과 체적변형률

그림 6.3 간극비가 일정할 경우 구속압이 큰 시료와 작은 시료의 거동

특히 그림 6.4에서는 간극비 e_c를 감소시킬수록 한계구속압의 크기가 감소함을 보이고 있다. 즉, 조밀한 시료의 한계구속압은 느슨한 시료의 한계구속압보다 크게 나타났다. 결국 이 결과는 느슨한 모래일수록 다이러턴시가 발생되기 어려움을 보이고 있다.

이 한계구속압 σ_{3cr}은 일정하지 않고 간극비에 따라 변한다. 이는 구속압이 높은 시료의 경우 다이러턴시 발생이 어렵기 때문이다.

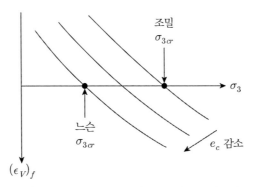

그림 6.4 구속압의 증가에 따른 한계간극비의 변화

한계간극비 e_{cr} 시험 혹은 한계구속압 σ_{3cr} 시험에서는 간극비가 변하지 않는다. 한계구속압 σ_{3cr}의 값은 압축성이고 파쇄성이 크고 각이 진 조립모래에서는 낮고(0.5~10 kg/cm^2), 단단하고 압축성과 파쇄성이 적은 둥근 모래에서는 2~100kg/cm^2 정도로 한계구속압 σ_{3cr}이 높다.

이와 같이 구속압과 간극비는 서로 상관관계에 있음을 알 수 있다. 예를 들면, 한계간극비가 일정하지 않으면 구속압에 의존하게 되고 한계구속압이 일정하지 않으면 간극비에 의존하게 되는데, 이들 사이에는 그림 6.5에 도시된 바와 같이 역비례의 관계가 있다.

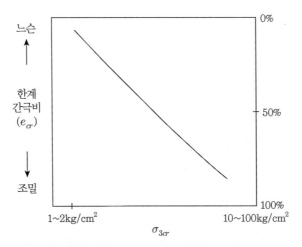

그림 6.5 한계구속압과 한계간극비의 관계

6.1.2 비배수시험 시의 간극압변화

배수전단 시 모래는 체적변화 경향이 있어 간극수가 간극 속에 자유로이 유출입된다. 그러

나 비배수시험의 경우는 간극수의 유출입이 불가능하다. 따라서 이는 간극압에 변화를 주게 된다. 이때 물은 흙 입자(흙 입자 구조)에 비하여 비압축성이다.

그림 6.6은 흙 입자와 입도와 구속압의 상태에 따른 입자들이 이동경향을 도시한 그림이다. 느슨하거나 높은 구속압 상태에서는 흙 입자는 서로 더 조밀해지려고 하여 간극의 체적을 감소시킨다. 간극은 간극수로 채워져 있으므로 간극수압이 상승하게 된다.

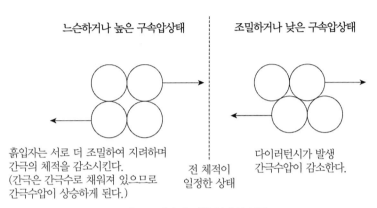

그림 6.6 전단에 의한 입자의 이동

반면에 조밀하거나 낮은 구속압 상태에서는 흙 입자가 서로 멀어지려는 다이러턴시가 발생되어 간극수압이 감소한다. 간극수가 변하지 않는 최소압(공동 없이) u_c는 $-1kg/cm^2$이므로 간극수압 u가 u_c를 초과하면 융해되었던 공기방울이 나오게 된다. 이는 간극수의 팽창과 다이러턴시를 초래한다.

이들 두 경우 모두 입자들이 이동하여 전 체적이 일정한 상태로 접근하게 된다.

6.2 모래의 비배수시험 특성

6.2.1 다이러턴시 경향이 있는 물질

조밀한 밀도의 경우 낮은 구속압조건에서 다이러턴시가 발생한다. 그림 6.7(a)에 표시된 구속압 조건으로 삼축시험을 실시하여 비교해보았다. 세 가지 조건에서 시험을 실시하였는데, 두 번은 비배수시험이고 한 번은 배수시험을 실시하였다.

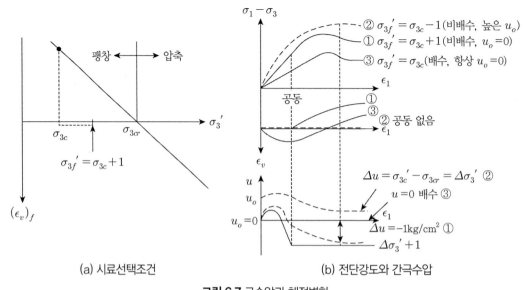

| (a) 시료선택조건 | (b) 전단강도와 간극수압 |

그림 6.7 구속압과 체적변화

(1) $\sigma_{3c} < \sigma_{3cr} - 1$로 압밀 시: 배압 미사용

이 시험에서는 배압(back pressure)을 사용하지 않았다. 즉, $u_0 = 0$조건으로 비배수시험을 실시하였다. 배수밸브를 닫고 시험을 하였다. 간극수압 $u = -1 \text{kg/cm}^2$에서 공동(cavitation) 간극압이 감소하였다. 따라서 유효구속압 σ'_{3c}은 $\sigma_{3c} + 1$이 증가하였다. 이 시험의 결과는 그림 6.7(b)에 도시하였다.

(2) $\sigma_{3c} < \sigma_{3cr} - 1$로 압밀 시: 높은 배압($-u_0$) 사용

전구속압은 $\sigma'_{3c} + u_0 = \sigma_{3cell}$이 된다.

밸브를 잠그고 비배수전단을 실시한다. 다이레이션으로 간극수압이 감소한다. 그러나 배압이 커서 공동이 보이지 않는다. 유효구속압이 $\sigma'_{3f} = \sigma_{3cr}$로 증가한다.

(3) 배수시험

그림 6.8과 같이 구속압을 선택하고 압밀 후 배수시험을 실시하였다 $\sigma_{3c} < \sigma_{3cr} - 1$로 압밀 후 배수전단시험을 실시하였다. 과잉간극수압이 없고, 즉 $\Delta u = 0$이며 체적이 변화한다.

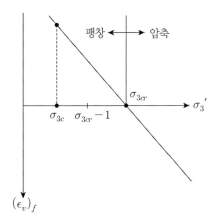

그림 6.8 구속압과 체적변형률 관계(배수시험)

$0 < u_0 < \sigma_{cr} - \sigma_{3c} - 1$의 배압으로 시험이 실시되면 유효구속압이 σ_{cr}까지 증가하기 전에 공동이 발생한다.

$\sigma_{3c1} > \sigma_{3c} > \sigma_{3cr} - 1$의 구속압과 배압을 사용하지 않은 $u_0 = 0$ 시험의 경우 파괴는 $\sigma'_{3f} = \sigma_{3c} + u_0 + 1$에서 발생한다. 이 경우 파괴가 간극수압의 감소와 함께 발생되고 공동은 발생되지 않는다.

$$\sigma'_{3f} = \sigma_{3c} - \Delta u$$

여기서, $\Delta u > 1\text{kg/cm}^2$

6.2.2 압축되는 경향이 있는 물질

느슨한 밀도의 경우나 조밀한 밀도의 경우에도 그림 6.9(a)에서와 같이 높은 구속압 조건에서는 압축되는 경향이 있다. 그림 6.9는 압축되는 물질에 실시한 비배수시험과 배수시험 결과를 비교한 결과이다.

우선 비배수전단시험에서는 $\sigma_{3c} > \sigma_{3cr}$의 구속압으로 압밀하고 배압을 사용하지 않은($u_0 = 0$) 후 A점(그림 6.9(a) 참조)에서 배수밸브를 닫고 비배수전단시험을 실시하면 압축이 발생하고 간극수압이 증가하며 유효구속압은 $\sigma'_{3f} = \sigma_{3cr}$까지 감소한다. 그 후 유효구속압은 더 이상 감소하지 않는다. 왜냐하면 다이러턴시가 발생되며 간극수압이 감소하고 유효구속압이 증가하게 되기 때문이다. 따라서 $\sigma'_{3f} = \sigma_{3cr}$ 에서 안정된다.

한편 배수시험에서는 $\sigma_{3c} > \sigma_{3cr}$ 의 구속압으로 압밀한 후 배수전단시험을($\Delta u = 0$) 실시한다. 유효구속압의 변화가 없고 체적변화만 발생한다.

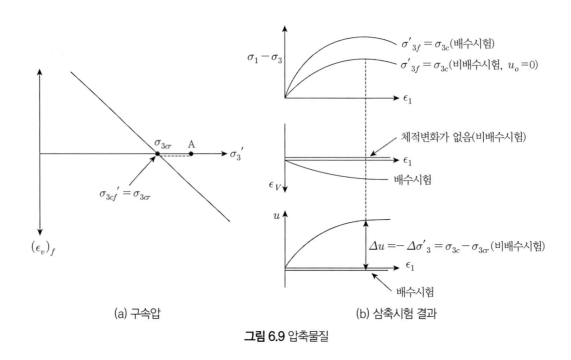

(a) 구속압   (b) 삼축시험 결과

그림 6.9 압축물질

6.3 시험순서

6.3.1 유효응력마찰각 결정방법

유효응력마찰각은 네 가지 방법으로 정의할 수 있다. 먼저 비배수시험에서 두 가지 방법으로 유효내부마찰각을 정의한다. 즉, 간극수압을 측정하여 최대응력차 $(\sigma'_1 - \sigma'_3)_{max}$ 로 정하는 방법과 최대유효주응력비 $(\sigma'_1/\sigma'_3)_{max}$ 로 정하는 두 가지 방법이 있다. 전자를 ϕ_{rf} 라 부르고 후자를 ϕ_{rm} 이라 부른다.

한편 배수시험에서는 다이러턴시 영향에 대한 보정 여부에 따라 유효응력마찰각 ϕ_{dr} 를 정의한다. 다이러턴시 보정 방법은 Bishop법과 Rowe법의 두 가지가 있다.

$$\text{Bishop법: } \tan^2\left(45° + \frac{\phi_{dr}}{2}\right) = \left(\frac{\sigma'_1}{\sigma'_3}\right)_{max} - \frac{\dot{\epsilon}_V}{\dot{\epsilon}_1} \tag{6.1}$$

$$\text{Rowe법: } \tan^2\left(45° + \frac{\phi_{dr}}{2}\right) = \left(\frac{\sigma'_1}{\sigma'_3}\right)_{max}\left(\frac{1}{1 - \dfrac{d\epsilon_V}{d\epsilon_1}}\right) \tag{6.2}$$

6.3.2 유효응력마찰각값의 비교

배수시험이든 비배수시험이든 실내시험에서는 현장조건을 재현해야 한다. 이들 시험에서 재현해야 할 현장조건으로는 밀도, 압력 범위, 변형률상태 및 재하속도를 들 수 있다.

그러나 앞에서 설명한 바와 같이 이들 시험으로 실시할 경우 비배수시험에서 어떤 상태를 파괴로 정의할 것인가에 따라 유효응력마찰각이 다르게 정해질 수 있으며 배수시험에서는 다이러턴시에 의한 영향의 보정 여부에 따라 유효응력마찰각이 다르게 정해질 수 있다. 따라서 이들 4가지 방법에 따른 마찰각을 서로 비교·관찰해볼 필요가 있다.

(1) Bishop 보정법 사용 시

그림 6.10은 비배수시험으로 구한 유효응력마찰각 ϕ_{rf}과 ϕ_{rm}을 배수시험으로 구한 마찰각 ϕ_d와 비교한 결과이다. 배수시험의 경우 Bishop법으로 다이러턴시 영향을 보정한 마찰각 ϕ_{dr}(Bishop)도 함께 비교하였다.

이 그림에 도시된 바와 같이 Bishol 보정법으로 보정한 배수시험의 ϕ_{dr}은 비배수시험에서 최대유효주응력비 $(\sigma'_1/\sigma'_3)_{max}$로 정한 ϕ_{rm}값과 동일함을 알 수 있다.

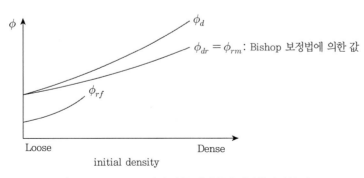

그림 6.10 Bishop 보정법 사용 시 유효응력마찰각과의 비교

또한 배수시험으로 구한 유효응력마찰각은 비배수시험으로 구한 유효응력마찰각보다 크게 나타났다.

(2) Rowe 보정법 사용 시

한편 그림 6.11은 Rowe법으로 다이러턴시 영향을 보정한 마찰각 ϕ_{dr}(Rowe)을 타 배수시험 결과로 구한 유효응력마찰각과 비교한 결과이다.

그림 6.11에 도시된 바와 같이 Rowe 보정법에서는 다이러턴시에 의한 보정과 전단 시 발생하는 입자 재배열에 의한 보정 부분을 분리 표시하였다. 조밀한 입자일수록 Rowe 보정법으로 보정한 유효응력마찰각은 구성 광물의 기본고유마찰각 ϕ_u에 근접함을 알 수 있다.

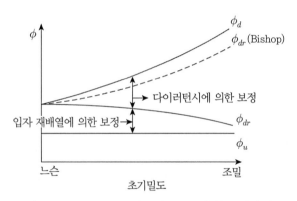

그림 6.11 Rowe 보정법 사용 시 유효응력마찰각과의 비교

6.4 순간재하

6.4.1 순간재하효과

그림 6.12는 순간재하(transient loading)[3]와 완속재하의 삼축압축시험 시 관찰된 응력-변형률 거동을 도시한 그림이다. 여기서 완속재하 시는 재하시간이 10분에서 15분 정도인 데 비하여 순간재하 시는 재하시간이 0.2초로 매우 빠르게 재하된다. 재하에 따른 변형률 속도로 표시하면 완속재하는 0.5%strain/min인 데 비하여 순간재하는 1,500~15,000%strain/min로 매우 빠르다.

그림 6.12에서 보는 바와 같이 하중을 빠르게 재하하면 일반적으로 강도가 증가한다. 순간 재하로 인한 효과는 강도증가 이외에도 초기지반계수 증가와 파괴 시까지의 변형률 감소를 초래한다.

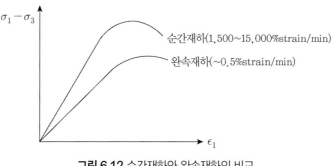

그림 6.12 순간재하와 완속재하의 비교

6.4.2 강도 증가량

그림 6.13은 순간재하 시의 강도를 완속재하 시의 강도와 비교한 그림이다. 이들 두 재하 방법에 따른 강도증가는 구속압에 의존하고 있음을 볼 수 있다. 단 여기서 강도는 최대 주응력비로 결정한 값이다.

먼저 그림 6.13(a)에서 보는 바와 같이 1kg/cm^2 이하의 낮은 구속압 상태에서는 순간재하 시의 강도가 완속재하 시의 강도에 비해 별 차이 없이 7~10% 강도가 증가하였다. 이 강도 증가 현상은 밀도에 상관없이 조밀한 경우나 느슨한 경우 모두 동일한 경향을 보이고 있다.

그러나 15kg/cm^2 이하의 높은 구속압 상태에서는 밀도의 영향을 많이 받았다. 이는 높은 구속압 상태에서는 다이러턴시가 발생하기 용이한가에 따라 영향을 많이 받기 때문이다.

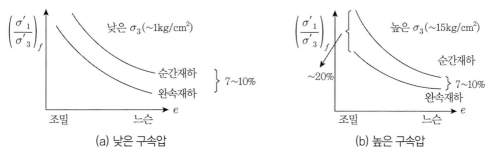

그림 6.13 순간재하에 의한 강도 증가 효과

즉, 높은 구속압 상태에서는 느슨한 밀도의 시료에 대한 시험 결과는 낮은 구속압 상태에서 시험한 결과인 그림 6.13(a)와 유사하게 7~10% 정도의 강도가 증가하였다. 반면에 조밀한 밀도의 시료에서는 순간제하로 인하여 완속재하의 경우보다 20%까지도 강도 증가가 크게 발생하였다. 따라서 순간재하는 높은 구속압 상태의 조밀한 시료가 영향을 더 크게 받음을 알 수 있다.

6.4.3 반복재하

포화모래지반에서 반복재하는 액상화(liquefaction)를 초래하는 문제가 있다. 따라서 반복재하 시의 모래의 거동은 정하중재하 시의 거동과 다르다.

그림 6.14는 반복재하 시의 흙의 거동을 사이클 응력 레벨별로 구분하여 정리 비교한 그림이다. 이 그림에 의하면 흙의 거동은 사이클 응력 레벨($\sigma_{d\max} - \sigma_{d\min}$)과 평균정하중재하 σ_{davg}에 의존함을 알 수 있다. 즉, 반복재하가 시작된 시기의 응력 수준이 가장 큰 영향요소임을 알 수 있다.

먼저 낮은 사이클 응력 레벨에서는 수 사이클 후 안정되는 거동을 보인다. 다음으로 중간 사이클 응력 레벨에서는 반복재하 시의 사이클 동안 일정간격으로 변형률이 반복 증가되고 있음을 볼 수 있다. 그러나 높은 사이클 응력 레벨에서는 반복재하 후 파괴에까지 이르게 된다.

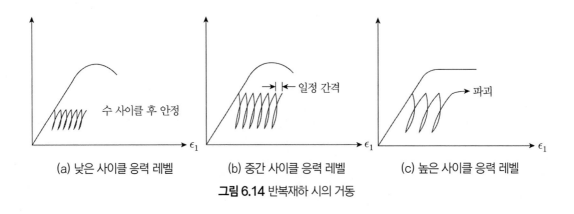

(a) 낮은 사이클 응력 레벨   (b) 중간 사이클 응력 레벨   (c) 높은 사이클 응력 레벨

그림 6.14 반복재하 시의 거동

| 참고문헌 |

(1) Holtz, R.D. and Kovacs, W.D.(1981), *Introduction to Geotechnical Engineering*, Prentice-Hall International, Inc., London.

(2) Lambe, T.W. and Whitman, R.V.(1969), *Soil Mechanics*, John Wiley & Sons, Inc., New York.

(3) Lee, K.L., Seed, H.B. and Dunlop, P.(1969), Proc., 6th ICSMFE, Mexico.

점성토의 특성 및 시험법

점성토의 특성 및 시험법

7.1 점토광물

점토광물은 일차광물이 화학적으로 변화한 것으로 주로 규소, 알루미늄, 철, 마그네슘, 알칼리 금속 및 물로 구성되어 있다. 이 점토광물은 지각의 지표부에 존재하며 주로 다음의 세 가지 경우의 형태로 존재한다. ① 점토층으로 퇴적된 경우, ② 암석 속에 풍화변질 산물로 존재하는 경우, ③ 화산재 등이 풍화한 표층토괴 중의 주성분으로 존재하는 경우 등이다.

7.1.1 점토광물의 기본분자구조

(1) 규산사면체와 알루미늄팔면체[4,6,7,10,15]

전자현미경(electron microscope), 시차분석법(differential analysis), X－레이 회절기술(diffraction techniques) 등을 사용 및 적용하여 점토광물의 연구가 현저히 발전하고 있다. 그 결과 점토광물은 근본적으로는 수화알루미늄규산염이거나 혹은 알칼리성 물질을 근본성분으로 포함한 철 및 마그네슘으로 알려져 있다. 대부분의 점토광물은 산에 용해되지 않으며 친수성이고 습윤 시 탄성을 지닌다. 이 점토광물은 결정체로서 흙의 고체 부분이라 할 수 있으며 판상이다.

① 규산사면체

대부분의 점토광물은 지구상에서 가장 흔한 산소(O)와 규소(Si)로 구성되어 있는 규소화합물이다. 규소화합물은 규산사면체(silicas tetrahedron)로 불리는 광물그룹에 속한다. 즉, 모든 규소화합물의 기본을 이루는 것은 모두 규산사면체라 부른다.

단위규산사면체는 그림 7.1(a)에 도시된 바와 같이 중앙에 위치한 양전하의 규소 양이온을 음전하인 4개의 산소음이온으로 둘러싸고 있으며, 산소이온은 정사면체 밑 부분에 하나씩 연결되어 있다.

단위규산사면체는 −4가의 전하를 가지고 있으며, 중립전하가 되기 위하여 양이온이 가해지거나 또 하나의 정사면체와 연결되어 산소이온을 공유한다.

규산사면체판은 양이온을 가하거나 정사면체 구조들의 상호작용으로 만들어진다. 즉, 다른 규산사면체와 서로 연결되어 규산사면체판이라는 얇은 판상을 형성한다. 이 얇은 판상은 3개의 산소이온을 주변의 사면체들과 공유하는 형태이다(그림 7.1(b) 참조).

이들 단위규산사면체의 기본분자구조는 그림 7.1(c)와 같으며 그림 7.1(d)에 도시한 바와 같이 심벌 시트로 표시하기도 한다. 즉, 기본단위구조배열은 그림 7.1(c), (d)와 같다. 거의 모든 경우의 점토광물은 몇몇 기본분자구조의 조합에 의한 층구조를 이루고 있다.

이 사면체의 정점에 규산사면체가 결합되어 있는 상태는 석영과 대응한다. 그러나 규산사면체는 고리모양, 이중고리모양, 옆상구조로도 결합되어 있다. 이때 산소이온의 아직 남아 있는 자유원자가는 다른 양이온과 결합한다.

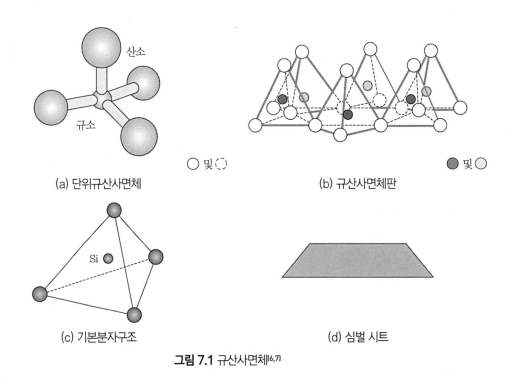

○ 및 ○

(a) 단위규산사면체

○ 및 ○

(b) 규산사면체판

Si ○

(c) 기본분자구조

(d) 심벌 시트

그림 7.1 규산사면체[6,7]

점토광물은 $2\mu m(1\mu m = 10^{-6}meters)$ 이하로 전자화학적으로 매우 활동적이다. 예를 들어, 작은 점토입자는 유사 전자부하를 띠며 이는 입자 사이의 상호 척력을 유발한다. 더욱이 입자의 크기가 $2\mu m$ 이하로 감소할 때 입자의 전기부하량은 입자크기가 감소할 때 증가한다.

② 팔면체기본구조

규소판은 다른 구조단위, 예를 들면 다른 알루미늄판을 포함할 수도 있다. 알루미나 광물질로 이루어진 알루미나판은 하나의 알루미늄 이온을 6개의 산소로 둘러싸여 있거나 정팔면체구조와 수산기로 형성된다(그림 7.2 참조).

팔면체기본구조를 가지는 광물로는 깁사이트와 불루사이트라 불리는 광물이 있다. 깁사이트의 분자구조는 그림 7.2에서 보는 바와 같이 중심에 알루미늄원자가 있고 정상부에 수산기가 위치하는 팔면체 형태이다.

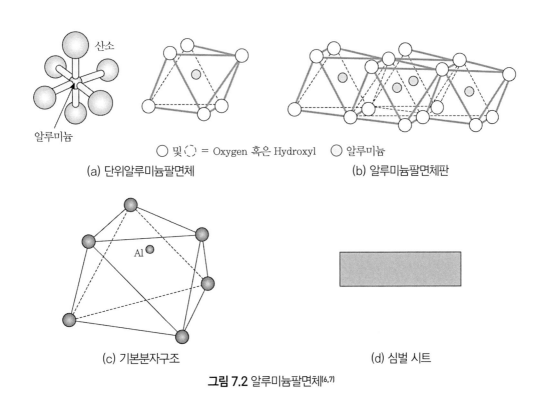

산소

알루미늄

◯ 및 ◌ = Oxygen 혹은 Hydroxyl   ◯ 알루미늄

(a) 단위알루미늄팔면체   (b) 알루미늄팔면체판

Al

(c) 기본분자구조   (d) 심벌 시트

그림 7.2 알루미늄팔면체[6, 7]

깁사이트에 대하여 모든 팔면체가 알루미늄 원자를 가지는 것이 아니고 그 2/3만 알루미늄원자에 의해 점하고 있다. 이와 같은 팔면체 결정격자의 격자점의 1/3은 공위(空位)로 비어

있게 된다. 그러나 Al^{3+}을 Mg^{2+}로 치환하면 마그네슘은 팔면체의 모든 위치를 점하게 된다. 이러한 팔면체는 불루사이트의 기본구조가 된다(그림 7.2(a), (b) 참조).

이들 단위알루미늄팔면체의 기본분자구조는 그림 7.2(c)와 같으며 그림 7.2(d)에 도시한 바와 같이 심벌 시트로 표시하기도 한다.

주요 점토를 구성하는 결정체들의 주된 그룹은 그림 7.3에 도시된 카올리나이트군, 일라이트군 및 몬모릴로나이트군으로 구분할 수 있으며 이들 점토광물의 결합구조는 그림 7.3과 같다.

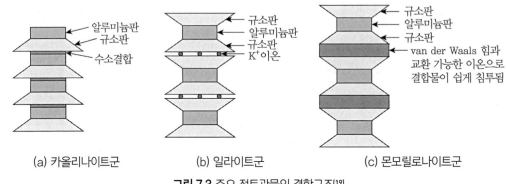

(a) 카올리나이트군   (b) 일라이트군   (c) 몬모릴로나이트군

그림 7.3 주요 점토광물의 결합구조[19]

(2) 카올리나이트군

카올리나이트(kaolinites)는 1개의 실리카판과 1개의 알루미나판이 결합되어 두께 0.72mm의 단위기본구조를 이루며 이 단위기본 카올리나이트 구조를 반복적으로 쌓아놓은 구조이다(그림 7.3(a) 참조). 각 층들은 수소결합(hydrogen bond)으로 단단하게 연결되어 있으며 주로 습기가 많은 열대지방에서 발견된다.

단위카올리나이트광물(그림 7.4(a) 참조) 세부그룹의 부재 사이의 변화는 그림 7.1의 단위 규산사면체 시트와 그림 7.2의 단위알루미늄팔면체 시트로 구성되어 있으며 이 광물의 격자구조는 그림 7.4(b)와 같다. 단위카올리나이트광물은 광물의 층구조를 구성하기 위해 그림 7.4(b)와 같이 반복적으로 싸여 있거나 알루미늄 위치에 결합되어 있다. 그림 7.4는 카올리나이트광물의 배열을 도시한 그림이며 일반적인 화학적 구성은 다음 식으로 표현된다.

$$(OH)_8Al_4Si_4O_{10} \tag{7.1}$$

카올리나이트는 잔류 퇴적점토의 가장 풍부한 구성물질이다. 풍화암반 생성물이나 점토광물로 조성된 광물이다. 보통 침하점토에서 일라이트와 함께 섞여 있다. 카올리나이트는 매우 안정적이고 단단한 점성 구조를 지니며 이 구조는 다른 점토광물보다 층 속으로의 물의 침투에 대한 저항이 크다. 또한 포화 시 잘 팽창하지 않으며 내부마찰계수는 다른 점토광물보다 다소 높다. 한편 카올리나이트는 도자기 산업에 주로 쓰이는 재료이다.

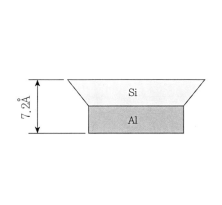 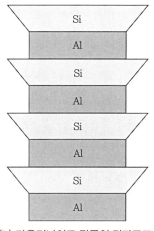

(a) 단위기본 카올리나이트   (b) 카올리나이트 광물의 격자구조

그림 7.4 카올리나이트 점토광물[7](1 옹그스트롬(Angstrom: A = 1×10⁻¹⁰meters)

(3) 몬모릴로나이트군

몬모릴로나이트(Montmorillonites)는 일라이트와 유사한 구조를 가지며, 각 층들은 약한 van der Waals력으로 연결된 구조다. 몬모릴로나이트는 Smectite 점토그룹에 속해 있으며 약간의 Al^{+3}이 Mg^{+2}으로 치환된 Aluminum Smectite 점토그룹에 속해 있다.

치환으로 발생되는 음(−)의 전하는 양이온 Na^+, Ca^{2+} 그리고 물로 균형을 이루도록 구성되어 있다. 각 층 사이로 물이 유입되면 각 층들은 분리 팽창하게 된다. 만약 주된 치환 양이온이 Ca^{2+}, 즉 Ca-Smectite이면 2개의 water layer를 가지며 Na^+(Na-Smectite) 경우에는 1개의 water layer만 가진다. Na-Smectite는 Ca-Smectite보다 더 많은 물을 흡수하며 입자들을 분리시킬 수 있는 이유는 Na^+이 1가이기 때문이다.

단위몬모릴로나이트광물의 기본 단위(그림 7.5(a) 참조)는 그림 7.1(a)에 도시된 바와 같이 두 장의 단위규산사면체 시트 사이에 그림 7.2의 단위알루미늄팔면체 시트가 결합되어 있는 구조이다. 몬모릴로나이트 광물의 격자구조(그림 7.5(b))는 여러 단위몬모릴로나이트가 이들 단위구조 사이에 물과 교환 가능한 이온으로 느슨하게 결합되어 있다. 몬모릴로나이트는 물로 인하여 부풀어 오르는 팽창성이 큰 점토이다.

몬모릴로나이트군의 화학부호는 다음과 같다.

$$(OH)_4Al_4Si_8O_{20} \, 4H_2O \, nH_2O \qquad\qquad (7.2)$$

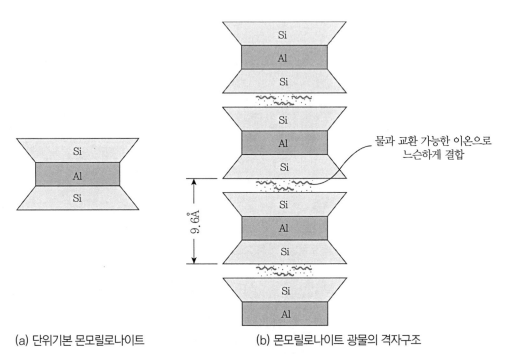

(a) 단위기본 몬모릴로나이트   (b) 몬모릴로나이트 광물의 격자구조

그림 7.5 몬모릴로나이트 점토광물 구조[7]

이들 시트의 결합상태는 다소 약하다. 특히 습윤 시 불안정한 상태가 된다. 반대로 포화 몬모릴로나이트의 건조 시에는 수축과 균열영향을 받는다. 실제로 이런 특성은 공학적으로 큰 문제가 되는 경우가 있다. 예를 들어, 점토의 팽창은 슬래브 판을 들어 올리고 옹벽구조물의 수평토압을 증대시키거나 사면을 불안정하게 한다.

그러나 긍정적인 면에서는 이런 팽창성은 다음과 같은 경우 바람직하게 활용할 수 있다. 예를 들어, 벤트나이트 점토는 몬모릴로나이트 점토군의 하나이며 통상 화산재의 풍화로 조성된다. 이 점토는 물이 존재하면 팽창특성이 나타난다. 그래서 물의 침투를 방지해야 하는 문제 현장(예를 들면, 터널 건설, 드릴링 작업 현장)에서는 저수지의 침투피해를 방지하기 위해 일반적인 그라우팅재로 활용될 수 있다. 즉, 터널 건설이나 보링, 유정 혹은 가스정에 드릴용 이토로 사용된다. 로터리 드릴시 드릴 절삭토사를 제거하거나 면모화를 방지시킬 때도 사용할 수 있다. 또한 슬러리 트렌치 벽체 시공에서 뒤채움재로 활용할 수 있다. 그 밖에도 맥주나 포도주를 맑게 하는 데도 사용된다. 이때 사용되는 재료는 500% 이상의 액성한계를 가진다.

(4) 일라이트군

일라이트(illites)는 구조단위가 몬모릴로나이트와 유사하다. 그러나 화학적 구성은 다르다. 일라이트의 화학적 구성은 화학부호로 나타내면 식 (7.3)과 같다.

$$(OH)_4 K_y (Al_4 Fe_4 Mg_4)(Si_{8-y} Al_y)O_{20} \tag{7.3}$$

여기서 y는 1에서 1.5 사이의 값이다. 일라이트의 심벌 구조는 그림 7.6(a)와 같다. 일라이트의 단위기본일라이트는 두 장의 규산사면체 시트 사이에 1개의 알루미나판이 끼워져 있는 구조로 형상은 몬모릴로나이트 광물과 유사하나 크기가 약간 차이가 있다. 그림 7.5와 그림 7.6에서 보는 바와 같이 몬모릴로나이트의 두께는 9.6Å이나 일라이트의 두께는 10Å으로 일라이트의 두께가 약간 크다.

그림 7.6(a)에 도시된 일라이트의 단위기본구조들이 칼륨이온으로 그림 7.6(b)와 같이 결합되어 있으면 일라이트 광물의 격자구조가 된다. 매우 작고 친수성인 몬모릴로나이트 입자와 달리 일라이트입자는 보통 골재 특성을 지니고 있다. 따라서 팽창특성이 작고 내부마찰각은 몬모릴로나이트보다 높다. 일라이트의 양이온교환능력은 몬모릴로나이트보다 작다. 칼륨 이온에 의해 결합된 내부층은 매우 단단하다. 일라이트의 기본간격은 극성액체(polar liquids) 내에서 10Å으로 고정되어 있도록 결합력이 매우 크다. 일라이트는 다른 점토 및 비점토 물질과의 혼합된 매우 작고 얇게 벗겨지는 입자이다.

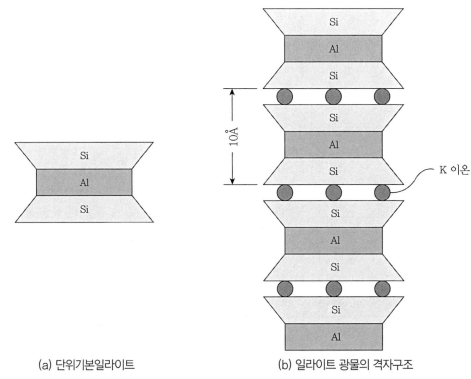

(a) 단위기본일라이트　　　　　　　(b) 일라이트 광물의 격자구조

그림 7.6 일라이트 점토광물 구조[7]

7.1.2 점토광물의 공학적 성질

흙 입자를 강체로 가정할 때 광물질들은 퇴적하는 과정에서 다양한 구조적 배열을 나타낸다. 이를 흙의 구조라 하는데 각각의 입자들은 주변입자들과 불규칙한 배열을 보인다. 퇴적환경이 구조적으로 배열에 영향을 미치고 있다. 특히 전기화학적 환경은 세립토가 퇴적하는 동안 흙의 구조를 형성하는 데 큰 영향력을 끼친다.

(1) 면모구조와 분산구조

일반적으로 점토광물은 퇴적하는 동안에 발생하는 두 종류의 구조배열인 면모구조(flocualation)와 분산구조(dispersed)를 도식화하면 그림 7.7과 같다.[7] 그러나 Budhn(2011)은 흙의 면모구조도 환경에 따라 그림 7.8(a) 및 (b)와 같이 영향을 받는다고 하였다.[6] 즉, 해수환경에서는 많은 입자들이 평행하게 나열되는(그림 7.8(a) 참조) 반면, 담수환경에서는 입자들이 서로 직각을 이루고 있다(그림 7.8(b) 참조)고 하였다.[6]

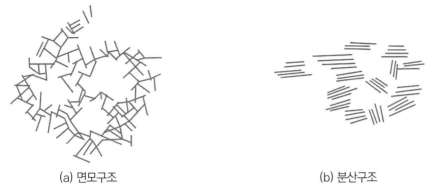

(a) 면모구조   (b) 분산구조

그림 7.7 점토광물의 구조배열[7]

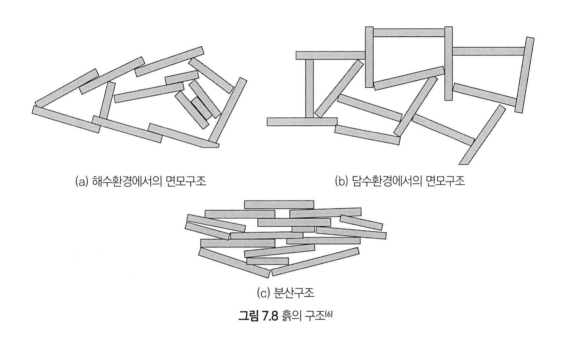

(a) 해수환경에서의 면모구조   (b) 담수환경에서의 면모구조

(c) 분산구조

그림 7.8 흙의 구조[6]

면모구조는 대부분의 입자들이 서로 평행으로 좁혀져 있다. 퇴적 중이거나 퇴적 후에 임의의 하중(지진하중 등)이 작용하면 하중조건들에 따라 입자의 배열상태나 흙의 구조는 영구적으로 변한다. 결론적으로 과거의 하중과 환경의 변화는 흙의 구조에 흔적을 남긴다. 흙의 구조는 흙의 생성과 변화 과정을 기억하게 하는 두뇌와 같은 것이다.

광물입자들 간의 간격을 간극이라 부르며, 이 간극은 액체(물), 가스(공기) 그리고 고결제(예: 탄산칼슘)로 채워진다. 간극은 흙의 체적 중 많은 부분을 차지하며, 간극간의 연결통로에 물이 흐른다. 간극의 체적을 변화시키면 흙은 압축(settle) 혹은 팽창(dilate)상태가 될 것이다.

예를 들면, 건물하중이 작용하면 광물입자를 밀착시키게 되고 간극의 체적을 감소시키며, 흙의 구조변화와 함께 결과적으로 그 건물은 침하된다. 이때 건물의 침하량은 얼마나 간극의 체적을 압축시켰느냐에 달려 있다. 침하속도는 간극들의 상호연결 상태에 달려 있다. 흡착수가 아닌 자유수와 간극 내 있는 기포들이 강제유출되어야만 침하가 발생한다. 체적감소로 인한 건물이나 구조물들의 침하는 조립토보다 많은 표면적을 가진 세립토에서 매우 느린 속도로 진행된다. 왜냐하면 넓은 표면적은 간극들을 통하여 물이 흐를 때 큰 저항력을 발휘한다.

(2) 표면력과 흡착수

하나의 물체를 쪼개면 체적당 표면적의 비율은 증가한다. 예를 들면, 한 변이 1cm인 정육면체의 표면적은 $6cm^2$로 증가한다. 그러나 한 변이 1mm인 더 작은 정육면체로 나누면 체적은 변하지 않지만 표면적은 $60cm^2$로 증가한다.

모래의 단위 gram당 표면적(specific surface)은 일반적으로 $0.01m^2/g$인 데 반하여 몬모릴로나이트점토는 $1,000m^2/g$으로 높아진다. 카올리나이트점토의 표면적은 $10\sim20m^2/g$이며 일라이트 점토는 $65\sim100m^2/g$이다. 45gram의 일라이트 점토의 표면적은 축구장 하나의 면적과 같다. 세립토의 이러한 큰 표면적에 존재하는 힘들은 조립토에 비하여 점토광물의 거동에 엄청난 영향력으로 작용한다. 점토와 물의 상호작용에 있어서 점토의 큰 표면적은 조립토에 비해 많은 수의 작은 간극 속에 많은 물을 함유할 수 있다.

세립토의 표면은 음(−)전하를 띠게 되며 이들은 양(+)이온과 주변 물속에서의 물분자 중 양이온 H^+를 끌어들인다. 결과적으로 광물질 주변으로 얇은 수막 층인 흡착수(adsorbed water)를 형성하게 된다. 이런 수막의 얇은 층을 확산 2중층(diffuse double layer)이라 한다(그림 7.9 참조). 그림 7.9에서 보는 바와 같이 광물의 표면에서 가까울수록 양이온 농도가 높고 거리가 멀어질수록 농도는 지수형태로 감소한다.

점토입자 표면에 작용하는 힘(표면력)은 2가지 종류가 있다. 하나는 서로 당기는 힘(인력)으로 London-van der Waals 힘이고 또 다른 하나는 확산 2중층에서 발생되는 서로 미는 힘(척력)이다.

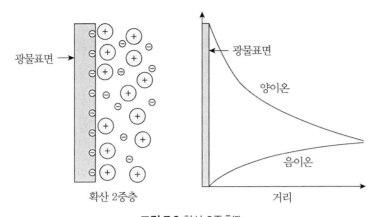

그림 7.9 확산 2중층[7]

이들 힘은 광범위하며 두 입자 간의 거리 제곱(L^2)의 역수에 비례하여 감소하는 힘이다. 다른 또 하나는 확산 2중층에서 발생되는 서로 미는 힘들이다. 각각의 입자 주변은 이온들의 집단으로 둘러싸여 있으며, 두 입자가 멀어지면 각각 필요한 만큼의 음(−)과 양(+)의 전하를 끌어들여 중성화가 된다. 입자들이 가깝게 접근하게 되면 입자표면의 음(−)전하는 서로를 밀어내는 힘으로 바뀌게 된다. 그림 7.10에는 점토광물 표면으로부터의 거리와 양이온의 강도를 도시한 그림이다. 이 그림으로부터 두 입자 사이의 힘은 거리와 관계가 있음을 알 수 있다.

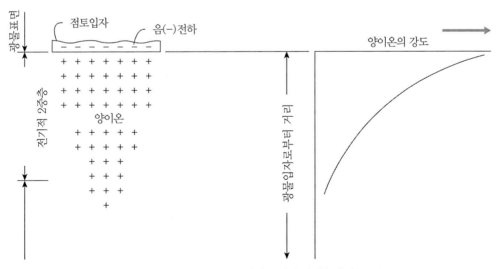

그림 7.10 점토광물 표면으로부터의 거리와 양이온의 강도[6,19]

끝으로 흙 입자에 포함된 흡착수에 대하여 설명하면 흙을 건조시켰을 때 제거되는 물과 제거되지 않는 물로 구분할 수 있다. 석고를 제외한 대부분의 흙을 온도 105±5℃로 노건조시켜도 흡착수는 제거되지 않는다. 흡착수는 흙의 거동에 영향력이 크며 광물의 종류에 따라 그 특성의 차이가 크다. 이 입자에는 흡착수와 같이 화학적 유해물질이 스며들어 흙과 지하수를 오염시킬 수도 있다. 세립토의 표면에 일어나는 화학작용의 지식은 흙으로부터 오염물질의 이동, 봉쇄, 재배출과 궁극적 제거를 이해하는 데 매우 중요하다.

7.2 간극압과 간극압계수

7.2.1 체적변화와 간극압[20]

흙 요소에 외력이 작용하면 일반적으로 흙의 체적이 변한다. 이러한 흙의 체적변화는 흙 골격의 응력, 즉 유효응력의 변화에 의해 발생된다. 따라서 유효응력의 변화는 외력의 변화량과 간극압의 변화량의 차이에 해당하기 때문에 흙의 체적변화와 간극압의 변화는 밀접한 관계가 있다.[5]

한편 흙의 전단저항도 유효응력의 크기에 영향을 받는다. 즉, 흙의 전단저항은 가한 외력이 아니고 전단 시의 흙의 유효응력의 함수가 된다. 이와 같이 흙의 체적변화나 전단저항을 생각할 때는 흙의 유효응력, 즉 다시 말하면 간극압의 크기가 매우 중요하다. 간극압을 생각할 때 가장 기본적인 방법은 흙 요소에 외력을 가한 경우의 흙 골격과 간극유체의 체적변화를 구해 골격과 간극유체의 압축률에 의해 각각의 외력을 구하는 것이다.[16]

여기서 흙의 골격은 탄성적이며 간극은 물로 채워져 있다고 가정한다. 고려하는 흙 요소는 이미 어떤 응력상태하에 평형을 이루고 있어 이 요소에 비배수조건에서 외력의 증분을 가하는 것으로 한다. 외력의 증분을 세 개의 주응력성분의 변화량 $\Delta\sigma_1$, $\Delta\sigma_2$, $\Delta\sigma_3$로 나타내면 이때 발생하는 간극압(이 경우 간극수압)을 Δu라고 하면 유효응력의 변화량은 식 (7.4)와 같이 된다.

$$\Delta\sigma'_1 = \Delta\sigma_1 - \Delta u$$
$$\Delta\sigma'_2 = \Delta\sigma_2 - \Delta u \qquad\qquad (7.4)$$
$$\Delta\sigma'_3 = \Delta\sigma_3 - \Delta u$$

유효응력이 변하면 골격의 체적이 변한다. 세 주응력방향의 변형률을 ϵ_1, ϵ_2, ϵ_3(압축을 정이라 한다)라 하고 탄성계수와 포아송비를 각각 E, ν라 하면 유효응력과 변형률 사이에는 식 (7.5)가 성립한다.

$$\epsilon_1 = \frac{1}{E}[\Delta\sigma'_1 - \nu(\Delta\sigma'_2 + \Delta\sigma'_3)]$$

$$\epsilon_2 = \frac{1}{E}[\Delta\sigma'_2 - \nu(\Delta\sigma'_3 + \Delta\sigma'_1)] \qquad (7.5)$$

$$\epsilon_3 = \frac{1}{E}[\Delta\sigma'_3 - \nu(\Delta\sigma'_1 + \Delta\sigma'_2)]$$

이 식으로부터 전체변형률은 식 (7.6)과 같이 구할 수 있다.

$$\epsilon_1 + \epsilon_2 + \epsilon_3 = \frac{1}{E}(1 - 2\nu)(\Delta\sigma'_1 + \Delta\sigma'_2 + \Delta\sigma'_3) \qquad (7.6)$$

미소변형의 경우 체적변화 ΔV와 초기체적 V의 비 $\Delta V/V$는 체적변형률로 식 (7.7)과 같이 놓을 수 있다. 앞의 식 중 식 (7.6)과 (7.7)로부터 식 (7.8)이 구해진다.

$$\epsilon_1 + \epsilon_2 + \epsilon_3 = -\frac{\Delta V}{V} \qquad (7.7)$$

$$-\frac{\Delta V}{V} = \frac{1}{E}(1 - 2\nu)(\Delta\sigma'_1 + \Delta\sigma'_2 + \Delta\sigma'_3) \qquad (7.8)$$

등방적인 응력변화, 즉 $\Delta\sigma'_1 = \Delta\sigma'_2 = \Delta\sigma'_3$를 고려하면 체적변형률은 일반적으로 식 (7.9)와 같다.

$$-\frac{\Delta V}{V} = K_z \Delta\sigma' \qquad (7.9)$$

여기서 K_z는 흙 골격의 압축률이다. 일반적으로 응력의 변화 $\Delta\sigma'_1$, $\Delta\sigma'_2$, $\Delta\sigma'_3$을 고려할

때 체적변화에 기여하는 성분은 정수압적 성분 또는 평균주응력 $\frac{1}{3}(\Delta\sigma'_1 + \Delta\sigma'_2 + \Delta\sigma'_3)$이라고 생각하는 것이 좋기 때문에 식 (7.8), (7.9)에 의해 식 (7.10)이 구해진다.

$$-\frac{\Delta V}{V} = \frac{1}{E}(1-2\nu)3\left(\frac{\Delta\sigma'_1 + \Delta\sigma'_2 + \Delta\sigma'_3}{3}\right) \tag{7.10}$$
$$= K_s\left(\frac{\Delta\sigma'_1 + \Delta\sigma'_2 + \Delta\sigma'_3}{3}\right)$$

따라서 골격의 압축률 K_s는 식 (7.11)과 같이 된다.

$$K_s = \frac{3(1-2\nu)}{E} \tag{7.11}$$

한편 간극수의 체적은 간극률을 n이라 하면 nV가 된다. 외력에 의하여 ΔV의 체적변화가 발생한다고 하면 식 (7.12)와 같이 표현할 수 있다. 여기서 K_w는 간극수의 압축률이고 Δu는 간극수압의 변화량이다.

$$-\Delta V = nVK_w\Delta u \tag{7.12}$$

이상에서와 같이 흙의 골격과 간극수의 각각에 대하여 체적변화를 구했다. 흙의 골격의 체적변화를 생각하는 경우 흙 입자는 비압축성으로 간주함이 보통이기 때문에 골격의 체적변화는 골격전체를 점하고 있는 공간의 체적, 다시 말하면 골격 전체를 담은 용기의 체적변화라 말하는 것이다. 여기서 비배수조건에서 포화토를 생각하고 있으므로 이 용기의 체적변화는 간극수의 체적변화와 같아야 한다. 따라서 식 (7.10)과 (7.12)로부터 식 (7.13)이 구해진다.

$$nVK_w\Delta u = VK_s\frac{1}{3}(\Delta\sigma'_1 + \Delta\sigma'_2 + \Delta\sigma'_3) \tag{7.13}$$

더욱이 식 (7.13)을 전응력변화로 바꿔 쓰면

$$n\frac{K_w}{K_s}\Delta u = \frac{1}{3}(\Delta\sigma_1 + \Delta\sigma_2 + \Delta\sigma_3) - \Delta u$$

$$\therefore \Delta u = \frac{1}{1 + n\dfrac{K_w}{K_s}}\frac{1}{3}(\Delta\sigma_1 + \Delta\sigma_2 + \Delta\sigma_3) \tag{7.14}$$

위 식에 간극압계수 B를 도입하면 식 (7.15)와 같이 표현할 수 있다.

$$\therefore \Delta u = B\frac{1}{3}(\Delta\sigma_1 + \Delta\sigma_2 + \Delta\sigma_3) \tag{7.15}$$

여기서, B는 간극압계수로 식 (7.16)과 같이 정의한다.

$$B\left(= \frac{1}{1 + nK_w/K_s}\right) \tag{7.16}$$

흙 골격의 압축률 K_s는 물의 압축률 K_w의 $10^2 \sim 10^4$배이므로 식 (7.16)의 B는 포화토의 경우 $B=1$이라 하여도 무방하다.[20]

불포화토의 경우에는 간극유체가 기체(일반적으로 공기)의 기포를 함유하고 있기 때문에 그 압축률 K_w는 K_s값에 근접하여있으므로 $B<1$가 된다. 이 경우에 생각할 간극압으로는 간극수압 u_w와 간극공기압 u_a의 두 가지가 있다. 그러나 물의 표면장력 때문에 $u_a > u_w$이 된다.

7.2.2 삼축압축조건 및 평면변형률조건[20]

삼축압축시험에서 최대주응력은 축응력이고 중간주응력 및 최소주응력은 셀압과 동일하다. 축압의 증분을 $\Delta\sigma_1$, 셀압의 증분을 $\Delta\sigma_3$라 하면 식 (7.15)에 의거 다음과 같이 쓸 수 있다.[19]

$$\Delta u = B\frac{1}{3}(\Delta\sigma_1 + 2\Delta\sigma_3) = B\frac{1}{3}(\Delta\sigma_1 - \Delta\sigma_3 + 3\Delta\sigma_3)$$

$$\therefore \Delta u = B\left[\Delta\sigma_3 + \frac{1}{3}(\Delta\sigma_1 - \Delta\sigma_3)\right] \tag{7.17}$$

식 (7.17)는 흙의 골격이 탄성적이라고 가정하여 유도한 공식이다. 그러나 실제의 흙은 탄성적이지 않고 등방성도 없으므로 식 (7.17)의 우변 제2항의 계수 1/3 대신 A 계수를 도입하면 식 (7.17)은 (7.18)과 같이 쓸 수 있다.

$$\Delta u = B[\Delta\sigma_3 + A(\Delta\sigma_1 - \Delta\sigma_3)] \tag{7.18}$$

식 (7.18)에서 B 계수와 A 계수는 모두 간극압계수로 알려져 있으며 흙의 분류나 유효응력 산정에 사용되고 있다.[16] 간극압계수 B 는 흙의 포화도에 의해 정해지는 계수이며 계수 A 는 흙의 응력이력이나 흙의 종류에 의해 변한다.

삼축압축시험과 같은 축대칭 응력상태는 실제문제에서 생각하면 특수한 경우에 해당한다. 실제 토목구조물 특히 흙 구조물의 경우는 단면에 비해 길이가 긴 경우가 많다. 이런 경우 긴 변 방향의 변형률은 무시하는 경우가 많다. 이와 같은 응력상태는 평면변형률(plain strain) 조건에 있다고 한다.[9] 즉, 식 (7.5)에서 $\epsilon_2 = 0$ 라고 하면 식 (7.19)가 구해진다.

$$\Delta\sigma'_2 = \nu(\Delta\sigma'_1 + \Delta\sigma'_3) \tag{7.19}$$

이 식을 식 (7.10)에 대입하면 식 (7.20)이 구해진다.

$$-\frac{\Delta V}{V} = \frac{1}{E}(1 - 2\nu)[\Delta\sigma'_1 + \nu(\Delta\sigma'_1 + \Delta\sigma'_3) + \Delta\sigma'_3] \tag{7.20}$$
$$= \frac{(1 - 2\nu)(1 + \nu)}{E}(\Delta\sigma'_1 + \Delta\sigma'_3)$$

식 (7.20)을 전응력 $\Delta\sigma_1$, $\Delta\sigma_3$ 로 다시 쓰면 전과 동일하게 간극수의 체적변화와 골격의 체적변화는 같으므로 다음 식을 얻을 수 있다.

$$nK_w \Delta u = \frac{(1-2\nu)(1+\nu)}{E}(\Delta\sigma_1 + \Delta\sigma_3 - 2\Delta u) \tag{7.21}$$

여기서, $\dfrac{2(1-2\nu)(1+\nu)}{E} = K_p$ 라 놓으면 식 (7.22)가 구해진다.

$$\Delta u = B_p\left[\Delta\sigma_3 + \frac{1}{2}(\Delta\sigma_1 - \Delta\sigma_3)\right] \tag{7.22}$$

여기서, $B_p = \dfrac{1}{1 + n\dfrac{K_w}{K_p}}$ \tag{7.23}

포화토의 경우 $B_p = 1$이 된다. 삼축압축의 경우와 동일하게 식 (7.22)의 우변 제2항의 계수 1/2대신 A_p계수를 도입하면 일반적으로 식 (7.24)가 된다.

$$\Delta u = B_p[\Delta\sigma_3 + A_p(\Delta\sigma_1 - \Delta\sigma_3)] \tag{7.24}$$

식 (7.17)과 (7.22)를 비교하면 평면변형률조건에 대한 A값은 삼축압축시험에서의 A값보다 크게 된다. 그러나 이들 두 값을 실제 비교한 측정 결과는 적다. Weald 점토를 이용한 실험에 의하면 축대칭의 경우 2.0에 대해 평면변형률의 경우는 1.7로 적게 나타났다.[19] 이 경우에는 $(\sigma_1 - \sigma_3)_{max}$에 대응하는 변형률에 대하여 양자의 시험 사이에 상당히 큰 차이가 있고 보통은 A값이 $(\sigma_1 - \sigma_3)_{max}$ 상태를 넘어서도 변형률과 함께 증대하는 경우가 있으므로 위에서 기술한 바와 같이 탄성체를 고려한 경우의 계수의 크기에 대해서는 검토의 여지가 있다고 생각한다.

안정계산에서 흙 속의 간극압을 추정하는 방법 중 하나로 식 (7.18) 또는 (7.24)를 다시 쓰면 식 (7.25)의 형태를 사용할 수 있다.[19]

$$\Delta u = B[\Delta\sigma_1 - (1-A)(\Delta\sigma_1 - \Delta\sigma_3)]$$
$$\frac{\Delta u}{\Delta\sigma_1} = \overline{B} = B\left[1 - (1-A)\left(1 - \frac{\Delta\sigma_3}{\Delta\sigma_1}\right)\right] \tag{7.25}$$

즉, 2차원 문제에 있어서 단면 내의 $\Delta\sigma_1$, $\Delta\sigma_3$를 계산하여 계수 $\overline{B}$를 구하여 $\Delta u = \overline{B}\Delta\sigma_1$을 구한다.

식 (7.18)로 표현된 식은 Skempton이 제창한 간극압의 표현으로 삼축압축시험의 경우에 해당한다. 이 식에서 보는 바와 같이 간극압 Δu는 등방적인 삼축셀압 $\Delta\sigma_3$에 의해 발생하는 간극수압과 전단응력의 척도가 되는 주응력차 $(\Delta\sigma_1 - \Delta\sigma_3)$에 의한 간극수압으로 구분할 수 있다. 더욱이 B에 의해 포화도의 영향도 고려한 것이다. 식 (7.16)에 대하여 응력의 물리적 의미, 즉 체적변화의 원인이 되는 평균주응력 성분과 형상변화의 원인이 되는 편차응력성분 각각의 영향으로 나타내기 위해 다음과 같이 바꾸어 쓸 수 있다.

$$\Delta u = B\left[\frac{1}{3}(\Delta\sigma_1 + 2\Delta\sigma_3) + \left(A - \frac{1}{3}\right)(\Delta\sigma_1 - \Delta\sigma_3)\right] \tag{7.26}$$

이후 삼축압축시험의 기술이 발달하여 삼축신장시험(축압이 최소주응력이 되고 셀압이 중간주응력 및 최대주응력이 된다)을 실시할 수 있게 된 결과 식 (7.18)에 의한 A값은 하나의 흙에 대하여서도 압축시험과 신장시험의 각각에 대하여 꽤 다름을 알 수 있다. 여기에 위에서 설명한 응력성분의 물리적 의미를 명확히 하기 위해 간극압의 일반적 표시로 다음 식이 제안되었다.[16]

$$\Delta u = B\left[\begin{array}{l}\frac{1}{3}(\Delta\sigma_1 + \Delta\sigma_2 + \Delta\sigma_3) \\ + a\sqrt{(\Delta\sigma_1 - \Delta\sigma_2)^2 + (\Delta\sigma_2 - \Delta\sigma_3)^2 + (\Delta\sigma_3 - \Delta\sigma_1)^2}\end{array}\right] \tag{7.27}$$

여기서 계수 a는 흙의 압축률과 다이러턴시－특성에 의해 정해진다. 식 (7.25)는 세 주응력이 포함되어 있어 축대칭 이외의 응력상태에도 적용할 수 있다. 여기서 주의해야 할 점은 전단응력에 의해 생기는 체적변화(다이러턴시)와 간극압은 전단응력의 방향에는 무관하므로 식 (7.27)의 우변의 평방근의 부호는 항상 정이 된다.

이 점을 명확하게 하기 위해 삼축압축시험 및 삼축신장시험에서 $\Delta\sigma_2 = \Delta\sigma_3$이 되는 점을 고려하여 일반적으로 축압의 증분을 $\Delta\sigma_a$, 셀압의 증분을 $\Delta\sigma_r$라고 하면 다음과 같이 표현된다.

$$\Delta u = B\left[\frac{1}{3}(\Delta\sigma_a + 2\Delta\sigma_r) + \sqrt{2}\,a(\Delta\sigma_a - \Delta\sigma_r)\right] \tag{7.28}$$

식 (7.25)의 $\sqrt{2}\,a$는 식 (7.23)의 $\left(A - \dfrac{1}{3}\right)$와 같다.

삼축압축시험에서는 셀압을 일정하게 하고 축압을 증대시킬 때는 $\Delta\sigma_r = 0$, $\Delta\sigma_a = (\sigma_1 - \sigma_3)$ 이 되므로 $B = 1$이라 하면 식 (7.28)에 의거하여 $\Delta u = \left(\dfrac{1}{3} + a\sqrt{2}\right)\Delta\sigma$가 된다.

한편 삼축신장시험에서 축응력을 일정하게 하고 셀압을 증대시키는 경우에는 $\Delta\sigma_r = (\sigma_1 - \sigma_3)$, $\Delta\sigma_a = 0$이므로 $\Delta u = \left(\dfrac{2}{3} + a\sqrt{2}\right)\Delta\sigma$가 된다.

식 (7.27)에 의한 간극압을 표시하기 위해 柴田 등(1965) 및 Henkel & Wade(1966)은 점토의 실험 결과를 검토하였다.[9] 먼저 柴田 등(1965)은 세 주응력의 크기를 제어하는 시험을 실시하여 발생하는 간극압이 중간주응력의 상대적 크기에 무관한 정팔면체수직응력 σ_{oct}와 정팔면체 전단응력 τ_{oct}의 변화량에 영향을 받음을 시사하였다.[17]

또한 Henkel & Wade(1966)는 본인들의 시험 결과와 柴田 등(1965)의 시험 결과에 의거 식 (7.27)을 다음과 같이 표현하였다.[17]

$$\Delta u = B\left[\frac{1}{3}(\Delta\sigma_1 + \Delta\sigma_2 + \Delta\sigma_3) + \frac{a'}{3}\Delta\sqrt{(\sigma_1 - \sigma_2)^2 + (\sigma_2 - \sigma_3)^2 + (\sigma_3 - \sigma_1)^2}\right]$$
$$= B[\Delta\sigma_{oct} + a'\Delta\tau_{oct}] \tag{7.29}$$

한편 Duncan & Seed(1966)는 자연의 점토지반 내 강도특성의 이방성과 압밀 시 및 전단파괴 시의 주응력방향의 변화에 관한 고찰에서 $\Delta(\sigma_1 - \sigma_3)$와 $(\Delta\sigma_1 - \Delta\sigma_3)$의 차이를 비교하였다.[8] 이 고찰에서 삼축시험과 같은 응력조건만을 고려하고 있으나 주응력방향의 변화가 없는 경우에 한하여 $(\Delta\sigma_1 - \Delta\sigma_3)$가 $\Delta(\sigma_1 - \sigma_3)$와 동일하기 때문에 일반적으로는 식 (7.18)에 의한 Skempton의 간극압을 표시하는 데 $(\Delta\sigma_1 - \Delta\sigma_3)$을 이용할 만하다. 이것은 A값을 계산할 경우에 $(\sigma_1 - \sigma_3)$값을 이용하는 것이 삼축압축시험의 경우에는 좋다고 하여도 일반적으로는 적용하기 어려운 점을 시사하는 것이다.[16]

7.3 점성토의 시험거동

7.3.1 직접전단시험

직접전단시험은 얇은 공시체를 사용하므로 배수시간 감소효과가 있다. 따라서 직접전단시험은 근본적으로는 배수시험에 유리하다. 시험과정은 먼저 공시체에 연직응력 P를 가하여 공시체를 압밀시킨다. 압밀시킨 후 전단하중을 가한다. 여기서 전단하중은 응력제어방식 혹은 변형률제어방식으로 재하하는 것이 모두 가능하다.[6,7,10,15]

① 응력제어방식: 미소증분 $\Delta\tau$를 가한 다음 하중증분을 가하기 전에 간극수압을 소멸시키도록 재하하는 방식이다.

② 변형률제어방식: 공시체 내에 간극수압이 발생하지 않을 정도의 느린 변형속도로 재하하는 방식이다.

압밀과정의 시험 결과는 선행압밀응력(P_p)과 시험압력 사이의 관계인 $e - \log P$ 거동에 의존하므로 그림 7.11에서 $\sigma'_{1f} \geq P_p$이면 정규압밀점토(NC)에 해당한다.

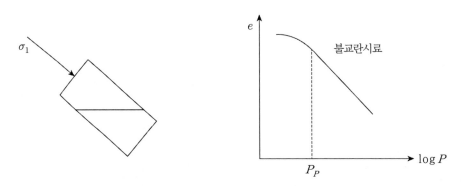

그림 7.11 불교란시료의 $e - \log P$ 곡선

한편 직접전단시험 결과를 Mohr도에 도시하면 그림 7.12와 같다. 이 도면에는 NC점토와 OC점토를 구분하여 정리하였다.

그림 7.13(a)는 고함수비 시료를 압밀한 결과이며 Mohr원상에 도시하면 그림 7.13(b)와 같이 된다. 이들 그림에는 정규압밀점토와 과압밀점토의 곡선을 함께 도시하였다.

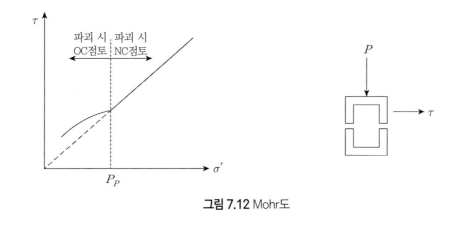

그림 7.12 Mohr도

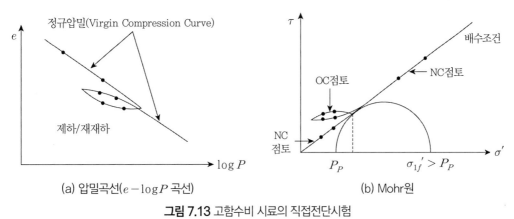

(a) 압밀곡선($e-\log P$ 곡선)   (b) Mohr원

그림 7.13 고함수비 시료의 직접전단시험

직접전단시험 결과 강도에 영향요소로는 ① 파괴 시 유효응력, ② 간극비 혹은 함수비(응력이력은 간극비에 영향을 미친다)임을 파악하였다.

재하속도가 매우 빠르지 않는 한 직접전단시험은 비배수시험에 부적당하다. 따라서 비배수시험은 삼축시험이 바람직하다.[4]

7.3.2 CD 삼축시험[6,7,10,15]

그림 7.14는 삼축배수시험을 응력제어방식과 변형률제어방식으로 실시한 결과를 비교한 그림이다. 한편 그림 7.15는 파괴 시 최대주응력 σ'_{1f}을 선행압밀응력(P_p)을 기준으로 $\sigma'_{1f} > P_p$인 NC시료와 $\sigma'_{1f} < P_p$인 OC시료의 Mohr원과 파괴포락선을 도시한 그림이다.

응력제어방식과 변형률제어방식의 응력－변형률 거동은 약간의 차이가 있다. 즉, 변형률

제어방식은 첨두강도가 발생하나 응력제어방식에는 첨두강도가 발생하지 않음을 볼 수 있다. 그림 7.15의 Mohr원에서는 OC시료의 경우 파괴포락선이 NC시료보다 크게 발생하였다.

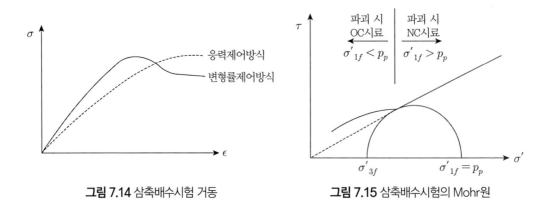

그림 7.14 삼축배수시험 거동　　　　　　　**그림 7.15** 삼축배수시험의 Mohr원

7.3.3 UU 삼축시험

UU 삼축시험[6,7,10,15]에서는 배수가 허용되지 않으므로 함수비의 변화가 없다. 이런 상황은 현장에서 하중이 갑자기 재하될 경우에 해당한다. 따라서 압밀 시에는 물론이고 전단 시에도 배수가 안 되는 비압밀－비배수의 상태가 된다. 이런 현장상황을 실내에서 재현시키기 위한 시험이 UU 시험이다.

(1) 시험과정

그림 7.16에는 UU 삼축시험의 시험과정을 세 단계로 구분하고 각 단계에서의 공시체 상태를 전응력, 간극수압, 유효응력의 상태로 구분 도시하였다. 그림 7.16에 설명된 바와 같이 UU 삼축시험에서는 먼저 삼축셀 내에 공시체를 설치한다. 이때 공시체는 현장에서 포화상태를 가정하고 현장함수비 상태로 공시체를 제작한다. 이때 공시체에는 전응력으로 대기압이 작용하고 있으나 공시체 내에서는 부의 간극수압이 작용하고 있다.

두 번째로는 배수밸브를 잠그고 삼축셀 내에 구속압을 재하한다. 배수밸브를 잠그므로 간극비는 변하지 않게 된다.

마지막 세 번째로는 배수밸브를 닫은 상태에서 전단응력을 가하여 파괴시킨다. 배수밸브를 닫은 관계로 체적이 변하지 않는다.

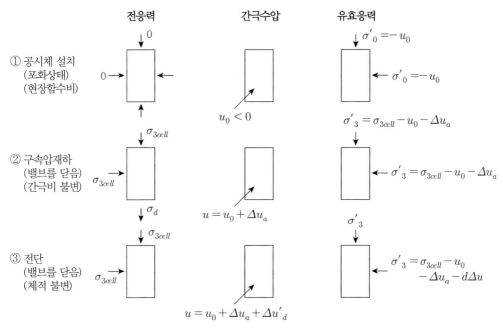

그림 7.16 UU 삼축시험의 시험과정

(2) 간극수압

① 초기간극수압

전응력이 제거될 때 시료가 팽창되는 경향은 결국 공시체 내에 부의 간극수압을 유발한다. 따라서 그림 7.16의 첫 번째 단계에서 간극수압은 식 (7.30)과 같이 부압이 된다.

$$u_0 < 0 \qquad (7.30)$$

따라서 유효응력 σ'_0는 다음과 같이 된다.

$$\sigma'_0 = \sigma_0 - u_0$$

여기서 $\sigma_0 = 0$이므로 식 (7.31)이 성립한다.

$$\sigma'_0 = -u_0 \qquad (7.31)$$

② 구속압 변화

두 번째 단계에서 셀압을 가해 구속압 $\Delta\sigma_3$가 변하므로 간극수압 Δu_a도 변하게 된다. 간극수압과 셀압의 관계는 간극수압계수 B를 활용하여 식 (7.32)와 같이 쓸 수 있다.

$$\Delta u_a = B\Delta\sigma_3 \tag{7.32}$$

포화시료의 경우 B=1이므로 식 (7.32)는 (7.33)이 된다.

$$\Delta u_a = \Delta\sigma_3 \tag{7.33}$$

셀압은 0에서부터 σ_{3cell}까지 증가된다.

$$\sigma_3 = \sigma_{3cell} - 0 = \sigma_{3cell}$$

따라서 $\Delta u_a = \Delta\sigma_{3cell}$

또한 $\sigma'_3 = \sigma_{3cell} - u_0 - \Delta u_a \tag{7.34}$

$$\sigma'_3 = \sigma_{3cell} - u_0 - \sigma_{3cell}$$

$$\sigma'_3 = -u_0 = \sigma'_0$$

③ 전단응력차 변화

축하중작용으로 간극수압이 더욱 변한다. $\Delta\sigma_d \rightarrow \Delta u_d$

간극수압의 변화는 통상 Skempton의 간극수압계수 A로 응력차와 관련지으면 식 (7.35)가 된다.[4,16]

$$\Delta u_d = \overline{A}(\Delta\sigma_1 - \Delta\sigma_3) \tag{7.35}$$

이 식은 식 (7.7)에서 유도되었다.

$$\Delta u_d = B[\Delta\sigma_3 + A(\Delta\sigma_3 - \Delta\sigma_3)] = \overline{A}(\Delta\sigma_1 - \Delta\sigma_3) \tag{7.7}$$

여기서 간극수압계수 $\overline{A} = AB$이고 Δu_d는 응력차의 변화에 의한 간극수압의 변화이고 $\Delta\sigma_1$, $\Delta\sigma_3$는 주응력증분량이다.[2,3,10,15]

간극수압계수 $\overline{A}$의 크기는 포화도, 과압밀비, 점토의 종류(예: 예민점토 등)에 의존한다. 일반적으로 포화공시체에 대한 $\overline{A}$값은 다음과 같다.

- 예민 NC점토: $\overline{A} > 1$
- 비예민 NC점토 혹은 약간 OC점토: $0.5 < \overline{A} < 1$
- 과도한 OC점토: $-0.5 < \overline{A} < 0.5$

(3) 일련의 UU 시험 결과

포화공시체에 대한 일련의 UU 시험의 결과는 그림 7.17과 같다. 이들 시험의 조건이 동일한 포화도에 동일한 OCR값을 갖고 기타 요소(간극비, 함수비 등)도 모두 동일하면 각 공시체의 간극수압계수 $\overline{A}$의 크기는 동일하다.

즉, 파괴 시 간극수압이 동일하고 모든 시료의 파괴 시 유효응력과 강도가 동일하게 나타난다. 이는 유효응력조건의 파괴포락선이 유일함을 의미한다.

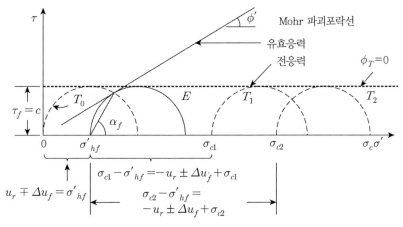

그림 7.17 일련의 UU 시험 결과

(4) 특별한 UU 시험

그림 7.17에서 보는 바와 같이 균질의 불교란 포화점토의 UU 강도는 구속압 σ_3에 무관하므로 $\sigma_3 = 0$(일축압축) 시험에도 사용 가능하다. 따라서 그림 7.18에 도시된 일축압축시험에서도 일축압축강도를 구할 수 있다. 우선 전응력으로 도시하면 $\sigma_3 = 0$인 일축압축시험에서는 $\phi_u = 0$이므로 비배수전단강도 $c_u = \dfrac{1}{2}q_u$가 된다. 여기서 q_u는 일축압축강도이다. 이 그림에서 유효응력을 표시하면 그림 7.17에서 구한 유일한 유효응력파괴포락선에 일치하여 유효내부마찰각을 얻을 수 있다. 이때 유효응력 Mohr원은 전응력 Mohr원과 크기가 같다. 다만 전응력 Mohr원의 우측에 평행 이동된 위치에 표시된다.

그림 7.19에 도시된 파괴 시 파괴면에서의 전단응력 τ_{ff}는 Mohr원의 기하학적 특성에 의해 식 (7.36)과 같이 구할 수 있다.

$$\tau_{ff} = \frac{1}{2}q_u \cos\phi' \tag{7.36}$$

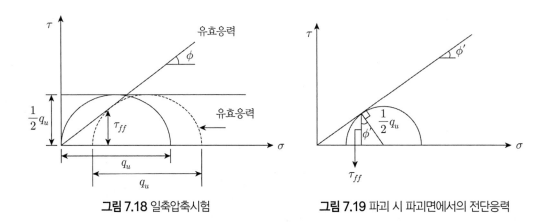

그림 7.18 일축압축시험   **그림 7.19** 파괴 시 파괴면에서의 전단응력

만약 $\phi' = 30°$로 가정하면 식 (7.37)과 같이 일축압축강도의 $0.45q_u$로 산출된다. 이 값은 비배수전단강도 $c_u = \dfrac{1}{2}q_u$보다 작은 값이다.

$$\tau_{ff} = \frac{1}{2}q_u \cos 30° = \frac{1}{2}q_u \times 0.866 = 0.45q_u \tag{7.37}$$

그러나 교란에 의하여 비배수전단강도를 감소시키는 경향이 있다(교란은 최소화시킬 수는 있어도 완전히 제거할 수는 없다). 따라서 $\tau_{ff} = \frac{1}{2}q_u$ 사용이 무방하다.

τ_{ff}에 기타 영향요소로는 비등방성과 평면변형률상태 대 삼축압축상태의 차이를 들 수 있다. 결국 $c_u = \frac{1}{2}q_u$와 $c_u = \tau_{ff}$ 사이의 차이가 무시될 수 있다.

7.3.4 CU 삼축시험[6,7,10,15]

CU 삼축시험에서는 등방압밀로 압밀한 후 전단단계에서는 배수가 허용되지 않으므로 함수비의 변화가 없다. 이런 상황은 현장에서 하중을 가하여 충분히 압밀시켜 강도를 증가시킨 후 추가 재하를 실시할 경우에 해당한다. 따라서 압밀 시에는 배수가 허용되나 전단 시에는 배수가 안 되는 압밀－비배수의 상태가 된다. 이런 현장상황을 실내에서 재현시키기 위한 시험이 CU 시험이다.[4,14]

(1) 시험과정

그림 7.20에 CU 삼축시험의 시험과정을 세 단계로 구분하고 각 단계에서의 공시체 상태를 전응력, 간극수압, 유효응력의 상태로 구분·도시하였다. 그림 7.20에 설명된 바와 같이 CU 삼축시험에서는 먼저 삼축셀 내에 공시체를 설치한다. 즉, 현장에서 불교란시료를 채취하여 공시체를 삼축셀 내 설치한다. 이때 공시체는 현장에서 포화상태를 가정하고 현장함수비 상태로 공시체를 제작한다. 이때 공시체에는 전응력으로 대기압이 작용하고 있으나 공시체 내에서 부의 간극수압이 작용하고 이 공시체가 더 이상 팽창되는 것을 막는다.

두 번째로는 배수밸브를 열고 삼축셀 내에 등방압의 구속압을 재하한다. 즉, 등방압밀을 삼축셀 내에서 실시하여 공시체의 강도를 증진시킨다. 이 과정에서는 압밀밸브를 열고 과잉간극수압이 완전히 소멸될 때까지 등방압밀을 실시한다.

마지막 세 번째 단계에서는 등방압밀을 종료한 후 배수밸브를 닫고 전단시험을 실시한다. 압밀 후의 전단과정은 앞의 UU 시험의 경우와 동일하다. 배수밸브를 닫은 관계로 체적은 변하지 않으나 간극수압이 변하므로 간극수압을 측정해야 한다. 압밀 종료 후 배수밸브를 잠그므로 간극비는 변하지 않게 된다. 배수밸브를 닫은 상태에서 전단응력을 가하여 파괴시킨다. 배수밸브를 닫은 관계로 체적이 변하지 않는다. 그러나 간극수압은 상승하므로 간극수압을 측정한다.

CU 시험은 임의의 응력상태에서 장기압밀을 실시한 후 단기간에 하중이 급변할 경우를 모형화한 시험이다. 따라서 전단 시 추가 함수비의 변화가 없다.

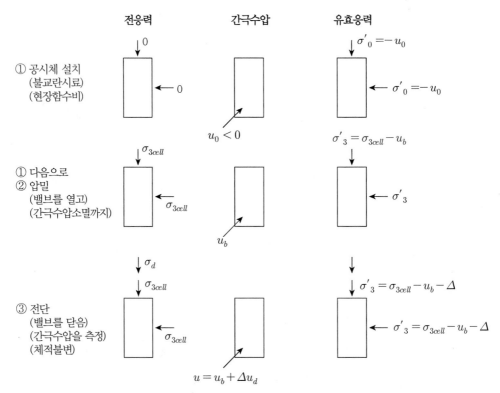

그림 7.20 CU 삼축시험의 시험과정

(2) 간극수압

① 초기간극수압

현장에서 시료를 채취할 때 전응력이 제거되므로 시료가 팽창되려는 경향이 있다. 시료가 팽창되려 할 때 결국 공시체 내에 부의 간극수압을 유발한다. 따라서 그림 7.20의 첫 번째 단계에서 간극수압은 UU 시험과 동일하게 식 (7.30)과 같이 부압이 된다.

따라서 유효응력 σ'_0는 다음과 같이 된다.

$$\sigma'_0 = \sigma_0 - u_0$$

여기서 $\sigma_0 = 0$이므로 식 (7.38)이 성립한다.

$$\sigma'_0 = -u_0 \tag{7.38}$$

② 구속압으로 압밀

두 번째 단계에서는 등방구속압을 가하여 등방압밀을 진행시킨다. 이 구속압으로 간극수압이 증가하나 이 간극수압으로 초기간극수압을 소멸시킨다. 따라서 간극수압은 $u = u_b$(u_b는 포화에 필요한 간극수압)가 된다.

③ 전단응력차에 의한 변화

전단응력에 의해 응력차에 변화가 발생하게 되면 간극수압도 변하게 된다.

간극수압의 변화는 통상 Skempton의 간극수압계수 A로 응력차와 관련지으면 식 (7.39)가 된다.[4,16]

$$\Delta u_d = \overline{A}(\Delta\sigma_1 - \Delta\sigma_3) \tag{7.39}$$

① $\overline{P_p}$를 현장 선행압밀응력이라 하면 그림 7.21에서 보는 바와 같이 $\sigma'_{3c} \geq P_p$(등방압밀) 일 때 공시체는 NC 상태가 되며 $\overline{A}_F$는 σ'_{3c}의 모든 범위에서 동일 값을 가진다.

② 반면에 $\sigma'_{3c} < P_p$이면 공시체는 OC 상태가 된다.

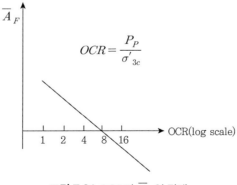

그림 7.21 OCR과 $\overline{A}_F$의 관계

(3) 시험 결과

시험으로 구해진 축차응력 $(\sigma_1 - \sigma_3)$, 간극수압 Δu, Skempton의 간극수압계수 A를 축변형률 ϵ_1에 대응시켜 도시하면 그림 7.22와 같다.

그림 7.22(a)에는 NC점토에 대한 시험 결과를 도시하였고 그림 7.22(b)에는 OC점토에 대한 시험 결과를 도시하였다.

여기서 간극수압계수 $\overline{A}$는 $\overline{A} = \dfrac{\Delta u_d}{(\Delta \sigma_1 - \Delta \sigma_3)}$와 같이 산정한다.

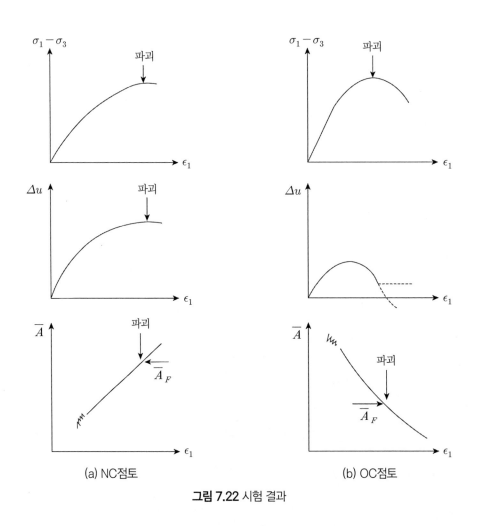

(a) NC점토   (b) OC점토

그림 7.22 시험 결과

(4) 강도포락선

그림 7.23은 CU 삼축시험의 전단과정에서 구해진 강도포락선을 도시한 그림이다. 이 그림에서 실선은 유효응력파괴포락선을 나타내고 점선은 전응력파괴포락선을 나타내고 있다.

단순화시키기 위하여 배압 $u_b=0$으로 하였다. 따라서 $u_F = \Delta u_{df} = \overline{A_F}(\Delta\sigma_1 - \Delta\sigma_3)$이 된다. 이 결과에 의하면 과도한 과압밀점토에서는 그림 7.23에서 보는 바와 같이 비배수강도가 유효강도(배수)보다 크게 나타났다.

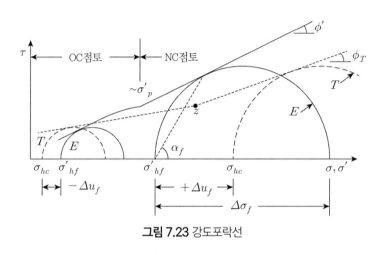

그림 7.23 강도포락선

(5) $u_b > 0$이라면

이 경우 유효응력포락선은 동일하게 되며 전응력원은 u_b만큼 옆으로 이동하게 된다. 따라서 전응력포락선이 변한다(따라서 사용된 u_b에 의존함을 의미한다). 그러나 이 경우 전응력 c와 ϕ는 실내 간극수압과 일치하지 않는 한 유용하지 못하다.

(6) 압밀 후 급속재하

NC점토지반에 압밀이 이루어지고 급속재하가 실시될 경우 이 CU 삼축시험이 사용될 수 있다. 일반적으로 NC점토의 경우 비배수전단강도와 압밀응력과의 비는 일정(즉, $c_u/\sigma'_{1c} = cst$)하다.

현장 위치에서의 압밀이력을 알면 비배수강도를 추정할 수 있다. 예를 들면, 그림 7.24에 도시된 댐의 수위급강하의 경우 댐의 안정해석을 들 수 있다.

이 경우의 해석과정은 다음과 같다.

① 압밀이력(steedy seepage 조건하)을 결정하기 위한 해석을 실시한다.
② 압밀이력으로부터 비배수전단강도 결정한다.
③ 수위급강하조건하에서 댐의 안정해석(비배수해석)을 실시한다.

해석단계 ①에서 등방압하에서는 압밀이 이뤄지지 않는다. 따라서 이방압밀(이 상태를 실내에서 재현시켜야 한다)을 실시해야 한다.

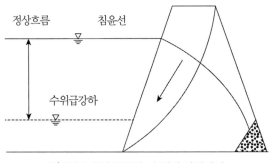

그림 7.24 수위 급강하 시 댐의 안전해석

(7) ACU 시험

비등방압밀시험(ACU)의 요소도와 비배수전단강도시험 결과를 도시하면 그림 7.25와 같다. 비등방압밀 ACU 시험은 등방압밀(ICU)시험과 동일하나 공시체가 $\sigma'_{1c} \neq \sigma'_{3c}$조건으로 압밀되는 점이 다르다. CU 삼축시험으로 구해진 축차응력 $(\sigma_1 - \sigma_3)$, 간극수압 Δu, Skempton의 간극수압계수 $\overline{A}$를 축변형률 ϵ_1에 대응시켜 도시하면 그림 7.25와 같다.

그림 7.26(a)의 요소도에 도시된 ACU 시험에서 압밀비 $K_c(=\sigma'_{1c}/\sigma'_{3c})$와 비배수전단강도 c_u의 관계는 그림 7.26(b)와 같다. 여기사 $K_c=1$이면 등방압밀(ICU)시료에 대한 삼축시험 결과이며 $K_c>1$이면 이방압밀(ACU)시료에 대한 삼축시험 결과이다. 이 그림에서 보는 바와 같이 이방압밀시험은 등방압밀시험보다 비배수전단강도가 크게 나타났다.

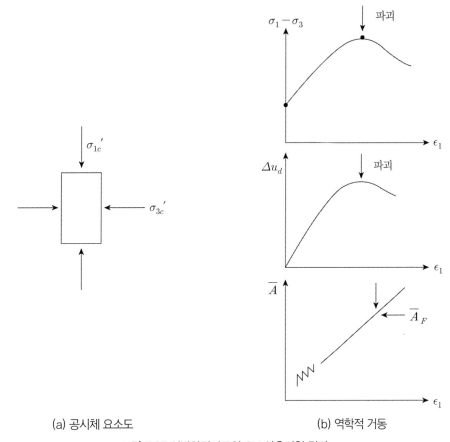

(a) 공시체 요소도   (b) 역학적 거동

그림 7.25 이방압밀시료의 CU 삼축시험 결과

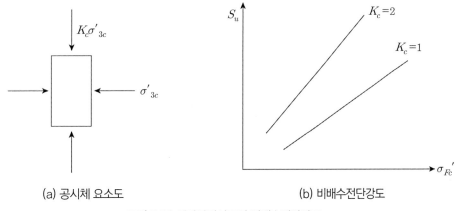

(a) 공시체 요소도   (b) 비배수전단강도

그림 7.26 이방압밀시료의 비배수전단강도

(8) CU 시험 설명

① CU 시험은 미래의 비배수전단강도를 예측하기 위하여 실시한다. 전응력 c와 ϕ를 사용하지 않는다. 그러나 압밀 시의 유효응력과 비배수전단강도 c_u 사이의 관계를 사용한다.

② 유효응력 전단강도정수를 결정하기 위하여 유효응력 c'와 $\phi'(c_D$와 ϕ_D와 거의 일치한다)을 사용한다.

(9) 깊이에 따른 강도변화

정규압밀점토지반에 지하수위가 지표면에 존재하는 경우 강도는 깊이에 따라 선형적으로 증가한다. 즉, 그림 7.27은 깊이에 따른 유효상재압의 변화를 도시한 그림이고 그림 7.28은 깊이에 따른 비배수전단강도의 변화를 도시한 그림이다. 즉, 이들 상관관계는 c_u/P'_0 혹은 c_u/P의 함수로 표현한다.

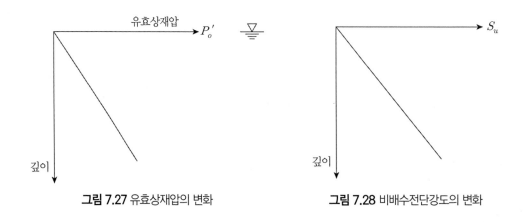

그림 7.27 유효상재압의 변화   **그림 7.28** 비배수전단강도의 변화

NC점토 퇴적층에도 지하수위 상부에는 건조된 부분이 존재한다. 이 경우도 NC점토 퇴적층 지하수위 아래 부분은 그림 7.28과 같이 비배수전단강도 c_u가 유효상재압 P'_0와 동일하게 깊이에 따라 선형적인 증가 경향이 있다. 이 경우 지표의 건조 및 균열 물질은 강도에 의존하지 않으나 그림 7.28의 선형적인 증가곡선의 경사는 강도증가율 c_u/P에 의존한다.

그림 7.29는 사면지반에서의 지표면상태를 도시한 그림이다. 사면지반에서도 지표 부분은 건조점토(desiccated clay)의 상태가 존재하며 이 건조 사면부에는 균열이 많이 발생한다. 이 균열사면부는 지반을 연약화시킨다. 그러나 건조점토와 연약부(softened soil) 아래의 흙은 정규

압밀점토(NC) 상태에 있다. NC점토 구간에서는 위에서 설명한 점토지반의 특성이 똑같이 존재한다. 즉, 지표 부분에는 강도가 깊이에 의존하지 않으나 그 깊이 아래에서는 비배수전단강도 c_u가 유효상재압 P'_0에 비례한다.

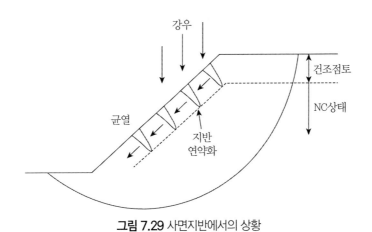

그림 7.29 사면지반에서의 상황

OC점토에서는 선행압밀의 영향이 지하수위 아래까지 확장된다. 그림 7.30(a)에서는 과압밀점토지반의 현재상재압 P'_0이 선행압밀응력 P_{P_0}보다 작게 분포되어 있음을 보여주고 있다. 이런 지반에서는 강도증가율 c_u/P_0가 NC점토에서와 같이 일정하지 않고 과압밀비에 의하여 조절된다(그림 7.30(b) 참조). 그러나 선행압밀응력 P_{P_0}는 그림 7.30(a)에 도시된 바와 같

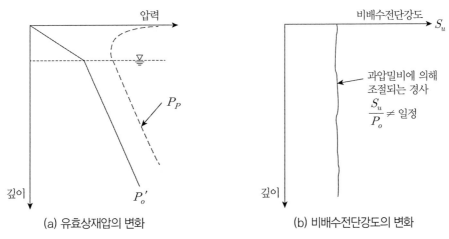

    (a) 유효상재압의 변화   (b) 비배수전단강도의 변화

그림 7.30 과압밀점토지반에서의 깊이에 따른 변화

이 지표부를 제외한 지하수위 아래 NC점토 영역에서는 깊이에 따라 증가하는 경향이 동일하게 존재하므로 선행압밀의 영향이 지하수위 아래까지 확장되었음을 알 수 있다.

7.3.5 비틀림전단시험

본 절에서는 흙의 역학적 거동을 파악하기 위한 요소시험 중 주응력방향을 회전시킬 수 있는 비틀림전단시험의 기능에 대하여 검토한다. 비틀림전단시험기가 점토시료에 사용될 수 있게 개량·제작되었다. 이 시험기를 사용하여 반죽성형된 K_0−압밀점토시료에 대한 비배수 전단시험을 실시하여 흙의 거동에 미치는 주응력축의 회전영향이 조사된다.[1,20]

우선 비틀림하중 없이 비틀림전단시험기를 사용하여 얻은 흙의 역학적 거동이 통상의 축대칭삼축압축시험에 의한 결과와 비교·검토된다. 흙의 응력−변형률 거동, 간극수압 및 주응력비는 연직하중과 비틀림하중에 의한 응력경로에 크게 영향을 받았으며, 전단변형률의 증가에 따라 주응력회전각과 주응력의 상대적 크기 $b(= (\sigma_2 - \sigma_3)/(\sigma_1 - \sigma_3))$값도 점진적으로 커져 파괴 시의 값에 수렴한다.[1,2,11-13]

(1) 비틀림전단시험기

비틀림시험에 대해서는 이미 3.4.2절에서 소개한 바 있다. 따라서 여기서는 점성토시료에 적용하기 위하여 개량된 부분을 중심으로 설명하고자 한다. 주응력회전에 따른 흙의 거동을 비틀림전단시험으로 조사하려면 연직응력과 전단응력이 중공원통형 공시체 내에 균일하게 발생되도록 하중을 작용시킬 수 있어야 한다. Lade는 이와 같은 조건을 만족시키는 시험시료를 제작하여 사질토의 비틀림전단시험을 실시한 바 있다.[11-13] 홍원표(1988)는 이 시험기를 점성토에도 사용할 수 있도록 개량하였다.[1-3]

그림 7.31은 비틀림전단시험장치의 3차원 개략도이며 그림 7.32는 이 시험장치의 사진이다. 또한 공시체와 연직단면도는 그림 7.33에서 보는 바와 같이 스테인리스로 만든 상부링과 하부링 및 내외 측면을 싸고 있는 고무멤브레인으로 둘러싸여 있다.

비틀림시험의 문제점으로 지적되고 있는 공시체 내의 응력불균일분포를 개선시키기 위하여 본 시험기에는 두 가지 사항을 채택하였다. 하나는 공시체의 높이를 15cm로 하여 공시체의 양단에 작용시키는 전단응력에 의한 응력의 불균일영향을 최소화시킨 점이다. 이 높이는

Lade[2] 및 Wrght et al.[18]의 연구로부터 응력의 불균일영향을 무시할 수 있는 공시체의 최소높이 조건을 만족시키는 높이이다. 또 하나는 공시체의 내와 측면에 동일한 구속압(confining pressure)이 작용될 수 있게 설계한 점이다. 이는 내외측면의 측압불균일로 인한 공시체 내의 두께 방향 응력의 불균일분포를 방지시킬 수 있다.

공시체에 작용시키는 구속측압은 공시체 주위의 셀압수(cell water)을 통하여 작용시키며 전단응력과 연직축차응력(vertical deviator stress)은 공시체의 양단에 연직하중과 비틀림하중으로 작용시킨다. 이들 하중은 각각 독립적으로 작용할 수 있게 하였으며 응력제어 및 변형제어 모두가 가능하게 설계되어 있다. 연직하중은 그림 7.31과 그림 7.33에서 보는 바와 같이 상부판(cap plate)에 의하여 공시체에 전달되며 이 상부판은 셀의 바닥을 관통하여 설치된 중앙축(center shaft)에 연결되어 있다. 이 중앙축은 그린 7.31의 연직하중실린더(vertical loading cylinder)에 의하여 상하로 움직일 수 있게 되어 있어 공시체를 압축시킬 수도 있고 신장시킬 수도 있다.

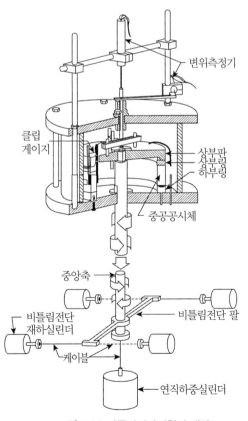

그림 7.31 비틀림전단시험기 개략도

그림 7.32 비틀림전단시험장치 사진

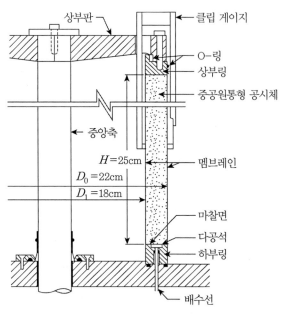

그림 7.33 중공원통형 공시체의 단면도

한편 비틀림하중은 그림 7.31에서 보는 바와 같이 한 쌍의 비틀림전단재하실린더(torque sheqr loading cylinder)에 의하여 중앙축과 상부판을 통하여 공시체에 전달된다.

전단응력은 이 비틀림하중에 의하여 공시체 내부에 발생된다. 전단응력을 공시체에 충분히 전달시키기 위하여 상부링(cap ring)과 하부링(base ring)에 표면에 에폭시를 바른 후 모래를 압착시켜 마찰력을 만들어 공시체와 링 사이의 미끄러짐을 방지시켰다.

이 전단응력으로 인하여 주응력의 크기와 방향이 변한다. 즉, 주응력방향이 회전되며 서로 다른 세 주응력의 응력상태가 공시체 내에 발생한다.

이 전단응력이 작용하지 않으면 구속압은 연직하중이 압축의 경우 최소주응력 σ_3가 되고 신장의 경우 최대주응력 σ_1이 된다. 그러나 비틀림전단응력이 작용하면 구속압은 중간주응력 σ_2가 된다.

(2) 사용공시체

사용된 점토시료는 Fekdspar Coorporation에서 분말상태로 시판하고 있는 Edgar Plastic Kaolinite (EPK) 점토이며 40%의 실트분과 60%의 점토분으로 구성되어 있다. 이 점토의 액성한계는 60%

이고 소성한계는 30%이며 비중은 2.65이다. 또한 활성도는 0.50이므로 비활성점토에 해당한다.

공기건조상태의 EPK 점토 분말을 액성한계의 두 배가 되는 함수비가 되도록 탈기수(deaired water)와 섞어 점토현탁액(slurry)을 만들었다.

이때 점토는 #2(0.83mm) US 표준체로 쳐서 물속에 침전되도록 하며 손으로 천천히 저어서 덩어리나 공기가 남아 있지 않도록 한 후 이 점토현탁액을 중공형의 특수압밀장치에 천천히 흘려 넣어 2kg/cm²의 연직 하중축으로 일차원 압밀을 실시하였다.

이 특수압밀장치는 내경이 16.5cm 외경이 26cm인 중공원통형이며 초기높이는 66cm 정도이었다. 시료의 상면과 하면에는 두 개씩의 배수용 다공판을 대어 양면배수상태로 압밀하였다.

또한 동일 재료로 된 폭 3cm 정도의 긴 띠를 나선형으로 두 줄 압밀장치의 내측벽에 부착시켜 배수를 촉진시켰다.

그림 7.33은 중공원통형 공시체의 단면도이며 그림 7.34는 이 공시체를 트리밍하는 작업상태의 사진이다.

압밀이 완료된 후 시료를 압밀장치에서 꺼내어 비틀림전단시험용 공시체 크기로 다듬었다. 이 작업에서 회전판에 다듬용 칼을 부착시켜 제작한 장치를 사용하였으며 모터에 의하여

그림 7.34 중공원통형 공시체 조성 트리밍 사진

회전판은 회전하고 칼은 상하로 필요한 상태로 성형된 공시체는 그림 7.34의 사진에서 보는 바와 같다. 이 공시체의 양단에 스테인리스로 만든 상부링과 하부링을 부착시켰다.

중공형 공시체를 비틀림전단시험기에 놓고 상부와 하부의 배수선을 연결시켰다. 그런 후 공시체의 외측면을 일정 간격의 홈을 뚫은 필터로 둘러싸고 공시체의 외측과 내측을 고무멤브레인으로 둘러쌌다. 이 고무멤브레인의 두께는 0.04~0.05cm가 되도록 하였다. 외측 멤브레인은 미리 제작된 제품을 사용하였으며, 그림 7.32에서 보는 바와 같이 전면에 2.5cm 간격의 선을 가로 세로 그려 넣기도 하였다. 이 선은 전단시험 시 사진촬영으로 전단변형상태를 관찰할 경우 사용하였다. 한편 내측 멤브레인은 고무 시멘트를 먼저 공시체 내측면에 직접 바르고 말린 후 액체 고무를 6~7회 발라 마련하였다.

고무멤브레인의 설치가 끝나면 그림 7.31 및 7.33에 보이는 중앙축과 상부판을 설치하고 선형측정용 클립게이지를 부착시켰다.

그 다음 챔버를 덮고 물을 채운 다음 소정의 셀압과 배압을 가하여 K_0 – 압밀을 실시하였다. K_0 – 압밀 시에는 배수량으로 산정된 체적변화가 연직변위에 의하여 산전된 체적변화와 같아지도록 연직하중을 응력제어 방식으로 증가시켰다. 압밀 시 배출되는 배수량을 측정하여 압밀 – 시간 관계로부터 일차압밀의 종료 여부를 확인하였다. 압밀이 완료된 후 배수선을 잠그고 포화정도를 검사하기 위하여 간극압계수 $B(= \Delta u / \Delta \sigma_3)$값을 측정하였다.

그 다음에 연직하중 및 비틀림하중을 응력제어방식 혹은 변형제어방식으로 재하하여 전단시험을 실시하였다. 전단시험 시 연직하중, 비틀림하중, 구속압, 연직변형량, 전단변형량 및 공시체 단면변형량을 측정하였다. 또한 비배수시험의 경우에는 간극수압을 측정하며 배수시험의 경우에는 체적변형량을 측정하였다. 전단시험 완료 후 공시체의 치수, 무게 및 함수비를 측정하였다. 시험기간 중의 실내 온도는 20~21°가 되도록 항상 유지시켜주었다.

(3) 시험계획

비틀림전단시험기 내에서 K_0 – 압밀이 완료된 후에 다음과 같은 전단시험을 비배수상태에서 실시하였다.

No.1 시험에서는 비틀림하중을 재하하지 않고 연직하중만 변형제어방식으로 재하하였다. No.2 시험에서는 먼저 연직 축차응력(verticak deviator stress)이 K_0 – 상태로부터 0.66kg/cm²이 되도록 연직하중을 재하시킨 상태에서 비틀림하중만을 변형제어방식으로 재하하였다.

No.3 시험에서는 반대로 전단응력이 0.3kg/cm^2가 되도록 비틀림하중를 재하시킨 상태에서 연직하중만을 변형제어방식으로 재하하였다.

No.4 시험에서는 K_0−압밀이 완료된 후 비틀림하중만을 변형제어방식으로 재하하였다.

K_0−압밀 과정에서는 4kg/cm^2의 셀압과 2kg/cm^2의 배압(back pressure)상태에서, 즉 유효구속압 σ'_r가 2kg/cm^2인 상태에서 실시하였으며 구속압을 변화시키지 않은 상태에서 전단시험을 실시하였다. 본 시험에서의 K_0값은 0.55 정도였다. 또한 B값 측정으로 시료가 충분히 포화되었음을 확인하였다. 비배수상태에서의 변형속도는 $5×10^{-3}$%/min 정도로 하였다. 이는 본 시험에 사용된 시료의 전단 시 공시체 내의 간극수압이 균일하게 분포될 수 있는 적절한 속도였다.

한편 동일한 유효구속압 $\sigma'_3 = 2\text{kg/cm}^2$ 상태에서 K_0−압밀 후 통상의 축대칭 삼축압축시험(ACU-2)도 실시하였다.[2]

(4) 시험 결과

No.1 시험의 경우는 비틀림하중을 공시체에 재하시키지 않고 연직하중만 재하시켰으므로 통상적인 삼축압축시험과 동일하다고 생각할 수 있다. 다만 공시체로 중공원통형을 사용하고 공시체의 크기가 통상의 축대칭삼축시험에 사용되는 공시체와 크게 다를 뿐이다. 이들 두 시험에 의한 K_0−압밀시료에 대하여 동일 유효구속압 상태에서 실시된 삼축압축시험 결과를 서로 비교해보면 그림 7.35와 같다.

우선 그림 7.35(a)로부터 주응력차 $(\sigma_1 - \sigma_3)$의 거동을 살펴보면 두 경우 모두 초기변형단계에서 최대치 $(\sigma_1 - \sigma_3)_{\max}$가 발생된 후 급격히 감소하고 있다. 이는 K_0−압밀시료의 주응력차 거동은 유사함을 알 수 있다. 단, $(\sigma_1 - \sigma_3)_{\max}$값은 비틀림전단기험기에 의한 결과가 통상의 삼축시험기에 의한 결과보다 크게 나타나고 있다.

그러나 최대주응력비 $(\sigma'_1/\sigma'_3)_{\max}$는 그림 7.35(b)에서 보는 바와 같이 비틀림시험기에 의한 결과가 통상의 삼축시험기에 의한 결과보다 작게 나타나고 있다. 따라서 유효내부마찰각 ϕ'는 비틀림시험기에 의한 경우가 4° 정도 작다.

$(\sigma'_1/\sigma'_3)_{\max}$에 도달하는 변형률 ϵ_f는 비틀림시험기에 의한 경우가 통상의 삼축시험기에 의한 경우보다 훨씬 작다. 통상의 삼축시험의 경우 $(\sigma_1 - \sigma_3)_{\max}$ 이후 상당한 변형률연화현상

이 발생한 후 $(\sigma'_1/\sigma'_3)_{max}$에 도달하나 비틀림시험기의 경우는 비교적 초기변형단계에서 파괴에 도달함을 의미한다.

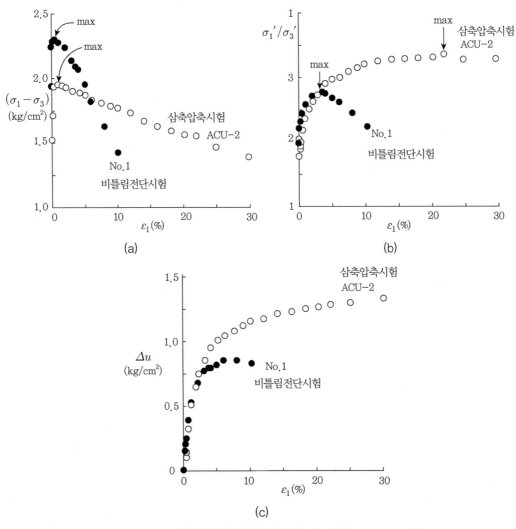

그림 7.35 삼축압축시험과의 비교 결과

한편 간극수압의 거동은 그림 7.35(c)에서 보는 바와 같이 초기단계에 두 시험 모두 비슷한 거동을 보이고 있으나 1.5%의 변형률 이후에서 차이가 발생한다. 최종적으로 통상적 삼축시험의 경우가 비틀림시험에 의한 경우보다 간극수압이 크게 발생되고 있다.

그림 7.36은 비틀림시험 No.2 시험과 No.3 시험으로부터 얻어진 결과이다. 여기서 좌표는

그림 7.37(a) 및 (b)와 같다.

No.2 시험의 전단응력은 그림 7.36(b)에서 보는 바와 같이 전단변형률의 증가와 함께 점진적으로 증가하여 파괴에 이른 후에는 변형률연화(strain softening)현상이 발생하였다.

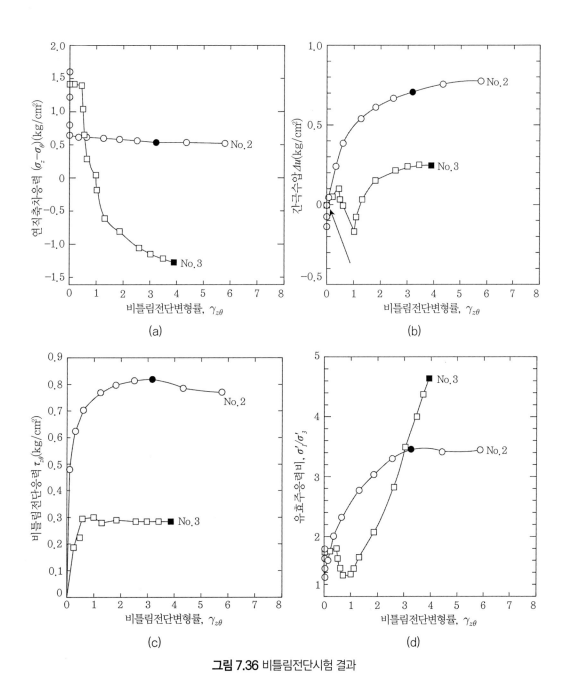

그림 7.36 비틀림전단시험 결과

그러나 No.3 시험의 경우는 그림 7.36(a)에서 보는 바와 같이 연직 축차응력이 파괴 시까지 전단변형률의 증가와 함께 감소함을 보여주고 있다.

이는 앞에서 설명한 응력경로의 상이성을 잘 표현해주고 있다. 그림 중 검은 원은 최대주응력비 $(\sigma'_1/\sigma'_3)_{max}$에 해당하는 파괴점을 표시한다.

No.2 시험의 공시체는 신장상태에 있는 No.3 시험의 공시체보다 훨씬 큰 전단응력과 연직 축차응력상태에서 파괴가 발생되었다. 그러나 이들 두 경우의 파괴 시 전단변형률은 큰 차이가 없다. 결국 이들 그림 7.36(a) 및 (b)에서 알 수 있는 바와 같이 흙의 응력-변형률 거동은 응력경로에 따라 영향을 받고 있었다.

한편 간극수압 Δu는 그림 7.36(c)와 같이 정리되었다. 즉, No.2 시험의 경우 초기에 연직하중 제하단계에서는 감소하여 부의 간극수압이 약간 발생하였으나 비틀림하중 재하와 더불어 점차 증가하였다. No.3 시험의 경우는 초기 비틀림하중 재하단계에서 간극수압이 증가하다가 연직하중의 제하단계에서 간극수압이 증가하다가 연직하중의 제하단계에서는 감소하여 부의 간극수압이 발생되었다. 그러나 연직 축차응력이 부의 값에 이르러서는 간극수압이 다시 증가하였다.

유효주응력비 σ'_1/σ'_3에 대해서는 그림 7.36(d)에 도시한 바와 같이 No.2 시험의 경우 유효주응력비는 초기의 연직하중 제하단계에서는 약간 감소하였으나 비틀림하중를 재하함에 따라 증가되어 파괴에 이르렀다. 한편 No.3 시험의 경우는 초기에 비틀림하중를 재하함에 따라 유효주응력비는 약간 증가하였고 연직하중이 제하됨에 따라 감소하였다. 그러나 연직 축차응력이 부의 값이 됨에 따라 다시 증가하였다.

(5) 주응력회전

중공원통형 공시체에 작용하는 응력을 원통좌표로 표시한 것이 그림 7.37(a)이다. 이 그림 중 공시체의 한 요소에 작용하는 응력성분을 검토해보면, 수직응력으로는 σ_z, σ_r 및 σ_θ가 작용하고 전단응력으로는 $\tau_{z\theta}(=\tau_{\theta z})$가 작용한다. 만약 전단응력이 적용하지 않으면 수직응력 σ_z, σ_r 및 σ_θ은 그대로 주응력이 된다. 그러나 전단응력이 작용할 경우는 주응력의 방향과 크기가 변하게 된다. 이 수직응력과 전단응력으로 Mohr의 응력원을 그려보면 그림 7.37(b)와 같이 된다. 따라서 최대주응력 σ_1 및 최소주응력 σ_3는 식 (7.40)에 의하여 산출될 수 있다.

$$\begin{Bmatrix} \sigma_1 \\ \sigma_3 \end{Bmatrix} = \frac{1}{2}(\sigma_z + \sigma_\theta) \pm \sqrt{\frac{1}{4}(\sigma_z - \sigma_\theta)^2 + \tau_{z\theta}^2}\qquad(7.40)$$

중간주응력 σ_2는 그림 7.37(a)의 요소도에서 보는 바와 같이 σ_r이 작용하는 면에는 전단응력이 작용하지 않고 구속압만 작용하므로 구속압 σ_r이 곧 σ_2가 된다.

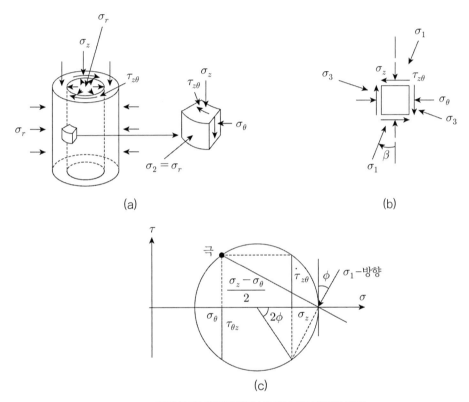

그림 7.37 비틀림전단시험에 의한 주응력 회전

최대주응력 σ_1의 작용방향 Ψ는 Mohr 응력원의 기하학적 특성으로부터 식 (7.41)과 같이 구해지며 그림 7.37(c)와 같이 표시된다. 따라서 주응력 σ_1의 방향은 전단응력 $\tau_{z\theta}$의 작용에 의하여 연직 축으로부터 Ψ만큼 회전하게 된다.

$$\tan 2\Psi = \frac{2\tau_{z\theta}}{\sigma_z - \sigma_\theta}\qquad(7.41)$$

No.2, No.3 및 No.4의 시험 결과에 대하여 전단변형률 $\gamma_{z\theta}$과 주응력회전각 ψ의 관계를 도시하면 그림 7.38(a)와 같다. 이 그림에서 알 수 있는 바와 같이 전단변형률 $\gamma_{z\theta}$의 증가에 따라 주응력회전각 ψ가 증가함을, 즉 주응력회전각의 정도가 커짐을 알 수 있다. 그러나 회전각의 증가율은 전단변형률의 증가와 더불어 감소하며 전단변형률 $\gamma_{z\theta}$이 큰 경우 파괴 시의 회전각에 수렴해감을 알 수 있다.

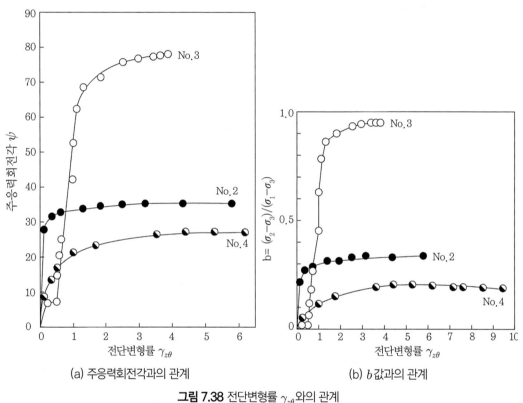

(a) 주응력회전각과의 관계　　　　　(b) b값과의 관계

그림 7.38 전단변형률 $\gamma_{z\theta}$와의 관계

한편 주응력의 상대적 크기 b의 변화를 조사해보면 그림 7.38(b)와 같다. 이 그림에서 알 수 있는 바와 같이 전단변형률 $\gamma_{z\theta}$의 증가와 함께 b값은 처음 0에서 점차적으로 증가하여 파괴 시의 주응력 크기에 의하여 결정되는 b값에 수렴한다.

따라서 통상의 삼축시험에서와 같이 $b=0$인 시험은 실제 지반 상태가 $b=0$인 경우의 시험을 대표할 수는 없다고 생각된다.

| 참고문헌 |

(1) 남정만·홍원표(1993), '비틀림전단시험에 의한 모래의 응력 – 변형률 거동', 한국지반공학회지, 제9권, 제4호, pp.65-81.

(2) 홍원표(1988a), '흙의 비틀림전단시험에 관한 기초적연구', 대한토질공학회지, 제4권 제1호, pp.17-27.

(3) 홍원표(1988b), '중간주응력이 과압밀점토의 거동에 미치는 영향', 대한토목학회논문집, 제8권, 제2호, pp.99-107.

(4) 홍원표(1999), 흙의 역학기초, 중앙대학교 대학원 강의교재1.

(5) Bishop, A.W.(1954), "The use of pore pressure coefficients in practice", Geotechnique, Vol.4, No,4, pp.148-152.

(6) Budhu, M.(2011), *Soil Mechanics and Foundations*, John Wiley & Sons, Inc.

(7) Cernica, J.N.(1995), *Geotechnical Engineering Soil Mechanics*, John Wiley & Sons, Inc.

(8) Duncan, A.M. and Seed, H.B.(1966a), "Strength variation along failure surfaces in clay", Jour., SMFD, ASCE, Vol.92, No.SM6, pp.81-104.

(9) Henkel, D.J. and Wade, N.H.(1966), "Plane strain tests on saturated remolded clay", Proc., ASCE, Vol.92, No.SM6, pp.67-80.

(10) Holtz, R.D. and Kovacs, W.D.(1981), *Introduction to Geotechnical Engineering*, Prentice-Hall International, Inc., London.

(11) Hong, W.P. and Lade, P.V.(1989a), "Elasto-plastic behavior of Ko-consolidated clay in torsion shear tests", Soils and Foundations, Vol.29, No.2, pp.127-140.

(12) Hong, W.P. and Lade, P.V.(1989b), "Strain incremental and stress distribution in torsion shear testes", Jour., GE, ASCE,, Vol.115, No.10, pp.1388-1401.

(13) Lade, P.V.(1975), "Torsion shear tests on cohesionless soil", Proc., 5th Panamerican Conference on SMFE, Buenos Aires, Vol.1, pp.117-127.

(14) Lade, P.V.(1978), "Cubical triaxial apparatus for soil testing", Geotechnical Testing Journal, Vol.1, No.2, pp.93-101.

(15) Lambe, T.W. and Whitman, R.V.(1969), *Soil Mechanics*, John Wiley & Sons, Inc., New York.

(16) Skempton, A.W.(1954), "The pore pressure coefficients A and B", Geotechnique, Vol.IV, pp.143-147.

(17) Shibata, T. and Karube, D.(1965), "Influence of the variation of the intermediate principal stress on the mechnical properties of normally consolidated clays", Proc., 6th ICSMFE, Montreal, Vol.1, pp.359-363.

(18) Wright, D.K., Gilbert, P.A. and Saada, A.S.(1978), "Shear devices for determiniming dynamic soil properties", Proc., ASCE Specialty Conference on Earthquake Engineering and Soil Dynamics, Pasadena California, Vol.2, pp.1056-1075.

(19) 日本土質工學會(1882), 土質工學 ハンドブック, pp.21-62.

(20) 最上武雄編著(1969), 土質力學, 土木學會 監修, 技報堂.

점성토의 전단강도 특성

점성토의 전단강도 특성

8.1 이방성과 강도 특성

자연점토지반의 강도 및 응력−변형률 거동을 실내에서 조사하고자 할 때 등방압밀방법이 일반적으로 많이 사용되고 있다. 그러나 자연지반은 K_0−상태로 현장에 존재하므로 점토입자가 등방적으로 퇴적되더라도 퇴적 후 K_0−압밀상태로 압밀이 진행되어 응력유도이방성[21]을 지니고 있게 된다. 따라서 보다 현장에 맞는 점토의 거동을 조사하려면 K_0−압밀에 의한 효과를 무시할 수 없을 것으로 생각된다.[3,4]

그러나 Talyor[45]와 Henkel[22]은 등방압밀시료의 비배수시험 결과 얻은 유효응력경로는 독특하다는 가정 아래 이방압밀시료의 거동이 등방압밀시료의 시험 결과로부터 유도될 수 있다 하였다. 이에 반하여 Ladd[27]는 이방압밀시료의 응력−변형률 특성은 등방압밀시료의 경우와 전혀 다름을 시험으로 지적하였다.

한편 홍원표(1987)는 실내에서 EPK(Edgar Plastic Kaolinite) 점토를 반죽성형하여 얻은 점토 공시체에 대하여 등방압밀 및 K_0−압밀을 실시한 후 비배수삼축압축시험 및 배수삼축압축시험을 실시하여 K_0−압밀이력이 정규압밀점토의 비배수 및 배수 응력−변형률거동특성 및 유효응력강도에 미치는 영향을 조사하였다.[3]

Duncan and Seed(1966b)는 흙의 이방성을 고유이방성(inherent anisotropy) 및 응력유도이방성(stress induced anisotropy)의 두 가지로 구분하였다.[21] 고유이방성은 흙이 하중을 받아 변형하기 이전부터 가지고 있던 본래의 구조이방성이며 응력유도이방성은 흙이 자중 등의 하중을 받아 변형하여 발생한 후천적 구조이방성을 의미한다.

사질토는 흙 입자가 침강 퇴적되는 과정에서 개개의 흙 입자 운동이 중력에 의하여 지배되기 때문에 고유이방성이 강하게 나타나지만 점성토층의 생성 과정에서는 사질토와 달리 개개의 흙 입자 운동이 입자 간에 작용하는 여러 가지 표면력에 의하여 지배되기 때문에 고유이방성은 현저하지 않다. 그럼에도 불구하구 점성토지반의 역학적 거동은 일반적으로 이방성을 보이고 있다. 이것은 흙 입자의 장축이 수평으로 배열된 고유이방성에 의한 것이라기보다 흙 입자가 등방적으로 퇴적된 후 받은 일차원 압밀이력에 의한 후천적 이방성, 즉 응력유도이방성에 의한 것이다. 따라서 이 경우의 이방성은 등방성의 흙 요소가 복잡한 응력이력을 받은 경우의 응력−변형률 관계의 일종이다.

$2kg/cm^2$의 연직압밀응력으로 일차원 압밀을 한 점토공시체의 이방성을 조사하기 위하여 이 공시체를 삼축셀 내에서 2, 3 및 $5kg/cm^2$로 다시 등방압밀을 하여 얻은 연직 축방향 변형률 ϵ_1과 체적변형률 ϵ_v 사이의 관계를 정리하면 그림 8.1과 같다. 이 그림에서 실선은 이상적 등방체의 관계 $\epsilon_v = 3\epsilon_1$을 의미한다. 이 그림에 의하면 등방압밀 완료 후 체적변형률 ϵ_v는

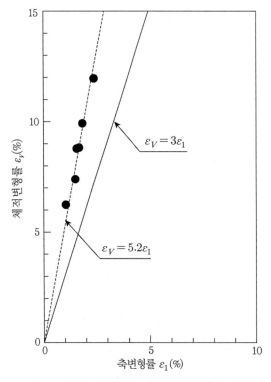

그림 8.1 일차원 압밀이력 공시체의 등방압밀 결과[3]

$3\epsilon_1$보다 큰 $5.2\epsilon_1$과 같으므로 연직방향 압축성이 수평방향 압축성보다 훨씬 적음을 알 수 있다.

이는 이 점토공시체가 현재 등방적 응력상태에 있다고 하더라도 시료 제작 과정에서 이미 $2kg/cm^2$의 일차원 압밀이력으로 인하여 후천적 이방성을 지니고 있었음을 입증하는 것이다. 이러한 이방성은 흙의 강도 및 압축성에 큰 영향을 미치는 것으로 알려져 있다.[4,20,21]

흙의 이방성이 흙의 거동에 미치는 영향을 조사하기 위하여 $2kg/cm^2$로 일차원 압밀한 시료에 대하여 그림 8.2(b) 속에 도시한 바와 같은 연직공시체와 수평공시체를 만들어 $3kg/cm^2$로 등방압밀을 한 후 비배수삼축시험을 실시한 결과를 그림 8.2와 같이 정리·비교하였다.

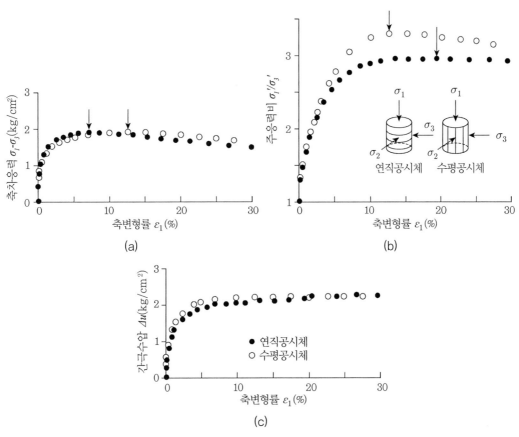

그림 8.2 연직공시체와 수평공시체의 비배수삼축압축시험 결과[3]

이들 두 공시체의 응력−변형률 거동은 그림 8.2(a)에서 보는 바와 같이 서로 큰 차이를 보이고 있지 않으나 최대축차응력$(\sigma_1 - \sigma_3)_{max}$에 도달하는 축방향 변형률 ϵ_f(그림 중 화살표 표시 부분)는 연직공시체보다 수평공시체의 경우가 더 크다.

그러나 최대주응력비 $(\sigma'_1/\sigma'_3)_{max}$에 도달하는 변형률 ϵ_f는 수평공시체의 경우는 변하지 않았으나 연직공시체의 경우는 $(\sigma_1-\sigma_3)_{max}$ 이후 변형률연화(strain softening)현상이 발생한 후 $(\sigma'_1/\sigma'_3)_{max}$에 도달하므로 ϵ_f의 값도 수평공시체보다 크게 나타났다.

$3kg/cm^2$로 등방압밀을 실시한 비배수강도증가율 c_u/σ'_{1c}는 표 8.1에서 보는 바와 같이 연직공시체와 수평공시체가 각각 0.32와 0.33으로 별 차이가 없다. 결국 이 점토공시체의 비배수강도에는 이방성이 두드러지게 나타나지 않음을 알 수 있다. 이는 초기에는 일차원 압밀이력의 영향으로 이방성을 지니고 있었으나 일차원 압밀이력보다 큰 압력으로 등방압밀을 하는 과정에서 수평방향 압축변형이 연직방향 압축변형보다 많았던 그림 8.2의 사실을 상기하면 이 등방압밀과정에서 공시체가 등방성을 다소 회복하게 되었다고 생각할 수 있을 것이다.

표 8.1 시험 결과(3)

σ'_{3c} (kg/cm^2)	c_u/σ'_{1c}		ϕ' (Degree)				A_f				비고
			$(\sigma_1-\sigma_3)_{max}$에서		$(\sigma'_1/\sigma'_3)_{max}$에서		$(\sigma_1-\sigma_3)_{max}$에서		$(\sigma'_1/\sigma'_3)_{max}$에서		
	ICU	ACU	ICU	ACU	ICU	ACU	ICU	ACU	ICU	ACU	
2	0.34	0.28	28.9	23.9	31.5	32.8	0.99	1.22	1.22	-	
3	0.32	0.29	28.1	23.0	29.7	30.6	1.06	0.90	1.30	4.84	연직 공시체
	0.33	-	32.4	-	32.4	-	1.15	-	1.15	-	수평 공시체
5	0.31	0.27	26.6	21.8	27.4	28.2	1.03	1.02	1.10	4.17	

그러나 이 등방압밀시료에 대한 시험 결과에 의거하여 그림 8.2(c) 및 표 8.1로부터 $(\sigma_1-\sigma_3)_{max}$에서의 간극압계수 A_f는 연직공시체의 경우 1.06이고 수평공시체의 경우 1.15로 이방성을 보였다.

또한 이 등방압밀시료에 대한 $(\sigma_1-\sigma_3)_{max}$에서의 유효응력 내부마찰각 ϕ'도 표 8.1로부터 연직공시체가 수평공시체보다 4.3° 적은 28.1°로 나타나는 이방성을 보이고 있다. Duncan과 Seed(1966b)는 점토의 비배수강도 이방성은 간극압계수 A_f나 유효응력강도정수 c'와 ϕ'에 기인한다고 하였다.[21]

그러나 본 시험의 결과는 간극압계수와 유효응력강도정수 모두가 이방성을 가지고 있어도 비배수강도는 등방성을 보여주고 있다. 이 결과로부터 점토의 비배수강도이방성에 영향을 주는 요소는 Duncan과 Seed(1966b)의 주장과 같이 간극압계수와 유효응력강도정수 중 어느 하나에 의한 것이 아니고 Ladd et al.(1977)이 주장한 복합이방성(combined anisotropy) 입장에서 생각하여 이들 요소가 서로 복합적으로 작용하고 있는 것이라고 할 수 있다.[28]

Duncan & Seed(1966b)는 과압밀 Kaolinite 점토의 시험으로부터 비배수강도의 이방성은 간극압계수의 차에 의한 것이라고 하였다.[21] 본 시험 결과를 시험방법 및 사용 시료가 유사한 Duncan & Seed(1966b)의 결과와 연결하여 비교해보면 그림 8.3과 같다.[3] 이 그림에서 보는 바와 같이 비록 동일한 Kaolinite 점토는 아니지만 본 시험의 결과는 Duncan & Seed의 과압밀점토의 경향을 그대로 정규압밀점토까지 연결시킨 선상에 존재하므로 두 시험 결과는 동일 경향이라 할 수 있다.[3]

즉, 그림 8.3(a)에서 보는 바와 같이 수평공시체의 간극압계수는 정규압밀점토 및 과압밀점토 모두 연직공시체의 간극압계수보다 크지만 압밀응력에 대한 비배수강도증가율은 과압밀비의 감소와 함께 연직공시체와 수평공시체의 차가 감소하여 정규압밀점토의 경우에는 서로 일치하고 있다.

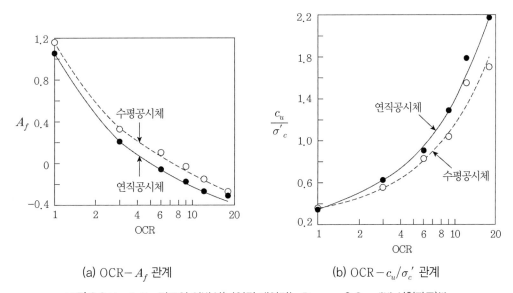

(a) OCR − A_f 관계   (b) OCR − c_u/σ_c' 관계

그림 8.3 Kaolinite 점토의 이방성(과입밀 데이터는 Duncan & Seed[21] 시험자료)[3]

이 결과로부터 일차원 압밀이력을 가지는 시료를 등방압으로 재압밀한 경우 과압밀비가 적을수록 시료의 이방성이 감소하고 등방성이 현저하게 나타남을 알 수 있다. 따라서 현장에서 채취한 정규압밀점토에 대한 등방압밀 비배수삼축시험은 시료의 이방성을 크게 과소평가

하게 될 것이다. 그러므로 정규압밀점토의 현장이방성을 고려한 강도특성을 삼축시험으로 조사하려면 K_0 압밀을 실시하여 일차원 압밀 응력상태를 계속 유지시킨 상태에서 전단시험을 실시함이 타당할 것이다.[4]

퇴적점토지반은 K_0 응력상태하에서 압밀되는 관계로 응력유도이방성을 가지게 되며 여러 가지 원인에 의한 이력으로 과압밀상태에 놓여 있게 되는 경우가 많다. 홍원표(1988d)는 과압밀점토의 역학적 거동을 파악하기 위하여 일련의 비배수삼축시험을 실시한 바 있다.[8] 이 시험에서 세 주응력을 서로 독립적으로 제어할 수 있는 입방체형 삼축시험기를 사용하여 삼축시험을 실시하였다.[2] 그 시험 결과 중간주응력은 과압밀점토의 응력-변형률 거동 및 강도특성에 큰 영향을 미치고 있음이 규명되었다. 이 시험에서 K_0-응력이력을 받아 점토시료에 발생된 이방성은 정규압밀점토의 역학적 거동에 상당한 영향을 미치고 있음도 규명된 바 있다.[3,4]

그러나 현재 이방성 과압밀점토의 3차원 거동에 관한 연구는 별로 실시되지 못하고 있는 실정이다. 따라서 본 절에서는 이방성 과압밀점토의 강도특성을 조사하기 위하여 현장에서 채취한 불교란시료를 사용하여 일련의 삼축시험을 실시하였다.

이방성을 규명하기 위하여 공시체의 주응력축을 시료 채취 시의 직교좌표축과 일치시키며 입방체형 공시체에 3개의 주응력을 각각 독립적으로 제어할 수 있도록 한 압밀비배수시험을 실시하였다. 시험 횟수는 정팔면체면상(octahedral plane)의 3차원 파괴면이 충분히 얻어질 수 있도록 결정하였다.

그림 8.4는 본 시험에 사용된 시료의 삼축압축시험 결과를 도시한 그림이다.[4] 그림 중 직선은 회귀분석으로 구한 시험직선이다.[9] 이 그림으로부터 η_1은 P_a/I_1이 1인 위치의 직선의 종축 좌표치로 정하고 m은 직선의 기울기로 정하여 각각 $\eta_1 = 177$과 $m = 1.62$가 얻어진다.

그림 8.5는 제1 응력불변량 I_1이 3kg/cm^{2}인 정팔면체면상에 입방체형 삼축시험으로 얻어진 이방성 과압밀 San Francisco Bay Mud의 3차원 파괴강도를 Lade 파괴규준, Mohr-Coulomb 파괴규준 및 Tresca 파괴규준과 비교한 그림이다.[9]

시험 결과와 파괴규준을 비교하기 위하여 시험치는 $I_1 = 3$kg/cm^{2}인 정팔면체면상에 투영시킨 값을 사용하였다. 직교이방성 점토의 파괴면은 σ_x축을 기준으로 대칭이므로 $0° \le \theta \le 180°$ 영역에서의 시험 결과는 $180° \le \theta \le 360°$ 영역과 동일할 것이다.

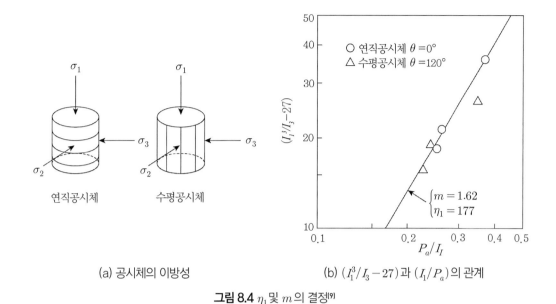

(a) 공시체의 이방성

(b) $(I_1^3/I_3 - 27)$과 (I_1/P_a)의 관계

그림 8.4 η_1 및 m의 결정[9]

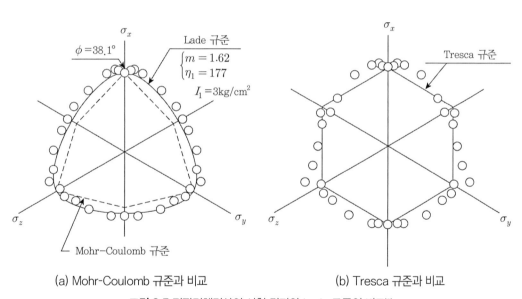

(a) Mohr-Coulomb 규준과 비교

(b) Tresca 규준과 비교

그림 8.5 정팔면체면상의 시험 결과와 Lade 규준의 비교[9]

그림 8.5에 의하면 식 (2.37)의 Lade 파괴규준은 시험치와 잘 일치하고 있음을 알 수 있다. 이러한 경향은 반죽성형된 EPK(Edgar Plastic Kaolinite) 점토의 시험 결과[46] 및 직교이방성 구조를 가진 Cambria Sand의 시험 결과[39]와도 일치한다. 다만 $b=1.0$ 부근($\theta=60°$ 혹은 $300°$)에서는 시험치가 파괴규준보다 약간 크게 나타나고 있다. 그러나 그 오차는 매우 작다. $\theta=0°$

에서의 내부마찰각에 맞추어 구한 Mohr-Coulomb의 파괴면은 그림 8.5(a) 중에 파선으로 표시되어 있다. 이 결과에 의하면 등방체에 제안 사용되는 식 (2.37)의 Lade의 파괴규준은 초기이방성을 갖는 과압밀점토의 3차원 강도특성도 잘 표현하고 있어 Lade의 파괴규준은 이방성 과압밀점토의 파괴규준으로 적용하기에 충분한 실용성이 있다고 생각된다.

한편 그림 8.5(b)는 입방체형 삼축시험으로 얻은 3차원 비배수전단강도를 식 (2.33)의 Tresca 파괴규준과 함께 정팔면체상에서 비교 검토한 그림이다. 이 그림으로부터 Tresca 규준은 $b=0$ 혹은 $b=1.0$인 경우를 제외하고는 3차원 시험치와 잘 일치하고 있음을 알 수 있다. 이는 Tresca 규준이 전응력규준이나 실제 흙의 강도와 변형은 유효응력에 더 지배를 받고 있기 때문이다. 더욱이 Tresca 규준에는 중간주응력의 영향이 고려되어 있지 않다. 따라서 Tresca 파괴규준은 이방성 과압밀점토의 3차원 비배수전단강도를 산정하기에는 부적합하다고 생각된다. 또한 Tresca 규준은 원칙적으로 유효점착력이 없는 재료의 유효응력 거동을 나타낼 수 없다고 주장된 바도 있다.[15]

8.2 유효응력강도

8.2.1 응력경로에 의한 고찰

삼축시험으로 공시체가 파괴상태에 도달하게 하는 경로는 여러 가지가 있을 수 있다. 예를 들면, 통상의 삼축시험에서는 ① 배수 및 비배수조건, ② 축력 증가 혹은 측압 감소에 의한 압축시험, ③ 축력 감소 혹은 측압 증가에 의한 신장시험의 방법으로 실시될 수 있다. 시험결과는 이상과 같은 배수 및 재하에 관한 조건에 따라 영향을 받으므로 내부마찰각은 차이를 보이게 된다.[16,37,43] 이 3가지 유형 중 첫 번째의 배수 및 비배수조건에 대한 응력경로의 예를 보면 그림 8.6(a) 및 (b)와 같다.[4] 그림 8.6(a)는 3kg/cm²로 등방압밀한 시료의 결과이고 그림 8.6(b)는 3kg/cm²의 유효측압에서 K_0−압밀을 실시한 시료의 결과이다.

이들 결과로부터 비배수시험과 배수시험의 유효응력 경로는 전혀 다름을 알 수 있다. 즉, 등방압밀시료나 K_0−압밀시료에 대한 비배수시험은 초기응력경로의 경사가 수평축에 90°의 각도로 시작되나 배수시험은 45°의 각도를 보이고 있다. 배수시험의 응력경로는 비배수시험의 전응력경로와 일치하고 있다. 그러므로 배수시험과 비배수시험의 응력경로 사이의 거리는

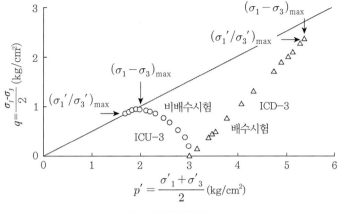

(a) 등방압밀시료

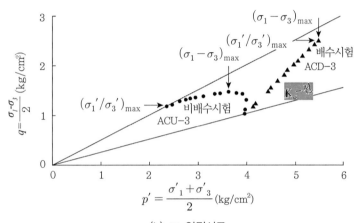

(b) K_0-압밀시료

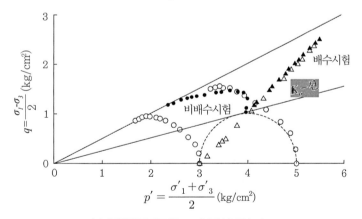

(c) 등방압밀시료와 K_0-압밀시료의 비교

그림 8.6 응력경로도[4]

간극수압의 발생량이라 생각할 수 있다.

이 그림에서 보는 바와 같이 $(\sigma_1 - \sigma_3)_{max}$ 상태에서 과잉간극수압이 최대치가 되면 $(\sigma_1 - \sigma_3)_{max}$ 상태는 $(\sigma'_1/\sigma'_3)_{max}$ 상태와 일치하게 된다. 그러나 $(\sigma_1 - \sigma_3)_{max}$ 상태 후에도 간극수압이 증가하면 두 상태의 위치는 달라진다. 이 차이는 그림 8.6(b)의 K_0 압밀시료가 그림 8.6(a)의 등방압밀시료보다 크다. $(\sigma_1 - \sigma_3)_{max}$ 에서의 $q(= (\sigma_1 - \sigma_3)/2)$값은 배수시험의 경우가 비배수시험의 경우보다 2배 전후 정도가 된다.

이 그림에서 역시 비배수시험에 적당하게 그린 직선 파괴포락선에 배수시험의 응력경로가 도달하지 못하고 있음을 알 수 있다. 이는 결국 파괴포락선이 직선이 아님을 의미하는 것이다.

Taylor[45]와 Henkel[22]은 등방압밀시료의 비배수시험 결과로 얻은 유효응력경로는 독특하다는 가정 아래 이방압밀시료의 거동을 등방압밀시료의 시험 결과로부터 유도할 수 있다 하였다.

그러나 그림 8.6(c)에서 보는 바와 같이 $K_0 -$ 압밀시료의 비배수시험의 유효응력경로는 등방압밀시료의 유효응력경로와 일치하지 않는다. 반면에 배수시험의 경우는 σ'_{3c}가 동일한 등방압밀시료와 $K_0 -$ 압밀시료의 응력경로가 일치함을 알 수 있다.

8.2.2 내부마찰각 결정 기준

실내시험 결과의 정리 및 지반안정해석에 사용되는 흙의 내부마찰각을 구하기 위하여 적용되는 흙의 파괴상태를 결정하는 기준으로는 일반적으로 두 가지가 있다. 하나는 최대축차응력(maximum deviator stress) $(\sigma_1 - \sigma_3)_{max}$ 상태이고 다른 하나는 최대유효주응력비(maximum principal effective stress ratio) $(\sigma'_1/\sigma'_3)_{max}$ 상태이다.[24,34] 이 두 상태는 그림 8.6에서 검토된 바와 같이 정규압밀점토시료에 대한 배수시험 시에는 서로 일치하게 되며 비배수시험 시에는 $(\sigma'_1/\sigma'_3)_{max}$가 $(\sigma_1 - \sigma_3)_{max}$와 동시에 혹은 그 이후에 발생하게 된다. 그러나 과압밀점토의 경우는 $(\sigma_1 - \sigma_3)_{max}$ 상태에 도달하기 이전에 $(\sigma'_1/\sigma'_3)_{max}$ 상태가 먼저 발생한다고 하였다.[24]

이들 두 기준을 사용함으로 인하여 유효내부마찰각은 이따금 서로 다르게 된다. Simons[43]는 배수상태에서 파괴가 발생하는 사면이나 옹벽의 장기안정해석에는 $(\sigma'_1/\sigma'_3)_{max}$ 기준을 사용하기를 권장하였다. 이 두 기준의 차이는 예민비가 크면 클수록 크다.[24] 따라서 본 연구에 사용된 EPK는 예민비가 비교적 적으므로 $(\sigma_1 - \sigma_3)_{max}$와 $(\sigma'_1/\sigma'_3)_{max}$의 차가 작은 편이고 내부마찰각의 차이도 크지 않다.

비배수시험 시 K_0-압밀 시료는 $(\sigma_1 - \sigma_3)_{\max}$가 비교적 작은 변형상태(1% 변형률)에서 발생된 후 $(\sigma'_1/\sigma'_3)_{\max}$까지 변형률연화가 계속되며 내부마찰각 값이 계속 증가한다. 그러나 등방압밀 시료의 경우는 비교적 변형이 많이 발생한 후에 $(\sigma_1 - \sigma_3)_{\max}$에 도달하므로 그 후의 변형률연화현상도 비교적 적어 $(\sigma_1 - \sigma_3)_{\max}$와 $(\sigma'_1/\sigma'_3)_{\max}$가 많이 접근하여 있음을 알 수 있다.

따라서 $(\sigma_1 - \sigma_3)_{\max}$에서의 유효내부마찰각 ϕ'는 K_0-압밀시료가 등방압밀시료보다 작을 것이 예상된다. 본 시험에서도 그림 8.7에서 보는 바와 같이 비배수시험 경우 $(\sigma_1 - \sigma_3)_{\max}$에서의 K_0-압밀시료에 대한 유효내부마찰각 ϕ_{K_0}는 등방압밀시료에 대한 유효내부마찰각 ϕ'_I보다 5° 정도 적음을 보여준다.[4]

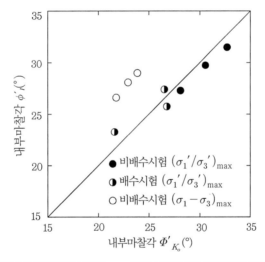

그림 8.7 등방압밀시료와 K_0-압밀시료의 내부마찰각의 관계[4]

이는 Ladd[27]의 연구 결과와도 일치하는 경향이다. 그러나 $(\sigma'_1/\sigma'_3)_{\max}$상태에서의 등방압밀시료 및 K_0-압밀시료의 내부마찰각은 배수시험과 비배수시험 모두 잘 일치하고 있음을 알 수 있다. 따라서 $(\sigma'_1/\sigma'_3)_{\max}$의 파괴상태에 대한 파괴포락선은 배수조건 및 압밀조건에 관계없이 유일하다고 할 수 있다.

8.2.3 비배수시험과 배수시험의 비교

그림 8.8과 그림 8.9는 각각 등방압밀시료와 K_0-압밀시료에 대한 비배수삼축압축시험과 배수삼축압축시험 결과이다.[4]

그림 중 K_0-압밀시료는 유효측압을 3kg/cm²로 하여 실시한 표 8.2의 ACU-3 및 ACD-3 시험의 경우이며 등방압밀시료는 등방압이 3kg/cm² 및 5kg/cm²인 표 8.2의 ICU-3, ICU-5, ICD-3 및 ICD-5 시험의 경우이다.

즉, 표 8.2의 K_0-압밀공시체의 ACU-3 및 ACD-3 시험의 경우는 K_0-압밀 종료 시의 최소주응력과 최대주응력이 각각 3kg/cm² 및 5kg/cm²였으므로 K_0-압밀의 최소주응력 및 최대주응력과 동일한 압밀상태에서 등방압밀을 한 시료의 거동을 비교할 수 있게 하였다.

우선 비배수시험 결과인 그림 8.8에 의하면 축방향변형률 ϵ_1에 대한 주응력비 σ'_1/σ'_3와 간극수압 Δu의 변화는 등방압밀시료와 K_0-압밀시료가 서로 비슷한 거동특성을 보이고 있으나 주응력차 $(\sigma_1 - \sigma_3)$는 서로 다른 거동을 보이고 있다.

또한 그림 8.8(a)로부터 압밀응력이 증대할수록 초기비배수지반변형계수(initial undrained modulus)와 최대주응력차 $(\sigma_1 - \sigma_3)_{max}$(그림 중 화살표로 표시)는 증가하고 있음을 알 수 있다. ACU-3 시료의 $(\sigma_1 - \sigma_3)_{max}$는 ICU-3과 ICU-5의 사잇값을 보이지만 발생 시기는 크게 차이가 있다. 즉, K_0-압밀시료의 $(\sigma_1 - \sigma_3)_{max}$는 초기변형단계에서 발생한다. 따라서 초기변형단계에서의 $(\sigma_1 - \sigma_3)$거동은 시료의 압밀방법에 크게 영향을 받고 있음을 알 수 있다.

표 8.2 삼축압축시험계획

공시체	σ'_{3c}(kg/cm²)	비배수시험	배수시험
등방압밀공시체	2.0	ICU-2	ICD-2
	3.0	ICU-3	ICD-3
	5.0	ICU-5	ICD-5
K_0-압밀공시체	2.0	ACU-2	ACD-2
	3.0	ACU-3	ACD-3
	5.0	ACU-5	ACD-5

연직 축변형률 ϵ_1과 주응력비 σ'_1/σ'_3의 관계를 보이는 그림 8.8(b)에 의하면 등방압밀시료의 경우 압밀응력이 증대할수록 곡선의 초기경사 및 최대치(그림 중 화살표로 표시)$(\sigma'_1/\sigma'_3)_{max}$는

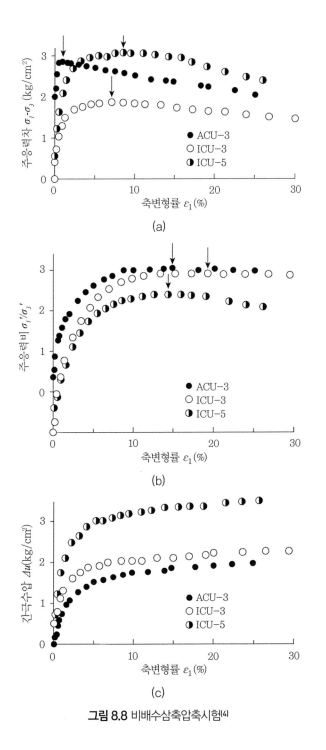

그림 8.8 비배수삼축압축시험[4]

감소함을 알 수 있다. ACU-3 시료의 $(\sigma'_1/\sigma'_3)_{max}$ 는 ICU-5 시료보다는 ICU-3 시료의 값과
비슷하다. K_0 – 압밀시료의 유효응력강도는 K_0 압밀 시의 최소주응력, 즉 측압을 동일하게

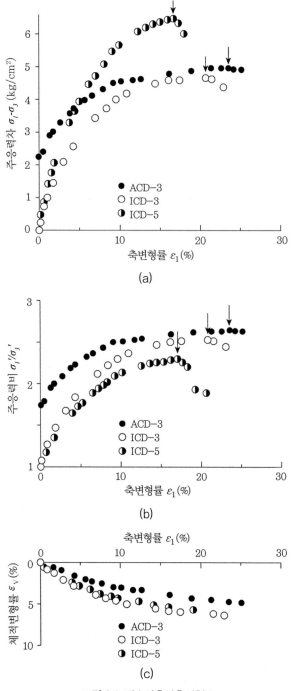

그림 8.9 배수삼축압축시험[4]

한 등방압밀시료의 강도에 유사함을 알 수 있다.

간극수압은 그림 8.8(c)에서 보는 바와 같이 압밀응력이 큰 시료일수록 크게 발생하며 K_0 - 압밀시료는 등방압밀시료보다 작게 발생한다. 이는 K_0 압밀 과정에서 이미 축차응력의 이력을 받았으며 이로 인한 과잉간극수압은 압밀 시 배수로 소멸되었기 때문이다.

한편 배수시험 결과인 그림 8.9에 의하면 축방향 변형률 ϵ_1에 대한 주응력차 $(\sigma_1 - \sigma_3)$ 및 주응력비 (σ'_1/σ'_3)의 관계는 K_0 - 압밀시료 및 등방압밀시료가 서로 비슷한 거동 특성을 보이고 있다. 배수시험에 있어서는 $(\sigma_1 - \sigma_3)_{max}$와 $(\sigma'_1/\sigma'_3)_{max}$가 동시에 발생하므로 $(\sigma_1 - \sigma_3)$의 거동은 비배수시험의 경우와 달리 K_0 - 압밀시료 및 등방압밀시료가 서로 비슷한 거동을 보이고 있다. $(\sigma_1 - \sigma_3)_{max}$도 축방향 변형이 충분히 발생한 후(20% 전후의 변형률에서)에 발생하며 이 경향은 K_0 - 압밀시료 및 등방압밀시료에서 모두 볼 수 있다. 이와 같이 배수시험의 $(\sigma_1 - \sigma_3)$ 거동은 비배수시험의 경우와 상이하나 (σ'_1/σ'_3) 거동은 비배수시험과 유사한 거동특성을 보인다.

배수시험 시 발생하는 체적변형은 그림 8.9(c)와 같이 K_0 - 압밀시료 및 등방압밀시료가 서로 비슷한 거동을 보이나 K_0 - 압밀시료가 등방압밀시료보다 체적변형이 약간 작게 나타났다.

8.2.4 K_0값 산정용 내부마찰각

그림 8.10은 K_0 - 압밀시료에 대한 K_0값과 내부마찰각 사이의 관계를 도시한 그림이다. 비배수시험의 경우는 $(\sigma_1 - \sigma_3)_{max}$에서의 내부마찰각과 $(\sigma'_1/\sigma'_3)_{max}$에서의 내부마찰각을 같이 정리하였다. 그림 중 실선은 식 (8.1)로 표시된 Jaky의 공식을 나타내고 있다.[19,24,34]

$$K_0 = 1 - \sin\phi' \tag{8.1}$$

우선 배수시험의 경우는 ϕ_d를 사용하여 산정한 K_0와 시험치가 양호한 일치를 보이고 있다. 한편 비배수시험의 경우는 $(\sigma_1 - \sigma_3)_{max}$ 상태에서의 ϕ'를 사용하여 산정한 K_0는 시험치와 잘 일치하지만 $(\sigma'_1/\sigma'_3)_{max}$ 상태에서의 ϕ'를 사용하여 산정한 K_0는 시험치보다 훨씬 낮음을 알 수 있다. 따라서 Jaky 의 공식 사용 시에는 $(\sigma_1 - \sigma_3)_{max}$ 상태에서 구한 ϕ' 값을 사용함이 타당할 것으로 생각된다.

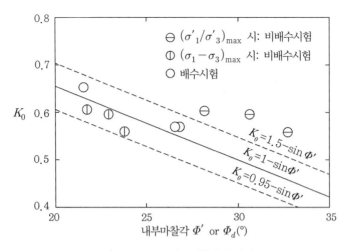

그림 8.10 K_0와 내부마찰각의 관계[4]

그림 8.11은 비배수시험에 의한 내부마찰각 ϕ'와 배수시험에 의한 내부마찰각 ϕ_d를 비교한 결과이다.[4] 이 그림에 의하면 $(\sigma_1 - \sigma_3)_{max}$에서 구한 ϕ'은 ϕ_d와 비교적 일치하나 $(\sigma'_1/\sigma'_3)_{max}$에서 구한 ϕ'는 ϕ_d보다 4~7° 큰 값을 보이고 있다.

Blight(1965)는 배수시험은 비배수시험보다 재하속도가 매우 느린 관계로 ϕ_d가 ϕ'보다 작아진다고 하였고,[18] Bjerrum & Simons(1960)의 연구 결과에서도 ϕ_d는 ϕ'보다 0~3° 작게 나타난다.[17]

본 시험에서는 시험방법과 재하속도에 대해서도 개량과 충분한 고찰을 한 관계로 상기의 선행연구와 경향은 비슷하나 ϕ_d와 ϕ'의 차이가 좀 크게 나타나고 있다. 그러나 이 결과는 배수시험의 응력경로가 비배수시험의 유효응력경로와 다르기 때문에 파괴 시의 응력상태를 관찰하여 판단해야 할 것으로 생각된다. 따라서 파괴 시의 평균응력 $p_f'\left(= \dfrac{1}{2}(\sigma'_{1f} + \sigma'_{3f})\right)$와 내부마찰각의 관계를 도시해보면 그림 8.12와 같다.[4]

이 그림에 의하면 흙의 내부마찰각은 배수 조건에 관계없이 파괴 시의 평균응력 값의 증가에 따라 감소함을 알 수 있다. 이는 그림 8.6에 표시된 파괴포락선의 기울기가 일정한 것이 아니고 p'_f의 증가에 따라 감소하는 경향이 있음을 의미한다. 즉, 파괴포락선은 Mohr-Coulomb의 파괴포락선처럼 직선이 아니고 곡선의 형태임을 입증하는 것이다. Shibata와 Karube,[42] Yong과 Mckeyes[49]도 실험으로 파괴포락선은 직선이 아니라 곡선임을 주장하였고 Matsuoka와

Nakai,[37] Lade[31] 등은 파괴를 응력의 한계상태로 정의하는 새로운 파괴기준을 제안하여 곡선 파괴포락선을 제시하기도 하였다.

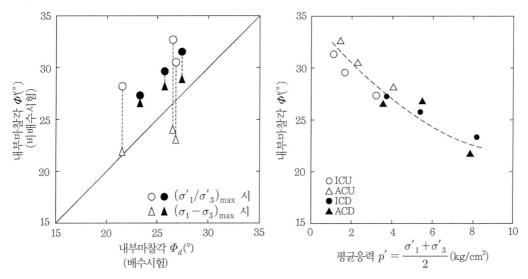

그림 8.11 비배수시험과 배수시험의 내부마찰각의 비교[4]   그림 8.12 파괴 시의 평균응력과 내부마찰각의 관계[4]

8.3 비배수강도 증가율

연직압밀응력 σ'_{1c}에 대한 비배수강도증가율은 표 8.1에서 보는 바와 같이 등방압밀의 경우가 0.31~0.34이고 K_0 압밀의 경우가 0.27~0.29가 되어 등방압밀의 경우가 K_0 압밀보다 최대 15% 정도 크게 나타나고 있다.

이는 Ladd[27]의 대부분의 시험 결과와도 비슷하다. 따라서 실험실에서 등방압밀을 하여 삼축압축시험을 한 경우의 비배수강도는 실제의 c_u/σ'_{1c}를 과다 산정할 우려가 있다.

Skempton & Bishop(1954)은 정규압밀점토에 대한 이방압밀을 실시한 시료의 비배수강도증가율 c_u/σ'_{1c}는 식 (8.2)로 산정할 것을 제안한 바 있다.[44]

$$\frac{c_u}{\sigma'_{1c}} = \frac{[K + A_f(1-K)]\sin\phi'}{1 + (2A_f - 1)\sin\phi'} \tag{8.2}$$

여기서 $c_u = (\sigma_1 - \sigma_3)_{max}/2$, $K = \sigma'_{3c}/\sigma'_{1c}$,

ϕ'와 $A_f (= (\Delta u - \Delta \sigma_3)/(\Delta \sigma_1 - \Delta \sigma_3))$는 각각 유효내부마찰각과 간극압계수이며 식 (8.2) 사용 시는 $(\sigma_1 - \sigma_3)_{max}$에서 구한 ϕ'값을 사용한다.

K_0 압밀의 경우 K_0를 식 (8.1)의 Jaky[19,34,47,48] 공식을 사용하면 식 (8.1)을 (8.2)에 대입하여 식 (8.3)이 얻어진다.

$$\frac{c_u}{\sigma'_{1c}} = \frac{[1+(A_f-1)\sin\phi']\sin\phi'}{1+(2A_f-1)\sin\phi'} \tag{8.3}$$

한편 등방압밀의 경우는 $K = 1$이므로 식 (8.2)는 (8.4)와 같이 구해진다.

$$\frac{c_u}{\sigma'_{1c}} = \frac{\sin\phi'}{1+(2A_f-1)\sin\phi'} \tag{8.4}$$

위 식들을 사용하여 계산한 c_u/σ'_{1c}값을 시험 결과와 비교하면 등방압밀의 경우는 산정치가 시험치보다 4% 이내의 오차로 적고 K_0 압밀의 경우는 극히 잘 일치하고 있으므로 식 (8.2)의 타당성을 입증할 수 있었다.

8.4 함수비와 강도의 유일성

그림 8.13과 그림 8.14는 압밀 후의 함수비와 압밀응력 사이의 관계를 도시한 것이다. 즉, 그림 8.13(a)는 유효연직압력응력 혹은 유효압밀최대주응력 σ'_{1c}와의 관계를 나타내며 그림 8.13(b)는 유효수평압밀응력 혹은 유효압밀최소주응력 σ'_{3c}와의 관계를 나타내고 있다.[3] 이들 결과에 의하면 압밀 후의 함수비는 압밀 시의 최대주응력 혹은 최소주응력과 단일 함수관계를 가지지 않음을 알 수 있다.

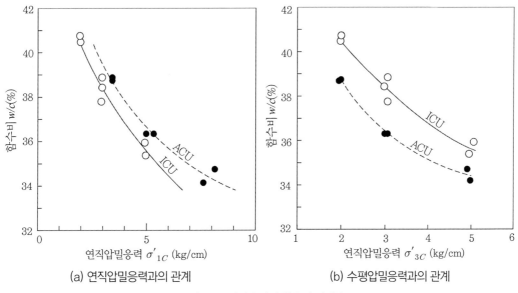

(a) 연직압밀응력과의 관계   (b) 수평압밀응력과의 관계

그림 8.13 압밀응력과 함수비 관계[3]

그러나 Lee와 Morrison(1970)은 다짐성형한 Kaolinite 점토 및 Higgins 점토시료를 사용한 시험 결과를 통하여 압밀 후의 함수비와 최대주응력과는 유일한 함수관계를 가지며 이방압밀에 무관하다고 하여 Rutledge 가설의 타당성을 입증한 바 있다.[35]

따라서 본 시험 결과는 Lee와 Morrison(1970)의 시험 결과[35]와는 일치하지 않고 있다. 그 밖에도 이 Rutledge 가설에 대하여서는 여러 차례 의문이 제기되어 이 가설이 언제나 성립되는 가에는 많은 의문이 남아 있다.[27]

최대주응력 σ'_{1c}을 동일하게 한 등방압밀과 K_0 압밀의 경우를 생각해보면, 최소주응력 σ'_{3c}는 K_0 압밀의 경우가 등방압밀에 비하여 훨씬 적으므로 K_0-압밀시료는 등방압밀시료에 비하여 그림 8.13(a)에서 보는 바와 같이 체적변형이 덜 발생함이 타당하다고 생각된다. 압밀시험에서 함수비의 감소는 체적변형을 의미한다.

한편 그림 8.13(b)의 경우와 같이 동일한 최소주응력 σ'_{3c} 상태에서 생각해보면 K_0 압밀의 σ'_{1c}가 등방압밀 경우보다 크므로 K_0-압밀시료가 등방압밀시료보다 체적변형이 많이, 즉 함수비가 적게 됨은 역시 타당하다고 생각된다.

따라서 압밀로 인한 체적변형은 어느 하나의 주응력에 대하여만 조사하는 것보다 시료에 작용하는 전체 응력에 대하여 조사하는 것이 합당할 것이다.[40]

여기에 압밀 후의 함수비와 평균압밀응력 사이의 관계를 조사해보면 그림 8.14와 같이 된다.

평균압밀응력으로는 유효정팔면체수직응력(Effective octahedral normal stress)$((\sigma'_{oct})_c = 1/3$ $(\sigma'_{1c} + \sigma'_{2c} + \sigma'_{3c}))$ 값을 도입하였다. 이 결과에 의하면 압밀 후의 함수비는 평균주응력의 대수관계로 특정 지어짐을 알 수 있고 동시에 입밀방법에 무관하지 않음을 알 수 있다. 즉, 등방압밀과 K_0압밀에 의한 압밀거동 특성은 비슷한 경향을 보이기는 하지만 함수비가 압밀 방법에 따라 약간의 차이가 있음을 알 수 있다. 즉, 동일한 $(\sigma'_{oct})_c$ 조건에서 K_0 압밀의 경우 는 등방압밀보다 함수비가 0.7% 정도 적다.

이는 K_0 압밀과 같은 이방압밀의 경우는 등방압밀의 경우와 달리 주응력차에 의한 전단변 형이 부가적으로 발생하였기 때문으로 해석된다. 즉, 이방압밀의 경우는 압밀 시 전단응력이 공시체 속에 발생하며 이로 인한 다이러턴시(Dilatancy) 거동으로 체적변화의 특성이 달라진다.

Olsen & Wahls[40] 및 Bhaskaran[13,14]도 역시 압밀 후의 함수비는 압밀 시의 평균수직응력, 축 차응력 및 주응력비에 관련된다고 하였다. 또한 Akai & Adach(1965)도 K_0 압밀의 경우 체적변 형계수는 평균유효응력에 의한 사항과 축차응력에 의한 사항의 두 가지 성분으로 되어 있다 고[12] 하였으며 Lewin & Burland(1970)도 이와 유사한 사실을 실험으로 입증하였다.[36]

따라서 압밀에 의한 체적변형은 다음과 같이 식 (8.5)로 표현될 수 있다.

$$\epsilon_v = \alpha(\sigma'_{oct})_c + \beta(\tau'_{oct})_c \tag{8.5}$$

여기서 α, β는 계수이며 $(\tau'_{oct})_c$는 압밀 시의 정팔면체 전단응력으로 식 (8.6)으로 구한다.

$$(\tau'_{oct})_c = \frac{1}{3}\sqrt{(\sigma'_{1c} - \sigma'_{3c})^2 + (\sigma'_{2c} - \sigma'_{3c})^2 + (\sigma'_{3c} - \sigma'_{1c})^2} \tag{8.6}$$

그림 8.14에는 압밀 후 실시한 삼축압축시험으로부터 얻은 $(\sigma_1 - \sigma_3)_{max}$에서의 강도와 그 때의 함수비와의 관계도 정리하였다. 그림 8.14 중에는 비배수시험 및 배수시험[33]의 결과를 함께 정리하였다. 이 결과에 의하면 파괴 시의 함수비와 강도의 대수 사이에는 유일성이 존재 함을 알 수 있다. 즉, 압밀방법(등방압밀 및 K_0 압밀)과 시험방법(비배수전단 및 배수전단)에 관계없이 $(\sigma_1 - \sigma_3)_{max}$ 파괴상태에서의 함수비와 강도의 관계는 항상 일정함을 보여주고 있다.

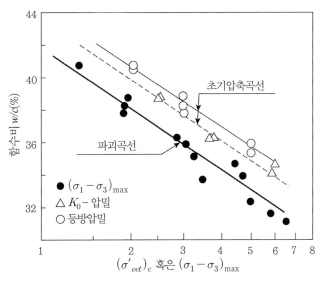

그림 8.14 평균압밀응력 및 강도와 함수비의 관계[3]

결국 등방압밀과 이방압밀에 의한 시험 결과는 압밀 후의 함수비가 같으면 비배수전단강도는 같을 것이 예상된다. 그러나 식 (8.5)에서 검토한 바와 같이 평균압밀응력이 동일하다 하여도 이방압밀의 경우는 $(\tau'_{oct})_c$에 의한 부가적 체적변형이 발생하므로 등방압밀과 이방압밀에 의한 함수비는 같아지지 않으며 그것은 결국 함수비의 변화에 따른 비배수강도의 차이를 유발시키게 되므로 Rutledge의 가설은 항상 성립되는 것은 아닌 것 같다.

앞에서 얻은 결론과 기존 이론을 비교한 개략도를 그리면 그림 8.15와 같다. 우선 Rutledge (1947) 가설은 그림 8.15(a)에서 보는 바와 같이 압밀특성은 압밀 중의 최대주응력 σ'_{1c}에만 의존하며 비배수전단강도도 함수비와 유일함수관계를 가진다. 따라서 압밀특성선과 강도특성선을 알면 주어진 연직압밀응력 σ'_{1c}에서 압밀방법에 관계없이 압밀 후의 함수비를 A점에서 산정할 수 있으며 나아가 비배수강도는 A점에서 수평으로 이동하여 B점의 강도를 얻어 비배수강도를 산정할 수 있다. 이 이론은 Henkel[22] 및 Lee와 Morrison[35]에 의하여 입증된 바 있다. 그러나 이들 시험에서는 액성한계가 50% 이하인 시료에 대하여 함수비가 액성한계보다 낮은 상태에서 반죽 혹은 다짐에 의하여 시료가 성형된 경우이므로 자연상태에서와 같은 높은 함수비로 퇴적성형된 흙의 특성과는 차이를 보일 것이다.

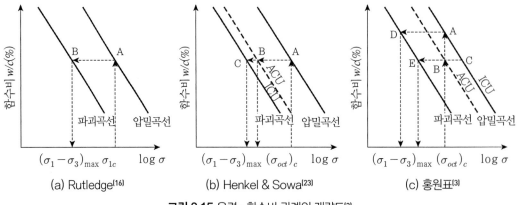

그림 8.15 응력 - 함수비 관계의 개략도[3]

Henkel과 Sowa[23]는 Weald 점토를 점토현탁액 상태로부터 반죽 성형하여 실시한 일련의 시험으로부터 Rutledge의 가설은 모든 점토에 항상 적용될 수는 없음을 보여주었다. 그림 8.15(b)는 Henkel과 Sowa[23]의 시험 결과 얻은 사항을 정리한 것이다. 이 결과에 의하면 압밀 후의 함수비는 평균응력(σ'_{oct})$_c$와 압밀방법에 관계없이 유일함수관계에 있으나 비배수강도는 그림 8.14(b)에서 보는 바와 같이 압밀방법에 영향을 받고 있음을 보여주었다. 따라서 점토의 비배수전단강도는 함수비와 유일함수관계에 있지 않을 수도 있다고 주장하였다. 따라서 평균응력 (σ'_{oct})$_c$에서 A점의 함수비를 알았을 때 비배수전단강도는 K_0 압밀과 등방압밀의 경우 각각 B점과 C점이 되어 강도가 서로 달라진다.

한편 본 연구를 통하여 얻은 결과는 그림 8.14 및 그림 8.15(c)와 같이 함수비와 평균응력 (σ'_{oct})$_c$ 사이에 유일함수관계가 존재하지 않으므로 동일한 평균응력 조건에서 압밀한 경우 등방압밀은 A점에서 K_0 압밀은 B점에서 함수비를 얻게 된다. 결국 $\overline{AB}$ 분량의 함수비는 (τ'_{oct})$_c$의 효과에 기인한 부분이 된다. 비배수전단강도에 대해서는 비록 함수비와 비배수강도가 유일함수관계를 가지지만 압밀 후의 함수비가 압밀방법에 따라 A점 및 B점으로 다르므로 비배수전단강도도 각각 D점과 E점으로 다르게 된다. 만약 압밀 후의 함수비가 동일한 C점과 B점에서 압밀이 완료되면 비배수전단강도는 E점으로 동일하게 될 것이다. 그러기 위하여서는 등방압밀의 응력은 K_0 압밀의 평균응력보다 커야 할 것이다. 또한 이때 등방압밀시료는 $\overline{CE}$ 사이에 전단변형이 많이 발생하게 되나 K_0 압밀의 경우는 $\overline{BE}$ 사이의 과정에 해당하는 전단변형만 발생하게 된다. 그러나 이 경우는 $\overline{CB}$ 부분에 해당하는 전단변형이 이미 공시체 속에 K_0 압밀 과정 중에 발생한 이력이 있으며 그로 인한 과잉간극수압은 압밀과정에서 소멸되어버린 것이 된다.

8.5 중간주응력

그림 8.16(a)는 과압밀된 San Francisco Bay Mud에 대한 입방체형 삼축압축시험[2,30,32,39]의 시험 결과로부터 $0° \leq \theta \leq 60°$, $60° \leq \theta \leq 120°$, $120° \leq \theta \leq 180°$의 세 영역에 대한 중간주응력의 상대적 크기를 나타내는 b의 변화에 따른 유효내부마찰각 ϕ의 변화상태를 도시한 그림이다.[9,33,41]

우선 θ가 0~60°인 영역에서 $b > 0$인 경우의 ϕ'는 $b = 0$인 삼축압축시험에서 얻어진 ϕ'값보다 크고 b가 0.5에 이를 때까지 ϕ'가 증가하다가 $b = 1.0$에서 약간 감소하였다. 따라서 ϕ'는 중간주응력의 크기에 영향을 크게 받고 있음을 알 수 있다.

θ가 60~180°인 영역에 대해서도 그림 8.16(a)에서 보는 바와 같이 0~60°인 영역의 경우와 동일한 경향을 나타내고 있다.

또한 이 그림으로부터 b값이 동일한 경우의 ϕ'값은 $0° \leq \theta \leq 60°$의 경우가 제일 크고 $120° \leq \theta \leq 180°$의 경우가 제일 작게 나타남을 알 수 있다. θ의 세 영역 사이의 ϕ'값의 차이는 $b = 0.5$에서 최대 9.5°까지 발생되어 과압밀된 San Francisco Bay Mud는 b값의 영향을 크게 보이고 있다.

그러나 이들 시험에 대한 파괴 시의 응력상태는 통상적으로 각 시험마다 서로 다른 주응력상태에 놓이게 되어 동일한 정팔면체면상에 존재하지 못하게 됨을 주의해야 할 것이다.

이들 시험 결과를 동일한 평균주응력의 조건하에서 비교하기 위해서는 동일한 정팔면체상에 투영 수정된 값으로 비교 고찰함이 합리적일 것이다. 따라서 주어진 응력점을 곡선파괴포락선에 따라 동일 정팔면체면상에 투영시켜 수정된 응력상태로 구함이 바람직하다.

그림 8.16(b)는 제1 응력불변량 I_1이 3kg/cm²인 정팔면체면상에 투영시킨 응력상태로 구한 수정된 유효내부마찰각 $\phi*$의 변화상태를 보여주고 있다.[9] 이 결과에 의하면 θ의 세 영역 사이의 $\phi*$는 거의 서로 일치하고 있음을 알 수 있다. 즉, θ의 세 영역 사이의 조정된 내부마찰각의 차이는 $0.1 \leq b \leq 0.3$ 범위에서 4° 이하인 것을 알 수 있다. 이는 그림 8.16(a)의 $\Delta\phi' = 9.5°$보다 훨씬 적은 값이다.

또한 그림 8.16(b) 중의 실선은 $m = 1.62$ 및 $\eta_1 = 1.77$인 경우의 Lade의 파괴규준인 식 (2.37)에 의하여 구한 결과를 표시한 것이다. Lade 파괴규준에 의한 내부마찰각은 b값이 작은 경우 시험 결과와 잘 일치하며 b값이 1.0쪽으로 커질 때 약간의 오차를 보이고 있다.

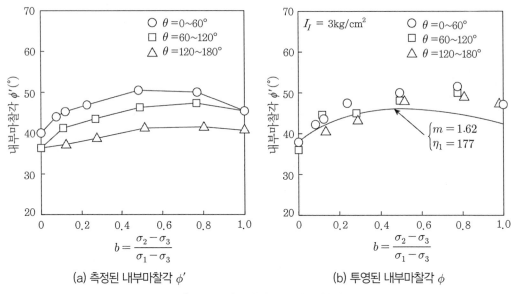

(a) 측정된 내부마찰각 ϕ'　　　　　(b) 투영된 내부마찰각 ϕ

그림 8.16 b의 변화에 따른 내부마찰각[9]

이상과 같은 결과는 동일 정팔면체 면상에 나타난 이방성 과압밀점토의 내부마찰각에는 초기이방성의 영향이 대단히 적음을 의미하는 것이다. 결국 파괴 이전의 흙의 응력－변형률 거동에는 초기이방성의 영향이 클 것으로 예상되나 파괴는 변형이 많이 진행되어 흙구조의 변화가 상당히 발생된 시기에 도달하므로 이때의 흙구조는 마치 등방성 흙의 구조와 유사하게 되기 때문으로 판단된다.

이러한 현상은 이방성 과압밀점토의 파괴규준으로 등방체에 적용된 파괴규준의 적용 가능성이 제시되고 있는 것이라 사료된다.

8.6 주응력회전

자연퇴적점토지반에서는 K_0－응력상태로 압밀이 진행되는 관계로 응력－변형률 거동은 점토의 직교이방성(cross anisotropy)에 영향을 받게 된다.[9] 이러한 점토지반에 구조물이 축조되면 응력의 크기가 변화됨과 동시에 주응력 축방향도 회전하게 된다.[5-7,25,26,29] 이러한 주응력의 크기와 방향의 변화는 퇴적점토지반의 응력−변형률 거동에 크게 영향을 미치게 될 것이다. 따라서 흙의 거동에 대하여 충분히 이해하기 위해서는 주응력축회전의 영향을 파악하는 것이 대단히 중요하다.[7] 그러나 통상의 축대칭삼축시험이나 입방체형 공시체에 대한 다축삼축시험으로는 전단시험 중 주응력을 회전시킬 수가 없다. 여기에 전단시험 중 주응력축회전을 가능하게 하기 위하여 비틀림전단시험이 개발·사용되고 있다.[1,9,10]

K_0−압밀점토의 응력−변형률 거동과 강도특성에 미치는 주응력회전의 영향을 조사하는 것을 목적으로 중공원통형 공시체에 대한 일련의 비배수 및 배수 비틀림전단시험을 주응력회전이 가능한 전영역의 응력경로에 대하여 실시하였다.[25,26] 이 응력경로는 압축에서 신장까지의 전 영역에 걸쳐 선정되었다.

비틀림전단시험기에 대해서는 3.4.2절 및 7.3.5절에서 개략적으로 설명하였으며 본 시험에 사용한 시료는 40%의 실트분과 60%의 점토분으로 구성된 분말상태의 EPK(Edgar Plastic Kaolinite) 점토가 120%의 함수비상태로 반죽성형한 시료를 2kg/cm²의 유효구속압으로 K_0 압밀하여 사용하였다.

압밀이 완료된 후 간극수압계수 $B(=\Delta u/\Delta\sigma_3)$값을 측정하여 충분히 포화되었음을 확인하였다. EPK 점토의 액성한계와 소성한계는 각각 60% 및 30%이며 비중은 2.62이고 활성도는 0.50인 비활성점토이다.

시험 결과를 Lade의 파괴규준인 식 (2.37)과 비교하여 3차원 강도특성을 조사하였다. 본 시험에 사용된 시료의 강도정수 η_1과 m은 그림 8.17로부터 각각 27.1 및 0.42로 결정되었다.

비틀림전단시험 결과는 그림 8.18에 보여준 바와 같은 연직 축차응력 $(\sigma_z - \sigma_\theta)$와 전단응력 $\tau_{z\theta}$의 관계 그림으로 정리하는 것이 타당하다.

그림 중 곡선은 Lade의 파괴규준인 식 (2.37)에 의하여 구하여진 파괴면(failure surface)이다. 이 파괴면의 형태는 좌표축의 원점을 초점으로 하는 계란모양을 하고 있다. 이 계란모양의 곡선은 타원이 아닌 수평축에 대하여 대칭인 독특한 형태를 하고 있다.

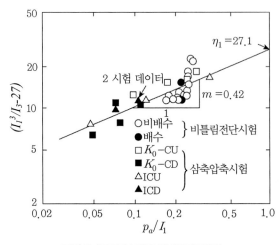

그림 8.17 EPK 점토의 강도특성[26]

그림 8.18에는 상반부만 도시하였다. 만약 Mohr-Coulomb의 파괴규준을 사용하면 이 파괴 곡선은 타원이 될 것이다. 또한 비배수시험의 경우는 간극수압이 발생하는 관계로 파괴 시의 유효구속압 σ'_r이 항상 일정하지 않게 된다. 그러나 동일한 구속압조건에서 시험 결과를 정리·비교하는 것이 바람직하므로 식 (2.37)에 의한 파괴포락선(failure envelope)을 따라 주어진 응력점을 $\sigma'_r - 1.0 \mathrm{kg/cm^2}$면에 투영시켰다.

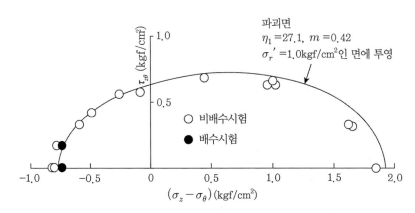

그림 8.18 비틀림전단시험에 의한 파괴응력[26]

파괴 시의 응력을 정리하면 그림 8.19와 같다. 이 그림에 의하면 식 (2.37)에 의한 파괴면은 시험치와 실용적으로 잘 일치함을 알 수 있다. 그러나 $b=0$인 압축시험의 경우와 $b=1$인 신

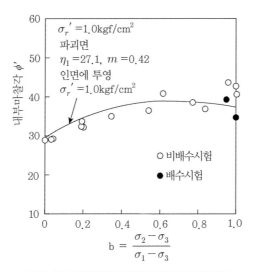

그림 8.19 비틀림전단시험에 의한 내부마찰각[26]

장시험의 경우는 시험치가 이론치보다 약간 작게 나타나고 있다.

이상의 결과로부터 K_0－압밀점토의 파괴강도는 응력경로나 주응력회전에 영향을 크게 받지 않음을 알 수 있다. 따라서 비틀림전단시험 결과로부터 경험적으로 얻은 파괴면은 실용상 식 (2.37)의 등방성 파괴규준으로 표현될 수 있다고 할 수 있다. 결국 K_0－압밀점토에 대한 응력경로와 주응력회전은 주로 파괴 이전의 응력－변형 거동에 영향을 주고 있음을 알 수 있다.[9] 이는 점토시료의 파괴상태에서는 변형이 크게 발생하므로 점토의 초기이방성이 그다지 크게 기여하지 못하였기 때문으로 생각된다.

파괴 시의 b값에 대한 내부마찰각 ϕ'의 변화를 도시하면 그림 8.19와 같다. 여기서 내부마찰각 ϕ'은 식 (8.7)에 의하여 산정된다.

$$\sin\phi' = \frac{\sigma'_1 - \sigma'_3}{\sigma'_1 + \sigma'_3} = \frac{2\sqrt{(\sigma'_z - \sigma'_\theta)^2/4 + \tau_{z\theta}^2}}{(\sigma'_z + \sigma'_\theta)} \tag{8.7}$$

그림 8.19로부터 식 (2.37)의 파괴규준으로 구한 이론곡선은 시험 결과와 잘 일치하고 있음을 알 수 있다. 또한 이 그림으로부터 내부마찰각은 b값에 영향을 받으며 결국 중간주응력 σ_2의 크기에 영향을 받음을 알 수 있다. 즉, 내부마찰각은 $b=0$일 때 제일 작으며 $b=0.6$이 될 때까지 증가한 후 b가 1.0에 접근함에 따라 약간 감소한다.

$b=1.0$ 부근 비배수시험의 경우는 내부마찰각이 약간 크게 나타나고 있으며 이는 파괴 시의 유효최소주응력 σ'_3가 매우 작은 데 기인한 오차로 생각된다. 이러한 문제점은 배수시험의 실시로 그림 8.18 및 그림 8.19에서 보는 바와 같이 개량시킬 수 있었다. $b=1.0$에서 내부마찰각이 약간 감소하는 결과는 입방형 공시체에 대한 삼축시험에서의 결과와도 일치한다.[25]

8.7 Rutledge 이론

Rutledge는 일련의 압밀시험과 삼축시험(최적변화특성: w/c, e 혹은 $\Delta V/V$와 압력의 관계)에서 체적변형률은 그림 8.20에서 보는 바와 같이 최대주응력 σ_1에만 의존하고 최소주응력 σ_3(혹은 중간주응력 σ_2)에는 의존하지 않는다고 하였다.[11]

즉, 그림 8.20에서 등방압밀($K_c=1$인 경우)이나 이방압밀($K_c=2$ 혹은 2.8인 경우)을 실시한 시료는 최소주응력의 크기에 따라 체적변형률이 다르게 나타났으나 최대주응력의 크기에 따라 체적변형률은 거의 동일하게 나타났다. 따라서 이 결과로부터 체적변형률은 최대주응력 σ_1에만 의존하고 최소주응력 σ_3(혹은 중간주응력 σ_2)에는 의존하지 않음을 알 수 있다.

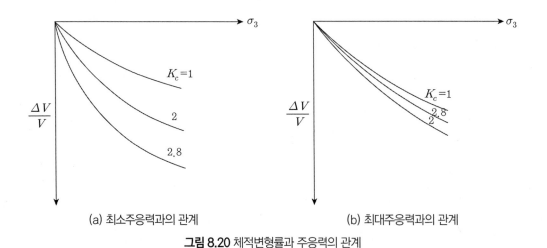

(a) 최소주응력과의 관계   (b) 최대주응력과의 관계

그림 8.20 체적변형률과 주응력의 관계

이미 점토의 강도는 유효응력과 간극비(혹은 함수비, 포화점토의 경우 $e=wG_S$이므로 포화도로부터 간극비를 구할 수 있다)의 함수임을 알 수 있다.

예를 들면, 정규압밀점토의 압밀시험에의 초기압축곡선(virgin compression curve) 거동에서 간극비 혹은 함수비는 유효응력 σ'_{1c}만의 함수임을 그림 8.21로 확인할 수 있다. 따라서 정규압밀점토의 강도는 유효응력(혹은 함수비)의 함수라고 말할 수 있다.

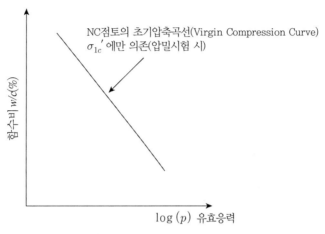

그림 8.21 정규압밀점토의 압밀거동

Rutledge는 실험적으로 배수시험과 비배수시험의 결과는 모두 그림 8.22와 같이 하나의 곡선상으로 나타난다고 하였다. 따라서 정규압밀점토의 비배수강도 c_u와 압밀압력 P_a에는 식 (8.8)의 관계가 있다고 할 수 있다.

$$\frac{c_u}{P_a} = 일정 = \frac{\frac{1}{2}(\sigma_1 - \sigma_3)_F}{\sigma'_1} \tag{8.8}$$

식 (8.8)로부터 (8.9)가 구해진다.

$$\sigma'_1 = 일정 \cdot (\sigma_1 - \sigma_3)_F \tag{8.9}$$

식 (8.9)를 양변에 대수를 취해 정리하면 식 (8.10)을 구할 수 있다.

$$\log(\sigma'_1) = \log(const) + \log(\sigma_1 - \sigma_3)_F$$

혹은 $\log(\sigma'_1) - \log(\sigma_1 - \sigma_3)_F = \log(const)$ (8.10)

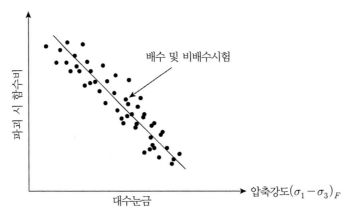

그림 8.22 파괴 시 함수비와 압축강도의 관계

결국 초기압축곡선과 압축강도곡선 사이의 차이는 (함수비와 log(stress) 곡선상에서) 일정하다. 즉, 두 곡선은 그림 8.23과 같이 평행하게 된다.

이런 관계는 강도를 결정하기에 충분하므로 모든 종류의 강도시험 결과를 결정하는 데 사용될 수 있다.

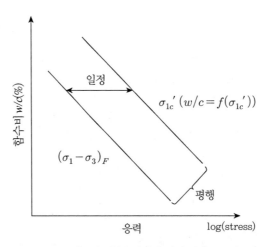

그림 8.23 함수비와 응력의 관계

8.7.1 전단강도 추정에 사용

먼저 그림 8.24와 같이 필요한 곡선을 작성한다. 두 개의 곡선 중 하나는 압밀곡선(virgin compression curve)이고 다른 하나는 UU 시험 결과이다.

원칙적으로는 한 개 시험만으로도 가능하다. 그러나 $(\sigma_1 - \sigma_3)_F$곡선을 마련하기 위해 2, 3번의 시험을 실시함이 좋다.

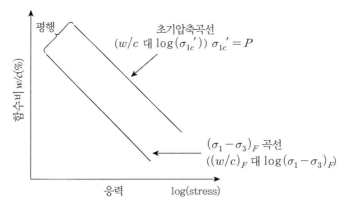

그림 8.24 Rutledge 가설 활용 곡선 작성법

먼저 압밀곡선으로 함수비와 압밀응력 (σ'_{1c})의 관계곡선을 마련할 수 있다. 여기서 (σ'_{1c})으로는 압밀응력 P를 활용한다.

다음으로 강도와 함수비의 관계도를 작성한다. 먼저 UU 시험에서는 $(\sigma_1 - \sigma_3)_F$ 곡선을 파괴 시 강도 $\log(\sigma_1 - \sigma_3)_F$와 함수비 $(w/c)_F$의 관계를 마련한다. UU 시험과 CU 시험에 Rutledge 가설을 활용하면 다음과 같다.

① 우선 현장에서 지표부분은 그림 8.25(a)와 같이 과압밀상태일 확률이 많으므로 정규압밀점토에 해당하는 부분에만 사용한다. 이 깊이 아래에는 그림 8.25(b)와 같이 비배수전단강도가 깊이별로 선형증가한다. 이들 현장에서의 압밀상태는 그림 8.26(a)와 같이 K_0 압밀상태이므로 압밀시험으로 그림 8.26(b)의 압밀곡선과 강도곡선(강도곡선은 몇몇 시료에 대하여 실시하여 작성한다)을 그린다. 그림 8.26(b)에서 압밀응력 P'_0에 해당하는 압밀곡선에서 압밀종료 시 함수비 W_F를 구한다.

비배수시험이므로 이 함수비 W_F에서 수평선을 그려 강도선과 만나는 곳의 일축압축강도를 정한다. 그림 8.26(b) 속에 표시된 화살표를 따라 일축압축강도를 구할 수 있을 것이다.

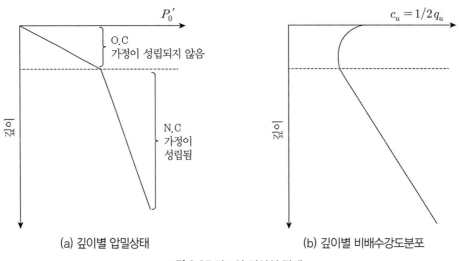

그림 8.25 강도와 깊이의 관계

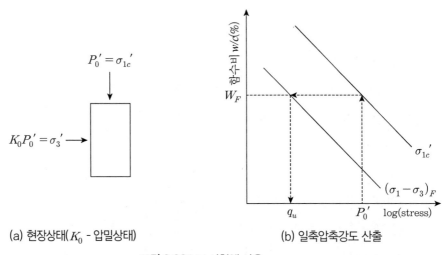

그림 8.26 UU 시험에 사용

② 압밀비배수(CU)시험에 사용하는 방법은 그림 8.27과 같다.

우선 정수압 상태의 등방압밀곡선을 삼축시험으로 작성한다. 배수구를 잠그고 실시한 비배수시험에서 강도곡선을 그린다. 등방압밀 곡선에서 임의의 응력에 해당하는 압밀 종료 시의 함수비 W_F를 구한다. UU 시험에서와 동일하게 CU 시험에서도 전단 시 함수비가 변하지 않으므로 수평방향화살표를 따라 강도선과 만나는 지점에서 파괴 시 강도 $(\sigma_1 - \sigma_3)_F$를 정한다.

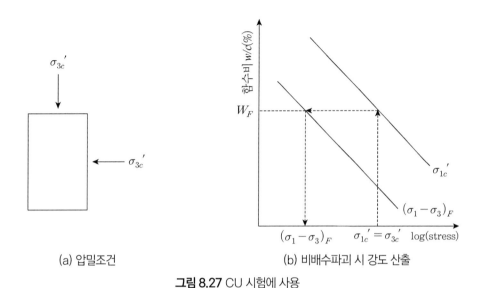

(a) 압밀조건   (b) 비배수파괴 시 강도 산출

그림 8.27 CU 시험에 사용

③ 압밀배수(CD)시험에 사용하는 방법은 그림 8.28과 같다.

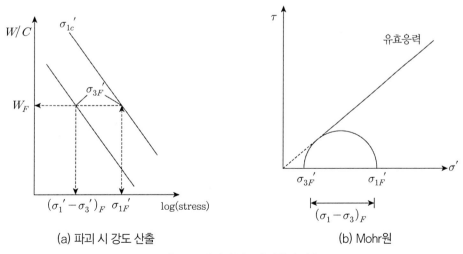

(a) 파괴 시 강도 산출   (b) Mohr원

그림 8.28 압밀배수(CD)시험에 사용

σ'_{1c}는 $(w/c)_r$을 조절한다. 따라서 유효응력 Mohr원 직경 $\sigma'_{1F} - \sigma'_{3F}$는 전응력 $(\sigma_1 - \sigma_3)_F$와 동일하게 된다. 그러므로 식 (8.11)을 산출할 수 있다.

$$\sigma'_{1F} - (\sigma_1 - \sigma_3)_F = \sigma'_{3F} \tag{8.11}$$

8.7.2 이론 적용상의 문제점

Rutledge 이론을 현장에 적용할 때 문제점은 그림 8.29에 도시된 바와 같이 점토퇴적층 내의 함수비는 깊이에 따라 불규칙하게 변한다는 점이다.

Rutledge 이론은 다음 두 가지 사항에 의거 성립한다. 즉, 강도는 유효응력과 함수비의 함수이나 유효응력은 함수비만의 함수라는 가정하에 성립한다.

① 강도＝f(유효응력, 함수비)
② 유효응력＝g(함수비)

따라서 만약 함수비가 불규칙하게 변할 경우 ②번 사항에 문제가 발생한다. Lambe & Whitman도 함수비와 전단강도는 관련이 분명히 있다고 하였다.[34] 그러나 실제는 현장의 함수비의 분포 때문에 다음과 같은 결과가 발생한다.

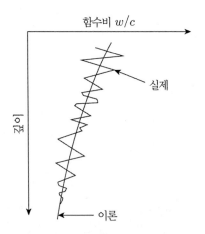

그림 8.29 깊이에 따른 함수비의 불규칙성

그림 8.30에서 보는 바와 같이 동일 깊이에서 압밀곡선에 함수비가 다른 3개 시료 중 어느 곡선이 올바른가를 판단하기가 어렵다. 깅도곡선도 유사한 분포를 보이고는 있으나 압밀곡선보다는 분포도가 좀 적다.

합리적인 평균곡선을 얻기 위하여 많은 시험이 필요하다. 여러 곳의 함수비 변화는 그에 대응하는 강도 변화 크기를 보이지 않는다.

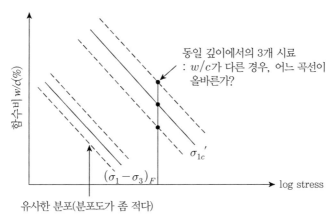

그림 8.30 함수비의 분포로 인한 문제

그림 8.31에는 깊이에 따른 비배수전단강도의 분포를 실제시험에서 구한 값의 분포와 Rutledge 이론에 의해 예측된 강도를 함께 도시 비교하고 있다. 이 그림에서도 알 수 있는 바와 같이 실제시험에서의 강도분포는 분포폭이 좁으나 Rutledge 가설에 의한 강도 분포 범위는 상당히 넓다. 따라서 Rutledge 이론을 현장의 비배수전단강도 예측에 적용하려면 상당한 주의를 요한다.

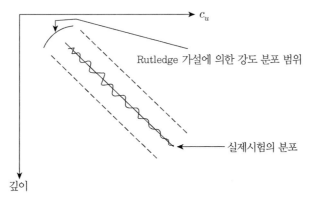

그림 8.31 깊이에 따른 비배수 전단강도의 문포

8.8 Hvorslev의 진짜 c와 $\phi(c_e$ 및 $\phi_e)$

8.8.1 점토와 조립자로 구성된 지반

지반이 약간의 점토와 조립자(실트 혹은 모래)로 구성되어 있는 경우 지반의 강도는 어떻게 구성되어 있는가.

그림 8.32는 모래입자로 둘러싸인 점토의 구조를 개략적으로 도시한 그림이다. 이 경우 평균전단강도 S의 두 성분은 조립토와 점토의 강도를 각각 구분하여 S_g와 S_c로 정한다. 주어진 면의 전면적 A_T의 구성성분도 조립토와 점토의 전면적 부분으로 구분하여 A_g와 A_c로 정한다. 평형조건으로부터 식 (8.12)를 정립할 수 있다.

$$SA_T = S_g A_g + S_c A_c \tag{8.12}$$

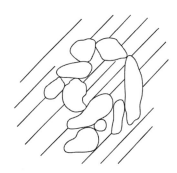

그림 8.32 모래와 점토의 혼합구조

여기서 S_g와 S_c는 각각 식 (8.13)과 같이 정할 수 있다.

$$S_g = (\sigma - u)K_g \tag{8.13a}$$
$$S_c = \{(\sigma - u) + (A - R)\}K_c \tag{8.13b}$$

여기서 K_g, K_c는 마찰계수이고 $A - R$은 응력으로 표시된 인력(attractive)과 척력(repulsive)의 차이이다(단위면적당 힘으로 표시하며 순입자 간 힘에 해당한다).

식 (8.13)을 (8.12)에 대입하고 정리하면 식 (8.14)를 구할 수 있다.

$$SA_T = (\sigma - u)K_g A_g + (\sigma - u)K_c A_c + (A - R)K_c A_c$$

$$SA_T = (\sigma - u)\frac{K_g A_g + K_c A_c}{K_T} + (A - R)\frac{K_c A_c}{K_T} \tag{8.14}$$

$\tan\phi_e = \dfrac{K_g A_g + K_c A_c}{A_T}$ (=마찰계수의 중량평균)라 놓으면 식 (8.14)는 (8.15)가 된다.

$$S = (\sigma - u)\tan\phi_e + (A - R)\frac{K_c A_c}{K_T} \tag{8.15}$$

Hvorslev는 ϕ_e를 유효마찰각, c_e를 유효점착력이라 불렀다.

8.8.2 $(A - R)$항

물리화학적 사고개념에 의거하여 점토입자 사이의 인력(A)과 척력(R)을 고려할 수 있다.[38] 입자간격에 따른 $(A - R)$의 변화는 입자가 근접할수록 $(A - R)$값이 커진다.

$(A - R)$값을 입자 간 간격과 간극비 혹은 함수비와 연계하여 도시하면 그림 8.33과 같다. $(A - R)$은 측정 불가능하다. 그러나 초기압축곡선의 $e - p$ 곡선(그림 8.34 참조)과 동일한 형태를 가진다. 따라서 $(A - R) \propto P$를 생각할 수 있다. 혹은 초기곡선상에 $(A - R) \propto \sigma'_1$을 식 (8.16)과 같이 놓으면 ($B$는 비례상수) 식 (8.17)을 구할 수 있다.

$$(A - R) = B\sigma'_1 \tag{8.16}$$

$$S = (\sigma - u)\tan\phi_e + \sigma'_1 \frac{K_c A_c}{K_T} \tag{8.17}$$

혹은 $S = (\sigma - u)\tan\phi_e + \sigma'_1\tan\Psi$(초기압축곡선)

혹은 일반적으로 식 (8.18)이 구해진다.

$$S = c_e + (\sigma - u)\tan\phi_e \tag{8.18}$$

단, $c_e = f($간극비, 함수비 혹은 입자간격$)$

$c_e = \sigma'_1 \tan\Psi$(초기압축곡선상)

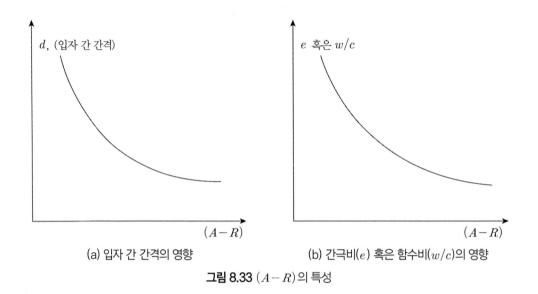

(a) 입자 간 간격의 영향　　　　　(b) 간극비(e) 혹은 함수비(w/c)의 영향

그림 8.33 $(A-R)$의 특성

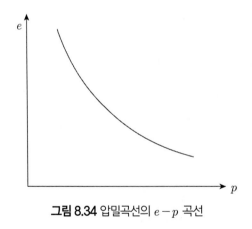

그림 8.34 압밀곡선의 $e-p$ 곡선

Hovslev는 점착력항 c_e는 모든 함수비에서 항상 일정하지 않고 함수비의 감소와 함께 증가한다고 결론지었다. 정규압밀점토의 c_e는 최대유효주응력에 비례한다.

또한 Hovslev는 진짜 내부마찰각 ϕ_e는 주어진 흙에 대해서는 거의 일정함을 알았다. 따라서 동일한 간극비 상태에서 동일한 c_e를 얻을 수 있다. 즉, 동일한 간극비를 가지는 시료는 동일한 진짜 점착력 c_e와 동일한 P_e를 가진다. 여기서 P_e는 등가압밀압이다.

따라서 $c_e \propto P_e$ 이고 다음 사항을 알 수 있다.

$$\frac{c_e}{P_e} = 모든 \ 흙에 \ 일정 = \tan\Psi : \text{NC점토 혹은}$$

$$\phi_e = 모든 \ 흙에 \ 일정 : \text{OC점토}$$

8.8.3 강도포락선

그림 8.35에 도시된 시료의 강도포락선을 그리면 그림 8.36과 같이 된다. 이 그림에는 높은 간극비의 경우 파괴 시 동일한 간극비를 가지는 Mohr원을 도시하고 있다. 따라서 이 그림에서 보는 바와 같이 파괴 시 간극비가 동일하면 Mohr원 포락선이 동일하며 Hvorslev의 유효마

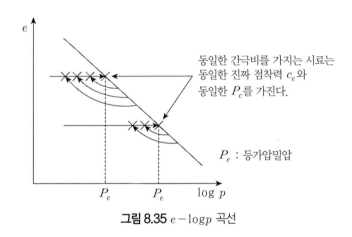

그림 8.35 $e - \log p$ 곡선

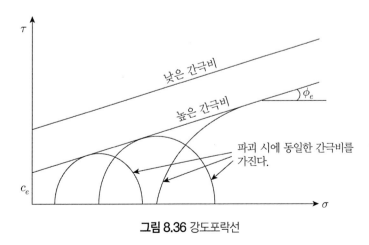

그림 8.36 강도포락선

찰각 ϕ_e 도 동일하게 된다.

8.8.4 c_e와 ϕ_e 결정시험

여러 가지 OCR값의 시료에 대한 시험으로 c_e와 ϕ_e를 결정할 수 있다. (혹은 다이러턴시에 대한 에너지 보정으로 c_e와 ϕ_e에 대응하는 c_r와 ϕ_r을 결정한다.)

시험은 파괴 시 유효응력상태를 측정하도록 해야 한다. 이는 배수시험이거나 혹은 간극수압을 측정한 비배수시험을 실시해야 한다.

동일 간극비에서 시료가 파괴되는 것을 정리하기가 어려워서 Gibson(1953)은 다음과 같은 과정으로 구분하였다.[11]

$$\frac{1}{2}(\sigma'_1 - \sigma'_3)_F = \left[c_e \cot\phi_e + \frac{1}{2}(\sigma'_1 + \sigma'_3)_F \right] \sin\phi_e$$

$$\frac{1}{2}(\sigma'_1 - \sigma'_3)_F = c_e \cos\phi_e + \frac{1}{2}(\sigma'_1 + \sigma'_3)_F \sin\phi_e \tag{8.19}$$

혹은

$$\frac{1}{2}\left[\sigma'_{1F}(1 - \sin\phi_e)\right] = c_e \cos\phi_e + \frac{1}{2}\sigma'_{3F}(1 + \sin\phi_e)$$

$$\frac{1}{2}\sigma'_{1F} = c_e \frac{\cos\phi_e}{1 - \sin\phi_e} + \frac{1}{2}\sigma'_{3F}\frac{1 + \sin\phi_e}{1 - \sin\phi_e} \tag{8.20}$$

양변에서 $\frac{1}{2}\sigma'_{3F}$를 빼면

$$\frac{1}{2}(\sigma'_1 - \sigma'_3)_F = c_e \frac{\cos\phi_e}{1 - \sin\phi_e} + \frac{1}{2}\sigma'_{3F}\left[\frac{1 + \sin\phi_e - (1 - \sin\phi_e)}{1 - \sin\phi_e}\right]$$

$$\frac{1}{2}(\sigma'_1 - \sigma'_3)_F = c_e \frac{\cos\phi_e}{1 - \sin\phi_e} + \sigma'_{3F}\frac{\sin\phi_e}{1 - \sin\phi_e} \tag{8.21}$$

등가압밀 P_e로 나누어 무차원화시키면 식 (8.21)은 (8.22)가 된다.

$$\frac{1}{2P_e}(\sigma'_1 - \sigma'_3)_F = \frac{c_e}{P_e}\frac{\cos\phi_e}{1-\sin\phi_e} + \frac{\sigma'_{3F}}{P_e}\frac{\sin\phi_e}{1-\sin\phi_e} \tag{8.22}$$

NC 토질에서는 우변의 두 번째 항이 상수(한 점)로 나타난다.

위 식을 $\dfrac{1}{2P_e}(\sigma'_1 - \sigma'_3)_F$와 $\dfrac{\sigma'_{3F}}{P_e}$ 축상에 그림 8.38과 같은 직선식으로 된다.

$\tan\theta = \dfrac{\sin\phi_e}{1-\sin\phi_e}$ 로부터 $\sin\phi_e = \dfrac{\tan\theta}{1+\tan\theta}$ 의 관계로 다음과 같이 ϕ_e와 c_e를 구한다.

① θ로 ϕ_e를 구하고

② $\dfrac{c_e}{P_e}\left(= \dfrac{\phi_e}{(1-\sin\phi_e)}\right)$에서 c_e를 구한다.

Note: 과압밀공시체를 사용해야 한다.

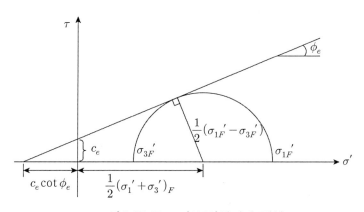

그림 8.37 Gibson(1953)의 파괴포락선

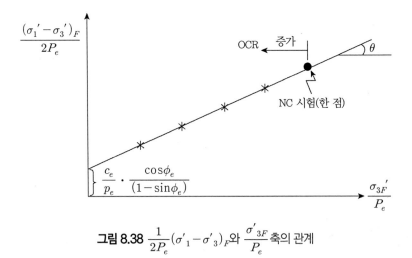

그림 8.38 $\dfrac{1}{2P_e}(\sigma'_1 - \sigma'_3)_F$와 $\dfrac{\sigma'_{3F}}{P_e}$ 축의 관계

| 참고문헌 |

(1) 남정만·홍원표(1993), '비틀림전단시험에 의한 모래의 응력 – 변형률 거동', 한국지반공학회지, 제9권, 제4호, pp.65-81.

(2) 남정만·홍원표(1994), '입방체형 삼축시험에 의한 모래의 3차원거동 및 예측', 한국지반공학회지, 제10권, 제3호, pp.111-117.

(3) 홍원표(1987), '정규압밀점토의 비배수전단강도에 미치는 압밀방법의 영향', 대한토질공학회지, 제3권, 제2호, pp.41-53.

(4) 홍원표(1987), '정규압밀점토의 거동에 미치는 K_0 – 압밀효과', 대한토목학회논문집, 제7권, 3호, pp.183-193.

(5) 홍원표(1988a), '흙의 비틀림전단시험에 관한 기초적 연구', 대한토질공학회지, 제4권, 제1호, pp.17-27.

(6) 홍원표(1988b), '비틀림전단시험에 의한 K_0 – 압밀점토의 거동', 대한토목학회논문집, 제8권, 제1호, pp.151-157.

(7) 홍원표(1988c), 'K_0 – 압밀점토의 주응력회전효과', 대한토목학회논문집, 제8권, 제1호, pp.159-164.

(8) 홍원표(1988d), '중간주응력이 과압밀점토의 거동에 미치는 영향', 대한토목학회논문집, 제8권, 제2호, pp.99-107.

(9) 홍원표(1988e), '이방성 과압밀점토의 강도특성', 대한토질공학회지, 제4권, 제3호, pp.35-42.

(10) 홍원표(1996), '비틀림전단시험에 의한 K_0 – 압밀점토의 거동(2)', 대한토목학회논문집, 제16권, 제III-6호, pp.565-575.

(11) 홍원표(1999), 흙의 역학기초, 중앙대학교 대학원 강의교재1.

(12) Akai, K. and Adachi, T.(1965), "Study of one-dimensional consolidation and thr shear strength characteristics of fully saturated clay", Proc., 6th ICSMFE, Montreal, Vol.1, pp.146-150.

(13) Bhaskaran, R.(1971), "Undrained strength of anisotropically consolidated sand", Discussion, Jour., SMFD, Vol.97, No.SM1, pp.249-250.

(14) Bhaskaran, R.(1971), "Strength of anisotropically consolidated sand", Discussion, Jour., SMFD, Vol.97, No.SM1, pp.1128-1131.

(15) Bishop, A.W.(1966), "The strength of soils as engineering materials", 6th Rankine Lecture, Geotechnique, Vol.16, No.2, pp.91-130.

(16) Bishop, A.E. and Henkel, D.J.(1962), *The Measurement of Soil Properties in the Triaxial Test*, 2nd ed., Armold, London.

(17) Bjerrum, L. and Simons, N.E.(1960), "Comparison of shear strength characteristics of normally consolidated clays", Proc., ASCE Research Confrence on the Shear Srength of Cohesive Soils, Boulder, Colorado, pp.711-726.

(18) Blight, G.E.(1965), "Shear stress and pore pressure in triaxial testing", Jour., SMFD, ASCE, Vol.91, No.SM1, pp.25-39.

(19) Bowles, J.E.(1982), *Foundation Analysis and Design*, 3rd Edition, McGraw-Hill, Tokyo, p.70.

(20) Duncan, A.M. and Seed, H.B.(1966a), "Strength variation along failure surfaces in clay", Jour., SMFD, ASCE, Vol.92, No.SM6, pp.81-104.

(21) Duncan, A.M. and Seed, H.B.(1966b), "Anisotropy and stress reorientation in clay", Jour., SMFD, ASCE, Vol.92, No.SM5, pp.21-50.

(22) Henkel, D.J.(1960), "The shear strength of saturated remoulded clays", Proc., ASCE Research Conference on the Shear Strength of Cohesive Soils, Boulder, Colorado, pp.533-554.

(23) Henkel, D.J. and Sowa, V.A.(1963), "The influence of stress history on stress paths in undrained triaxial tests on clay", Laboratory Shear Testing of Soils, ASTM Special Technical Publication, No.361, pp.280-291.

(24) Holtz, R.D. and Kovacs, W.D.(1981), *Introduction to Geotechnical Engineering*, Prentice-Hall International, Inc., London, Ch.10.

(25) Hong, W.P. and Lade, P.V.(1989a), "Elasto-plastic behavior of Ko-consolidated clay in torsion shear tests," Soils and Foundations, Vol.29, No.2, pp.127-140.

(26) Hong, W.P. and Lade, P.V.(1989b), "Strain incremental and stress distribution in torsion shear testes", Jour., GE, ASCE,, Vol.115, No.10, pp.1388-1401.

(27) Ladd, C.C.(1965), "Stess-strain behavior of anisotropically consolidated clays during undrained shear", Proc., 6th ICSMFE, Montreal, Vol.1, pp.282-286.

(28) Ladd, C.C., Foott, R., Ishihara, K. Schlosser, F. and Poulos, H.G.(1977), "Stress-deformation and strength characteristics", State-of-the-Report, Proc., 9th ICSMFE, Tokyo, Vol.2, pp.421-496.

(29) Lade, P.V.(1975), "Torsion shear tests on cohesionless soil", Proc., 5th Panamerican Conference on SMFE, Buenos Aires, Vol.1, pp.117-127.

(30) Lade, P.V.(1978), "Cubical triaxial apparatus for soil testing", Geotechnical Testing Journal, Vol.1, No.2, pp.93-101.

(31) Lade, P.V.(1984), "Failure criterion for frictional materials", Mechanics of Engineering Materials, Chapter 20, Editted by C.C. Desai and R.H. Gallager, John Wiley & Sons, Inc. New York, pp.385-402.

(32) Lade, P.V. and Duncan, I.M.(1973), "Cubical triaxial tests on cohesionless soil", Jour. SMFD, ASCE,

Vol.99, No. SM10, pp.793-812.

(33) Lade, P.V. and Tsai, J.(1985), "Effects of localization in triaxial tests on clay", Proc., 11th ICSMFE, San Francisco, Vol.2, pp.549-552.

(34) Lambe, T.W. and Whitman, R.V.(1969), *Soil Mechanics*, John Wiley & Sons, Inc., New York.

(35) Lee, K.L. and Morrison, R.A.(1970), "Strength of anisotropically consolidated compacted clay", Jour., SMFE, ASCE , Vol.96, No.SM5, pp.2025-2043.

(36) Lewin, P.L. and Burland, J.B.(1970), "Stressprobe experiments on saturated normally consolidated clay", Geotechnique, Vol.20, No.1, pp.38-56.

(37) Matsuoka, H. and Nakai, T.(1974), "Stress-deformation and strength characteristics of soil under three different principal stress", 日本土木學會論文集, No.232, pp.59-70.

(38) Mitchell, J.K.(1976), *Fundamentals of Soil Behavior*, John Wiley & Sons, Inc, New York.

(39) Ochiai, H. and Lade, O.V.(1983), "Three-dimensionsl behavior of sand with anisotropic fabric", Jour. GED, ASCE, Vol.109, No.GT10, pp.1313-1328.

(40) Olson, J.P. and Wahls, H.E.(1971), "Predicting effective stress paths", Jour. SMFD, ASCE, Vol.97, No.SM8, pp.1139-1143.

(41) Saada, A.S. and Townsend, F.C.(1981), "State of the Art, Laborratory strength testing of soils", ASTM STP 740, R.N. Yong and F.C. Townsend eds, American Soceity for Testing and Materials, pp.7-77.

(42) Shibata, T. and Karube, D.(1965), "Ifluence of the variation of the intermediate principal stress on the mechnical properties of normally consolidated clays", Proc., 6th ICSMFE, Montreal, Vol.1, pp.359-363.

(43) Simons, N.E.(1963), "The influence of stress path on triaxial test results", Laboratory Shear Testing of Soils, ASTM, Special Technical Publication, No.361, pp.270-278.

(44) Skempton, A.W. and Bishop, A.W.(1954), *Soils in Building Material-Their Elasticity and Inelasticity*, North Holland Publication Co., Amsterdam, pp.417-482.

(45) Taylor, D.W.(1948), *Foundamental of Soil Mechanics*, John Wiley and Sons, New York, pp.362-405.

(46) Tsai, J. and Lade, P.V.(1985), "Three-dimensional behavior of remolded overconsoildated clay", Reports No. UCLA, ENG 85-09.

(47) Terzaghi, K. and Peck, R.B.(1967), *Soil Mechanics in Engineering Practice*, 2nd WEd., John Wiley & Sons, Inc., New York.

(48) Vallinppam, S.(1981), *Continum Mechanics Fundamentals*, A.A. Balkema, Rotterdam, pp.116-120.

(49) Yong, R.N. and Mckeyes, E.(1967), "Yielding of clay on a complex stress field", Proc., 3rd Panamerican Conference on SMFE, Caracas, Vol.1, pp.131-143.

중간주응력

중간주응력

9.1 중간주응력의 영향

흙의 역학적 거동을 파악하기 위해 여러 가지 요소시험이 많이 실시된다. 그중 삼축시험은 요소시험 중 가장 많이 실시되고 있는 시험이다. 통상적으로 삼축시험이라고 하면 원통형 공시체에 대한 축대칭삼축시험을 의미한다. 그러나 이 시험은 원통형 공시체를 사용하는 관계로 요소 내의 응력상태가 축대칭상태에 있게 되어 수평방향 주응력은 항상 서로 같게 된다. 따라서 이러한 상태에서는 중간주응력이 항상 최소주응력(압축시험 시)이나 혹은 최대주응력(신장시험 시)과 같게 되어 중간주응력의 영향을 고려할 수 없게 된다. 따라서 이러한 축대칭삼축시험으로 얻어진 강도를 Mohr-Coulomb의 파괴규준으로 구하는 것은 중간주응력이 강도에 영향을 미치지 않음을 의미하게 된다. 그러나 최근의 여러 연구에 의하면 중간주응력은 점성토나 사질토의 응력−변형률 및 강도거동에 많은 영향을 미치고 있음을 볼 수 있다. 따라서 올바른 흙의 거동을 조사하기 위해서는 요소에 서로 다른 세 주응력을 독립적으로 재하시킬 수 있는 다축시험장치가 필요하다.

현재 중간주응력의 효과를 고려할 수 있는 시험기로 입방체형 삼축시험기가 많이 사용되고 있으며 이 시험기는 크게 두 가지로 분류할 수 있다. 그중 하나는 공시채의 주변구속조건을 강체로 제작하여 공시체에 변형이 균등하게 발생하도록 한 시험기로서 Lade & Duncan (1973),[10] Reades & Green(1976),[15] Nakai & Mastuoka(1983),[14] Lam & Tatsuoka(1988)[13] 등에 의해 개발·사용되고 있다.

Lade(1978)도 이 방법으로 입방체형 삼축시험장치(cubical triaxial apparatus)를 제작하여[11] 입

방체형 공시체에 서로 다른 세 주응력을 각각 독립적으로 재하시킬 수 있게 하였으며, 이 시험장치에 의한 많은 연구가 Lade & Mustante(1978),[12] Kirkgard(1981)[8] 등에 의해 보고되었으며 국내에서도 이 시험장치가 이미 소개된 적이 있다(홍원표, 1988a; 1988b).[3,4]

그리고 이 장치와 유사한 입방체형 삼축시험기가 현재 국내에서도 제작되어 사용되고 있다(강권수외 3인, 1993).[1] 여기서는 Lade(1978)가 개발한 입방체형 삼축시험기를 활용하여 일련의 삼축시험을 실시한다(남정만 & 홍원표, 1993; 1994).[5,6]

한편 다른 종류의 입방체형 삼축시험기는 Ko & Scott(1967),[9] Sutherland & Mesdary(1969),[16] Yamada & Ishihara(1979)[17] 등에 의해 개발된 것으로 이것은 공시체의 표면에 하중이 작용하는 재하판을 고무로 된 물주머니를 이용하여 공시체에 변형을 유발시킨 것으로 이 시험기는 변형이 균등하게 발생하지 않으며 전단파괴면이 형성되지 않는 단점이 있다.

9.2 시험장치

그림 9.1은 공시체를 포함하고 있는 입방체형 삼축시험기의 단면을 일부(1/4 부분) 잘라내고 도시한 그림이다. 그림에서 공시체는 상판(cap)과 저판(base) 및 멤브레인에 의해 둘러싸여 있으며 그 크기가 76×76×76mm인 정육면체 모양의 공시체이다.

이 상판과 저판은 그림 9.2에서 보는 바와 같이 100×100mm 면적을 가졌으며 이 크기는 공시체에 하중을 가할 시 측방변형에 의한 신장변형률을 30%까지 허용할 수 있다. 상판과 저판을 둘러싸고 있는 고무멤브레인은 물과 공기의 차단을 위하여 각각 2개의 O-링에 의하여 밀봉되어 있다. 여기서 사용된 고무멤브레인은 그 탄성이 공시체에 미치는 영향과 구속압에 의한 멤브레인 침투영향을 고려하여 두께를 0.03cm로 하였다(DeGroff et al., 1988).[11]

그리고 상판과 저판은 자체의 무게가 공시체에 미치는 영향을 최대한 줄이기 위해 알루미늄으로 제작되었으며, 상판의 상부 오목한 부분에는 그림 9.2에서 보는 바와 같이 연직하중을 측정하기 위한 로드셀이 내장되어 있다. 공시체가 놓이는 저판(base)은 삼축셀의 바닥판에 고정되어져 있다. 그리고 상판과 저판에는 그림 9.2에서와 같이 각각 다공석과 배수선을 통해 공시체의 체적변화량 측정 혹은 간극수압측정을 가능하게 하였다. 또한 시험 시 공시체와 상판 및 저판 사이에서 발생할 수 있는 단부구속력 발생 원인이 되는 마찰력을 피하기 위한 윤활면을 조성하기 위해 실리콘그리스를 가볍게 바른 두께 0.3mm의 고무막을 상판에 2장 저판에 1장을 부착시켰다.

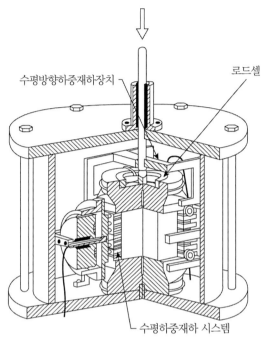

그림 9.1 입방체형 삼축시험(Lade, 1978)[11]

한편 이 시험에 사용된 시험기의 상부 덮개와 하부 바닥판은 두께가 약 1.9cm인 스테인리스판으로 제작되었으며 챔버는 내경이 28cm, 높이가 24cm, 두께가 0.27cm인 루사이트(lucite) 플라스틱으로 제작한 튜브이다.

이 챔버 내부에 위치하는 수평방향 하중장치는 중간주응력이 작용하는 방향으로 2개의 연직판이 서로 마주보고 있으며 하중이 작용하는 유압장치는 한쪽(오른쪽)에만 설치하여 하중을 동시에 양쪽에서 작용시키기 위해 2개의 연직판은 철제 지지봉에 의해 연결되어 있다. 그리고 이 연직판의 좌우 상하단에는 작은 바퀴가 부착되어 있어 측압작용 시 수평으로의 이동을 자유롭게 하였다.

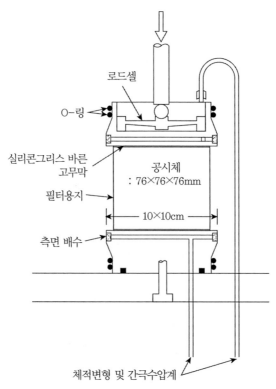

그림 9.2 점토공시체를 사용한 삼축시험기(Lade, 1978)

또한 연직방향의 하중과 수평방향의 하중이 서로 방해하지 않게 하기 위하여 이 장치에서
공시체의 연직면과 접촉하는 부분을 그림 9.3같이 여러 개의 얇은 판으로 분리할 수 있게 하
였고 이 판들 사이에는 balsa wood가 위치하게 된다. Balsa wood는 섬유질의 특성이 연직방향
에 대해서는 강도와 변형계수가 아주 낮고 중간주응력이 적용되는 수평방향에 대해서는 강
도와 변형계수가 높아 포아송비가 0에 가까워 연직방향 하중작용 시 수평하중장치가 방해가
되는 것을 사전에 방지하는 아주 중요한 역할을 한다. 그리고 이 수평하중장치에서도 공시체
하중작용판에 실리콘그리스를 가볍게 바른 후 두께 0.3mm의 고무막을 부착시켜 윤활면으로
사용하였다.

하중의 작용방향에 따른 주응력과 변형측정방법에 대해 살펴보면 최소주응력 σ_3는 수평
방향으로 작용하도록 측압으로 가한다. 그리고 연직하중은 변형제어방식으로 재하하며, 최대
주응력 σ_1은 연직방향축차응력(vertical deviator stress), $(\sigma_1 - \sigma_3)$를 측정하여 구한다. 중간주응
력 σ_2는 σ_3와 직교하는 또 하나의 수평방향으로 작용하도록 앞에서 설명한 수평재하장치를

사용하여 응력제어방식으로 재하하며 수평방향 축차응력(horizontal deviator stress), $(\sigma_2 - \sigma_3)$ 를 측정하여 구한다.

그리고 연직방향 변형률은 삼축 챔버 밖의 재하 피스톤에 부착시킨 다이얼게이지로 측정하였으며 중간주응력 방향의 변형량은 클립게이지를 수평재하장치 사이에 끼워 넣어 측정하였으며 최소주응력 방향의 변형량은 클립게이지를 사용하지 않고 체적변형량과 연직변형량 및 중간주응력방향의 변형량으로부터 산술적으로 산정한다.

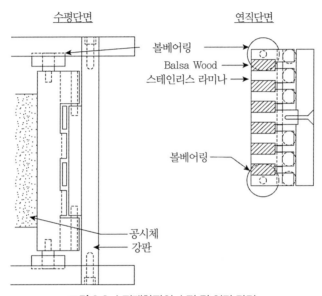

그림 9.3 수평재하판의 수평 및 연직 단면

9.3 시험방법

9.3.1 사용시료

시험대상 시료는 미국 California주에 위치하는 Santa Monica 해변 모래를 사용하였다(이재호, 1995).[2] 사용하기 전 물로 씻어 모래 중에 포함되어 있는 염분과 불순물을 제거하고 입자의 분포를 균등하게 하기 위해 40번체를 통과하는 입자를 대상 시료로 결정하였다.

이 모래의 구성광물을 살펴보면 석영과 장석이 각각 약 45%씩 차지하여 흙구성의 주류를 이루고 있으며 자철광이 약 8% 그리고 잔여광물 2% 정도로 구성되어 있다. 또한 균등계수는

1.58, D_{50}은 0.265mm이고 비중은 2.66이며 최대간극비는 0.91, 최소간극비는 0.60이다. 중간 정도 밀도상태에 해당하는 상대밀도 70%의 공시체를 조성하여 입방체형 삼축시험을 실시하였다. 기타 이 시료에 대한 자세한 자료는 참고문헌 (2)를 참조하기로 한다.[2]

9.3.2 공시체 제작

우선 공시체의 상판과 저판에서의 단부구속력의 원인이 되는 마찰력을 없애기 위한 윤활면 조성으로 실리콘그리스를 바른 고무막을 상판에는 두 장 저판에는 한 장을 부착시킨 후 공시체를 저판 위에서 직접 제작한다.

고무멤브레인을 저판 둘레에 두 개의 O-링으로 밀봉시키고 입방체형 공시체를 만들기 위한 진공 포밍재킷을 저판 위 중심에 설치한다. 이때 멤브레인을 포밍재킷 내부를 통해 위로 당기고 포밍재킷 뚜껑으로 이를 고정시킨 후 진공을 가하여 고무멤브레인을 공시체 형태로 만든다.

상대밀도 70%의 공시체 제작을 위해 모래를 깔때기의 끝이 모래가 낙하지점으로부터 약 10cm의 거리를 유지시키며 깔때기를 통하여 자유낙하시킨다. 이것은 공시체가 요구하는 높이 7.6cm보다 조금 높게 퇴적된다. 따라서 우레탄 망치를 이용하여 포밍재킷을 가볍게 2~3회 두드려 공시체의 최종높이를 조절한다.

이렇게 멤브레인 내부에 모래의 주입이 끝나면 포밍재킷의 뚜껑을 제거하고 상판을 공시체위 중심에 설치한 후 포밍재킷 주위로 당겨 내려놓았던 고무멤브레인을 상판 주위로 올려 두 개의 O-링으로 상판에 밀봉시킨다.

상부배수선을 상판에 연결시키고 진공을 $0.5kg/cm^2$ 가하여 공시체를 고정시킨 후 공기누출탐색을 위해 bubble chamber를 통해 멤브레인의 공기 누출 여부를 확인한다. 만일 공기누출이 탐지된다면 포밍재킷을 제거한 후 공시체에서의 공기누출이 보수될 때까지 라텍스를 멤브레인에 칠한다. 공기누출이 완전히 방지된 것으로 확인되면 수평재하장치와 클립게이지를 설치하고 삼축셀과 상판을 조립한 후 챔버를 물로 채우고 측압을 $0.5kg/cm^2$ 작용시킨 후 진공을 제거시킨다.

공시체를 완전히 물로 포화시키기 위해 이산화탄소(CO_2)를 배수선 저부로부터 주입한다. 이산화탄소는 공기보다 무거워 공시체에 주입하고 공시체 내부의 공기를 물로 포화시킬 시 완전히 포화가 안 되었을 경우에도 CO_2의 압축성이 물과 비슷해 체적변형량 측정에 유리한 이점이 있다. CO_2를 15분 정도 주입한 후 공기가 제거된 증류수를 공시체에 주입하여 공시체를 포화시키고 시험을 실시한다.

9.3.3 응력경로

입방체형 삼축시험은 미국 California주 Santa Monica 해변모래를 대상으로 여러 가지 응력상태하에서 실시하였으며 모래의 상대밀도는 70%로 하였다. 배수시험을 식 (9.1)의 중간주응력과 최대주응력에 대한 응력비 b에 따라 실시하였다.

$$b = \frac{\sigma_2 - \sigma_3}{\sigma_1 - \sigma_3} \tag{9.1}$$

여기서, b는 $\sigma_2 = \sigma_3$인 삼축시험에서는 0이고 $\sigma_1 = \sigma_2$인 삼축신장시험에서는 1인 것으로 b는 0에서 1 사이의 값을 갖는다. 그리고 본 시험에서는 각 시험마다 파괴 시까지의 b값을 항상 일정한 값으로 유지하도록 주응력을 조절하였다. 각 시험에 대한 b와 초기간극비는 표 9.1과 같다.

각 시험의 응력경로는 표 9.1에서 보는 바와 같이 우선 삼축압축시험에 해당하는 b가 0인 시험을 구속압이 0.5, 1.0, 2.0kg/cm²인 세 가지 경우에 대해 실시하고 이를 각각 C-1에서 C-3으로 정하였다. 그리고 C-4는 구속압이 1kg/cm²인 상태에서 중간주응력의 효과를 고려한 b가 0.13인 시험이다. C-5, C-6, C-7 및 C-8은 C-4에서와 같이 구속압이 1kg/cm²인 상태에서 수평재하장치에 의한 중간주응력의 크기를 조금씩 증가시켜 축차응력비 b를 각각 0.3, 0.61, 0.83 및 0.89로 한 경우이다. 그리고 수평재하장치에 의한 하중부담이 높은 b가 1인 삼축신장시험과 수평재하장치에 의한 하중이 연직하중보다 높게 작용되는 C-9에서 C-12는 연직재하장치의 하중부담을 감소시키기 위해 구속압을 감소시켜 하중을 작용시켰다.

즉, C-9에서는 삼축신장시험을 실시하기 위하여 구속압을 0.6kg/cm²로 감소시켜 하중을 작용시켰으며 이때의 b는 0.97이다. 그리고 C-10에서 C-12까지는 구속압이 0.5kg/cm²이고 수평재하장지에 의한 수평응력 σ_h가 연직응력 σ_v보다 큰 경우로서 축차응력비 b가 0.71, 0.70 및 0.77에 해당하는 시험이다.

표 9.1 입방체형 삼축시험 계획

시험번호	구속압(kg/cm^2)	응력비 b	초기간극비 e_0	비고
C-1	0.5	0.00	0.697	
C-2	1.0	0.00	0.691	
C-3	2.0	0.00	0.682	
C-4	1.0	0.13	0.727	
C-5	1.0	0.30	0.671	
C-6	1.0	0.61	0.675	
C-7	1.0	0.83	0.676	
C-8	1.0	0.89	0.682	
C-9	0.6	0.97	0.660	
C-10	0.5	0.71	0.704	$\sigma_h > \sigma_v$
C-11	0.5	0.70	0.684	$\sigma_h > \sigma_v$
C-12	0.5	0.77	0.664	$\sigma_h > \sigma_v$

9.4 변형특성

9.4.1 응력 - 변형률 거동

그림 9.4는 표 9.1에 있는 12회의 입방체형 삼축시험 중 b가 0인 삼축압축시험을 구속압을 달리하여 실시한 C-1에서 C-3까지의 응력－변형률 거동을 함께 도시한 그림이다.

그림 9.4(a)는 축변형률 ϵ_1에 대한 축차응력의 거동을 도시한 그림으로 흰 삼각형으로 나타낸 C-1 시험은 축변형률 약 3.7%에서 최대축차응력이 발생하고 있다. 구속압이 1.0kg/cm^{2}인 C-2 시험은 C-1 시험보다 축차응력이 크게 발생하고 있으며 검은색으로 표시한 최대축차응력이 발생하는 위치도 C-1 시험에서 보다 증가한 축변형률 약 4.3%에서 발생하고 있다. 한편 구속압이 2.0kg/cm^{2}인 C-3 시험 결과는 축차응력이 가장 크게 발생하고 있으며, 최대축차응력이 발생하는 위치도 축변형률 약 6.3%에서 발생하고 있어 다른 시험에 비해 파괴 시의 축변형률이 가장 크게 발생하는 것으로 나타나고 있다. 즉, 밀도가 같은 공시체의 축변형률에 대한 축차응력의 관계에서 파괴 시의 축차응력은 구속압이 증가함에 따라 증가하는 것을 알 수 있다.

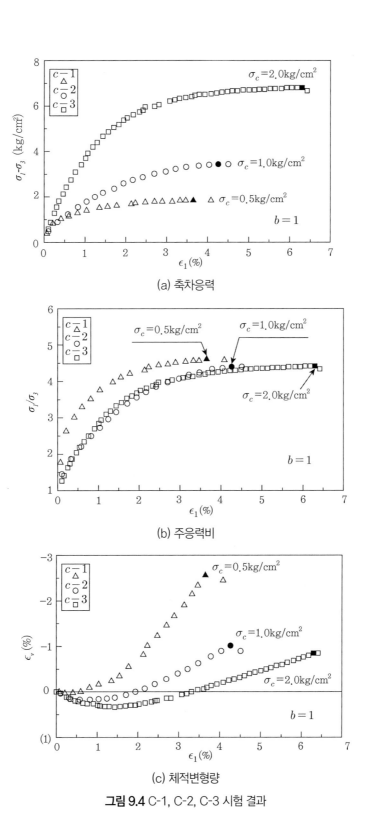

(a) 축차응력

(b) 주응력비

(c) 체적변형량

그림 9.4 C-1, C-2, C-3 시험 결과

그림 9.4(b)는 축변형률 ϵ_1에 대한 주응력비 σ_1'/σ_3'의 관계를 도시한 것으로 모래의 강도를 내부마찰각으로 표현할 시 내부마찰각의 크기는 식 (9.2)에서 보는 바와 같이 주응력비에 의해 결정된다.

$$\phi = \sin^{-1}\frac{(\sigma_1'/\sigma_3')-1}{(\sigma_1'/\sigma_3')+1} \tag{9.2}$$

이 그림에서 보는 바와 같이 파괴 시의 주응력비의 크기는 구속압의 크기에 관계없이 거의 동일하나 파괴 시의 축변형률은 구속압의 크기가 클수록 크게 나타나고 있음을 알 수 있다.

그림 9.4(c)는 축변형률 ϵ_1에 대한 체적변형률의 거동을 도시한 그림이다. 이 그림에서 구속압이 0.5kg/cm²인 C-1 시험의 결과는 체적압축변형률이 축변형률 초기에만 조금 발생하고 있으며 축변형률 0.5%에서부터 다이러턴시 현상에 의한 체적팽창이 발생하는 것으로 나타나고 있다. 흰 원은 구속압이 1.0kg/cm²인 C-2 시험의 결과를 도시한 것으로 C-1 시험에 비해 체적압축이 많이 발생하고 있다.

그리고 체적팽창이 발생하는 축변형률 ϵ_1의 위치도 C-1 시험에서보다 증가한 약 2%에서부터 발생하고 있으며, 체적팽창의 양은 훨씬 적게 발생하고 있다. 한편 구속압이 2.0kg/cm²인 C-3 시험에서는 체적압축이 앞에서 보다 훨씬 크게 발생하는 것으로 나타나고 있으며 축변형률 약 3.3%에서부터 체적팽창이 발생하는 것으로 나타나고 있다. 이 결과로부터 구속압이 증가할수록 다이러턴시에 의한 체적팽창을 구속하는 효과가 큼을 알 수 있다.

그림 9.5는 구속압이 1.0kg/cm²인 상태에서 중간주응력의 영향을 조사하기 위하여 C-4, C-5, C-7의 시험 결과를 함께 도시한 결과이다.

우선 그림 9.5(a)는 축변형률 ϵ_1에 대한 축차응력의 거동을 도시한 그림으로 축차응력비 b가 0.13인 C-4 시험은 축변형률이 증가함에 따라 축차응력이 증가하다 축변형률 약 5%, 축차응력 약 4.2kg/cm²에서 파괴가 발생하고 있으며 화살표는 파괴 위치를 나타낸 것이다. b가 0.3인 C-5 시험은 파괴가 C-4 시험보다 감소된 축변형률 약 3.3%에서 발생하고 있고 축차응력은 C-4 시험에서 보다 증가한 약 4.6kg/cm²를 나타내고 있다. 그리고 b가 0.83인 C-7시험은 파괴 시 축차응력이 계속 증가하여 약 5.1kg/cm²를 나타내고 있으나 파괴는 축변형률 ϵ_1이 약 2.9%에서 발생하고 있다.

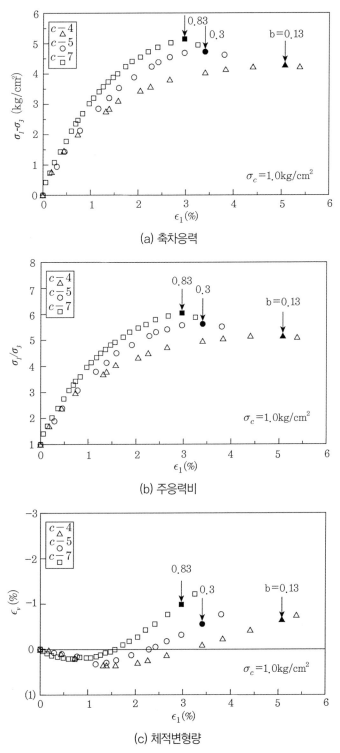

(a) 축차응력

(b) 주응력비

(c) 체적변형량

그림 9.5 C-4, C-5, C-7 시험 결과

그림 9.5(b)는 축변형률 ϵ_1에 대한 주응력비 σ_1'/σ_3'의 관계를 도시한 그림으로 축차응력과 축변형률의 관계를 나타낸 그림 9.5(a)와 유사한 경향을 나타내고 있다. 파괴 시 최대주응력비는 b가 0.13인 C-4 시험에서 가장 적게 발생하고 있으며 b가 증가함에 따라 모래의 최대주응력비도 증가하여 b가 0.83인 C-7 시험에서 가장 크게 발생하고 있다. 또한 파괴 시의 축변형률은 b값이 커질수록, 즉 중간주응력이 클수록 작아진다.

그림 9.5(c)는 축변형률 ϵ_1에 대한 체적변형률 ϵ_v의 거동을 도시한 그림이다. b가 증가함에 따라 최대체적변형률과 체적팽창이 발생하는 위치가 감소하고 있음을 볼 수 있다. 즉, 축차응력비 b가 증가함에 따라 다이러턴시에 의한 체적팽창이 크게 발생함을 알 수 있다.

9.4.2 변형률 사이의 관계

그림 9.6(a)는 최대주변형률 ϵ_1에 대한 중간주변형률 ϵ_2의 관계를 도시한 그림으로 여기서 흰 원과 검은 원은 시험 결과를 도시한 것이고 점선은 단일경화구성모델을 이용하여 예측한 결과[6,7]를 도시한 그림이다.

우선 그림에 도시한 시험 결과를 설명하면 이들은 구속압이 1kg/cm^{2}인 상태에서 연직응력 σ_v가 수평재하장치에 의한 수평응력 σ_h보다 큰 C-4, C-5, C-6 및 C-7 시험과 중간주응력과 최소주응력을 동일하게 하여 삼축압축시험을 실시한 C-2 시험 결과를 함께 도시한 그림이다. 그림에서 검은 원과 숫자는 파괴가 발생한 위치와 파괴 시 b값을 나타내고 있다.

$b=0$의 삼축압축시험에 해당하는 C-2 시험과 b가 0.3인 C-4 시험에서는 축변형률이 증가할수록 중간주응력방향으로 신장변형이 발생하고 있으나 b가 이보다 큰 나머지 시험에서는 모두 중간주응력 방향으로 압축변형이 일어나고 있다. b가 0.3인 C-5 시험에서는 중간주응력 방향의 변형이 0에 가까워 거의 평면변형률 상태를 나타내고 있다. 그리고 각 시험에서 파괴점의 위치는 응력비 b가 적을수록 축변형률이 큰 값에서 발생하고 있음을 볼 수 있으며, 초기간극비가 다른 시험들에 비해 큰 C-4 시험은 파괴 시의 축변형률값이 특히 크게 나타나고 있다.

또한 이들 파괴점 위치를 서로 연결해보면 초기간극비가 조금 큰 C-4 시험을 제외하고는 그림에서 이점쇄선으로 나타낸 바와 같이 대체적으로 일직선으로 나타나는 경향을 보이고 있다.

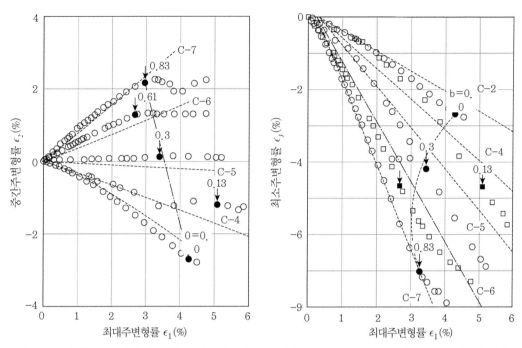

(a) 최대주변형률 ϵ_1과 중간주변형률 ϵ_2 사이의 관계　　(b) 최대주변형률 ϵ_1과 최소주변형률 ϵ_3 사이의 관계

그림 9.6 주변형률 사이의 관계

　　시험 결과를 단일경화구성모델에 의한 예측치와 비교해보면 파괴 이전까지는 대체적으로 좋은 일치를 보이는 것으로 나타나고 있다. 그러나 b가 0.3인 C-5 시험에서 시험 결과에 의한 중간주변형률은 평면변형조건에서 약간의 압축변형률을 보인 반면 예측치에서는 약간 신장되는 경향을 보이는 것으로 나타나고 있으며 C-4 시험에서는 예측에 의한 중간주변형률의 압축경향이 조금 적게 발생하고 있다. 한편 파괴가 발생한 이후에는 시험치와 예측치가 큰 차이를 보이는데, 이는 입방체형 삼축시험기구의 중간주응력 작용장치가 응력제어에 의해서 이루어지기 때문이다.

　　그림 9.6(b)는 C-4, C-5, C-6 및 C-7 시험에 대한 최대주변형률 ϵ_1과 최소주변형률 ϵ_3 사이의 관계를 도시한 그림이다. 이 그림에서 원과 사각형으로 표시한 것은 그림 9.6(a)에서와 같이 시험 결과이고 검은 원과 검은 사각형은 파괴점을 표시한 것이다. 여기서는 응력비 b가 증가할수록 최소주응력방향의 압축변형이 크게 발생하고 있음을 볼 수 있으며, 파괴가 일어나는 ϵ_1에 대한 ϵ_3의 위치도 밀도가 약간 느슨한 C-2 시험을 제외하고는 약간의 포물선 형태를 이루며 ϵ_3의 압축량이 증가하고 있음을 볼 수 있다. 그리고 예측 결과와의 비교에서 점선

의 포물선으로 연결한 파괴가 발생하는 지점 이전에는 좋은 일치를 보이고 있으나 파괴 이후에는 그림 9.6(a)에서와 같이 약간의 차이를 보이고 있다. 또한 C-5 시험과 C-6 시험에서는 예측에 의한 최소주변형률의 신장 경향이 조금 적게 발생하고 있음을 볼 수 있다.

9.5 강도특성

9.5.1 파괴규준과 파괴정수

Lade(1984)는 마찰물질에 대한 재료의 3차원 파괴규준은 곡선형태의 파괴포락선을 가진다고 하였다. 이 규준은 응력의 제1 및 제3 불변량의 항으로 식 (2.37)과 같이 제안하였다.

여기서 파괴정수 η_1과 m은 그림 9.7에 나타난 바와 같이 삼축압축시험 결과로부터 얻은 $(I_1^3/I_3 - 27)$와 (P_a/I_1)의 관계를 각각 y축과 x축의 값으로 양면대수지에 도시함으로써 구할 수 있다.

그림 9.7에서는 파괴정수 η_1과 m을 결정하기 위해 입방체형 삼축시험 외에도 원통형 삼축압축시험기에서 실시한 시험 결과와 비틀림전단시험기를 사용하여 실시한 삼축압축시험의 결과를 포함하여 파괴정수를 결정하였다.

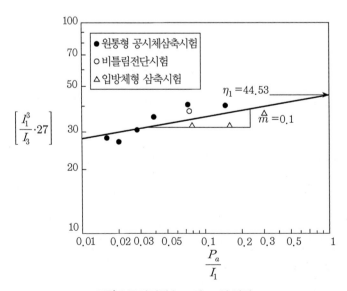

그림 9.7 파괴정수 η_1과 m의 결정

그림 9.7에서 실선은 이들 시험 결과에 대한 파괴정수 η_1과 m을 결정하기 위해 회기분석을 실시한 결과이다. 여기서 η_1과 m은 직선의 절편과 기울기로 각각 44.53과 0.1로 결정하였다. 이 직선을 기준으로 각 시험기에 의한 시험치를 비교해보면 가로축의 값이 0.03 이상에서는 원통형 삼축시험기와 비틀림전단시험기에 의한 값이 직선의 상부에 위치하고 있으며 입방체형 삼축시험기에 의한 결과는 그 아래에 위치하는 것으로 나타나고 있어 입방체형 삼축시험의 결과가 다른 시험에 비해 b가 0인 삼축압축시험에서는 조금 작게 산정되는 경향을 보이고 있다.

9.5.2 내부마찰각

그림 9.8은 b값의 변화에 따른 내부마찰각 ϕ의 변화를 도시한 그림이다. 소위 $b - \phi$도라 한다. 흙의 내부마찰각은 Mohr-Coulomb의 파괴규준에 의하여 식 (9.2)와 같이 계산된다.

중간주응력의 상대적인 크기를 설명하기 위해 응력비 b에 따라 모래의 내부마찰각의 시험 결과를 그림에서 사각형으로 도시하였다. 그리고 이 그림에서 실선은 등방단일경화모델에 의해 η_1이 44.53이고 m이 0.1인 파괴선을 나타낸 것이며, 이 점쇄선은 Nakai & Matsuoka규준[11]에 의해 κ가 0.76일 때의 파괴선을 도시한 것이다. 그림에서 시험 결과는 삼축압축시험인 $b = 0$에서 가장 적은 값을 보이고 있으며 b가 증가함에 따라 내부마찰각도 증가하고 있다. 그러나 b가 0.7을 지나 1에 접근할수록 모래의 내부마찰각이 약간 감소하는 듯한 느낌을 준다. 이들을 예측 결과와 비교해보면 우선 Mohr-Coulomb의 파괴규준은 그림에서 도시되지는 않았지만 식 (9.2)에서 보는 바와 같이 흙의 내부마찰각 ϕ가 중간주응력의 영향을 받지 않고 단지 최대주응력과 최소주응력의 함수인 것으로 b값에 무관하게 항상 일정한 값을 갖게 되나 시험 결과는 많은 차이가 있다. 그리고 Nakai & Matsuoka 규준에서는 모래의 내부마찰각이 주응력비에 차이를 보이고는 있으나 이 결과는 또한 b가 0인 삼축압축시험과 b가 1인 삼축신장시험에서 같은 값을 갖는 것으로 도시되고 있다. 그러나 시험 결과에 의하면 이들 내부마찰각 사이에는 약 5°의 차이가 있는 것으로 나타나고 있다. 그에 반해 단일경화구성모델에서는 시험 결과와 예측치가 잘 일치하고 있다. 그리고 이러한 결과는 이미 많은 연구 결과에서 발표되었으며 점토에 대한 이전 연구에서도 보고된 바 있다.

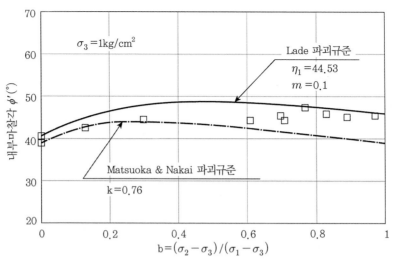

그림 9.8 입방체형 삼축시험 결과($b-\phi$도)와 파괴규준의 비교

한편 그림 9.6(a)의 결과로부터 평면변형률조건에 해당하는 $b=0.3$의 내부마찰각 ϕ_{ps}를 $b=0$의 삼축압축시험에 해당하는 모래의 내부마찰각 ϕ_{tr}과 비교해보면 Lee(1970)에 의해 제안된 $\phi_{ps} \simeq 1.1\phi_{tr}$의 관계보다는 조금 크게 나타났다. 즉, ϕ_{ps}가 ϕ_{tr}보다 약 1.14배 큰 값을 갖는 것으로 나타고 있다.

9.5.3 정팔면체평면

그림 9.9는 제1 응력불변량 I_1이 6kg/cm²인 정팔면체평면상에 입방체형 삼축시험으로부터 구한 모래의 파괴강도를 앞에서 구한 Lade의 파괴규준에 의한 파괴면과 Mohr-Coulomb의 파괴규준으로부터 구한 파괴면을 비교 도시한 결과이다. 그림에서 점선은 Mohr-Coulomb의 규준을 나타낸 것이고 실선은 Lade의 파괴규준을 도시한 것으로 여기서는 파괴정수 η_1과 m은 각각 44.53과 0.1로 하였다.[18] 이 그림에 의하면 삼축압축시험에서는 시험 결과치와 두 파괴 규준에 의한 예측치가 잘 일치하고 있으나 b가 0.13, 0.3 및 0.61에서는 시험 결과치가 Mohr-Coulomb의 파괴규준과 Lade의 파괴규준의 중간 정도의 지점에 위치하고 있고 다른 나머지 시험에서는 Lade 파괴규준과 잘 일치하고 있음을 볼 수 있다. 즉, Mohr-Coulomb 파괴규준은 b가 0보다 큰 시험의 경우 강도를 과소평가할 우려가 있는 반면 Lade의 파괴규준은 중간 주응력의 영향을 받는 경우의 파괴강도를 잘 산정하고 있다고 볼 수 있다.

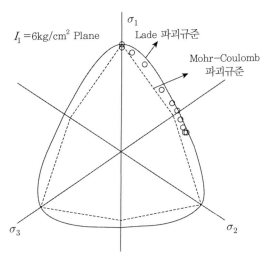

$I_1 = 6\text{kg/cm}^2$ Plane

Lade 파괴규준

Mohr–Coulomb 파괴규준

σ_1

σ_3

σ_2

그림 9.9 정팔면체평면 도시한 입방체형 삼축시험에 의한 파괴점

9.6 응력경로에 따른 소성변형률증분벡터[18]

그림 9.10(a)와 (b)는 각 시험의 응력경로와 각 응력상태에서의 소성변형률증분벡터의 방향을 정팔면체평면에 도시한 결과이다.[18]

그림 9.10(a)에서는 응력상태에 따른 소성포텐셜함수를 점선으로 도시하여 나타내었으며 그림 9.10(b)에서는 응력상태에 대한 항복면을 등방단일경화구성모델을 이용하여 도시하였다.[18] 그리고 여기서 실선은 η_1이 44.53일 때의 파괴면을 나타낸 것이다. 그림 9.10(a)에서 응력상태에 따른 소성포텐셜함수의 모양은 초기에는 원형에 가까운 모양을 보이다가 응력상태가 파괴 시에 접근할수록 둥근 삼각형모양으로 변화하고 파괴면에 근접하여서는 각 주응력의 양의 방향에서는 그 면이 파괴면 내부에 위치하고 있으나 각 주응력의 음의 방향에서는 파괴면 바깥에 위치함을 볼 수 있다.

그러나 응력상태에 따른 항복면은 낮은 응력상태에서는 소성포텐셜면과 유사한 원형에 가까운 형태를 보이다 응력상태가 파괴에 접근할수록 파괴면과 비슷한 형태로 변해감을 볼 수 있다. 그러나 소성포텐셜면은 파괴에 근접하여 일부가 파괴면 바깥에서 형성된 반면 항복면은 파괴면 내부에만 형성되고 있다. 소성포텐셜면상에 각 응력경로별로 도시한 소성변형률증분벡터의 시험치와 예측치를 비교해보면 등방단일경화구성모델에 의한 예측 결과가 시험 결과와 좋은 일치를 보이는 것으로 나타나고 있다. 따라서 소성변형률증분벡터는 각 응력 단계의 소성포텐셜면에 수직방향으로 작용하고 있음을 알 수 있다.[18]

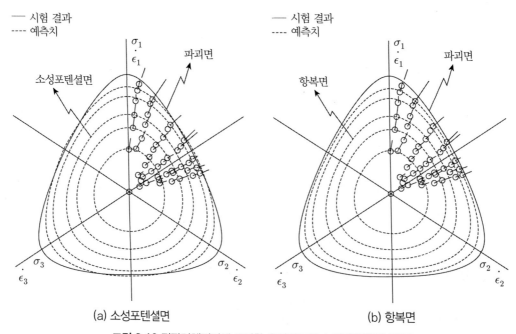

(a) 소성포텐셜면

(b) 항복면

그림 9.10 정팔면체평면에 투영한 응력경로와 소성변형률증분벡터

| 참고문헌 |

(1) 강권수·이문수·정진섭·박
집, pp.442-445.

(2) 이재호(1995), '이동경화구성모델에 의 시험기의 시작', 대한토목학회학술발표회논문
공학석사학위논문.

(3) 홍원표(1988a), 'K_0 – 압밀점토의 주응력회전효과 관한 기초적 연구', 중앙대학교대학원,

(4) 홍원표(1988b), '이방성 과압밀점토의 강도특성', 대한토 문집, 제8권, 제1호, pp.151-157.

(5) 남정만·홍원표(1993), '입방체형 삼축시험에 의한 모래의 응력 권, 제3호, pp.35-41.
권, 제4호, pp.83-92. , 한국지반공학회, 제9

(6) 남정만·홍원표(1994), '등방단일경화구성모델에 의한 모래의 3차원거동
제10권, 제1호. pp.103-116. 지반공학회지,

(7) 남정만·홍원표·김태형·이재호(1994), '등방단일경화구성모델에 의한 K_0 – 압밀전토
대한토목학회 논문집(I). 예측',

(8) Kirkgard, M.M.(1981), "Consolidation characteristics determinded during the constant rate of strain consolidation test", MS Thesis, UCLA.

(9) Ko, H.Y. and Scott, R.F.(1967), "A new soil testing apparatus", Geotechnique, Vol.17, No.1, pp.40-57.

(10) Lade, P.V. and Duncan, J.M.(1973), "Cubical triaxial tests on cohesionless soil", Journal of the Soil Mechanics and Foundations Division, ASCE, Vol.99, No.SM10, pp.793-812.

(11) Lade, P.V.(1978), "Cubical triaxial apparatus for soil testing", Geotechnical Testing Journal, GTJODJ, Vol.1, No.2, pp.93-101.

(12) Lade, P.V. and Musante, H.M.(1978), "Three-dimensional behavior of remolded clay", Jounal of the Geotechnical Engineering Division, ASCE, Vol.104, No.GT2, pp.193-209.

(13) Lam, W.K. and Tastuoka, F.(1988), "Effects of initial anisotropic fabric and σ_2 on strength and deformation characteristics of sand", Soils and Foundations, Vol.28, No.1, pp.89-106.

(14) Nakai, T. and Matsuoka, H.(1983), "Shear behaviors of sand clay under three-dimensional stress condition", Soils and Foundations, Vol.23, No.2, pp.26-47.

(15) Reades, D.W. and Green, G.E.(1976), "Independent stress control and triaxial extension tests on sand", Geotechnique, Vol.26, No.4, pp.551-576.

(16) Sutherland, H.B. and Mesdary, M.S.(1969), "The influence of the intermediate principal stress on the strength of sand", Proc., of the 7th ICSMFE, Vol.1, Mexico, pp.391-399.

(17) Yamada, Y. and Ishihara, K. (1979), "A   Characteristics of Sand under Three
        dimensional Stress Conditions", Soils   .19, No.2, pp.79-94.

(18) 홍원표(2022), 토질역학특론, 도

대응력반전

Chapter 10 대응력반전

10.1 대응력반전의 중요성

정지상태의 지반은 응력이력상태에 따라 각각의 항복면을 형성하고 있다. 여기에 외부환경의 변화에 의해 초기재하(primary loading)와 제하(unloading) 및 재재하(reloading)가 발생하여 지반의 거동이 발생하였을 시 이 지반이 탄성영역에서 제하가 일어나면 이를 소응력반전이라 하고 탄성영역을 지나 소성영역에서 제하가 일어나면 이를 대응력반전이라 할 수 있다. 대응력반전 문제는 흙 구조물이나 구조물의 하부구조설계 시 종종 발생된다.

그림 10.1은 정적하중 작용 시 자주 발생할 수 있는 대응력반전의 예를 도시한 것이다.[1] 그림에서 지반이 굴착되기 전이나 말뚝에 측방하중이 가해지기 전, 즉 어떤 외력에 의한 지반의 변화가 발생하기 전의 지반은 K_0 상태나 주동상태라고 할 수 있다.

그러나 이 조건은 주위 환경의 변화나 외력에 의해 지반이 수동적인 상태로 바뀌었다고 볼 수 있다. 이러한 지반의 거동을 탄소성해석의 개념으로 바꾸어 설명하면 최초의 지반굴착은 제하단계로 볼 수 있으며 이것은 점차 굴착이 진행되어감에 따라 주응력방향에 변화가 발생하고 하중조건이 제하단계에서 재제하단계상태로 변화하여 최초의 항복면을 지나 결국 파괴로 접근하게 된다.

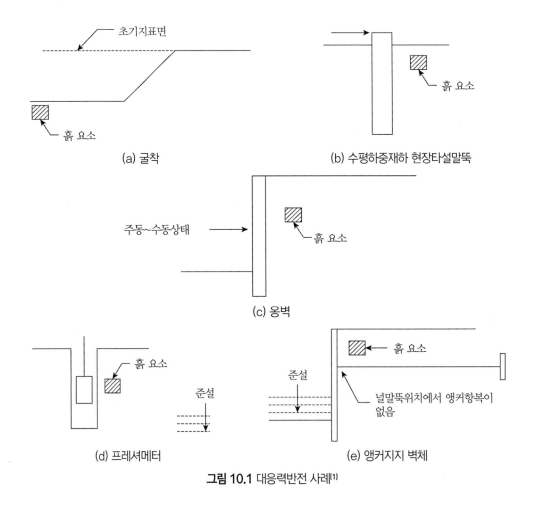

(a) 굴착

(b) 수평하중재하 현장타설말뚝

(c) 옹벽

(d) 프레셔메터

(e) 앵커지지 벽체

그림 10.1 대응력반전 사례[1]

이와 비슷한 예를 일반적인 실내시험에서도 볼 수 있다. Ladd & Lambe(1963)은 불교란시료 채취 시 흙의 응력상태를 가상적인 응력경로를 통해 그림 10.2와 같이 설명하였다.[16] 원래 지반의 현장응력상태는 A에 위치하고 있으나 이것이 여러 과정을 거쳐 채취된 시료가 트리밍을 마쳤을 때는 점 F에 위치하게 되며 이것은 제하단계라 할 수 있다. 이와 같이 채취된 시료는 전단을 실시함에 따라 재제하와 초기재하가 작용하여 다시 새로운 항복면을 만들어나가는 것으로 이 또한 대응력반전의 한 예라 할 수 있다.

그리고 대응력반전 시 고려해야 할 주요사항으로는 주응력축의 회전효과를 들 수 있다. 최근 이러한 주응력회전 시 흙에서 발생하는 변형률증분벡터의 영향에 관한 실험적 연구가 Wong & Authur(1986),[35] Hong & Lade(1989a),[19] Sayao & Vaid(1989),[31] Shibuya & Hight(1989)[32] 등에 의해 많이 보고되고 있다.

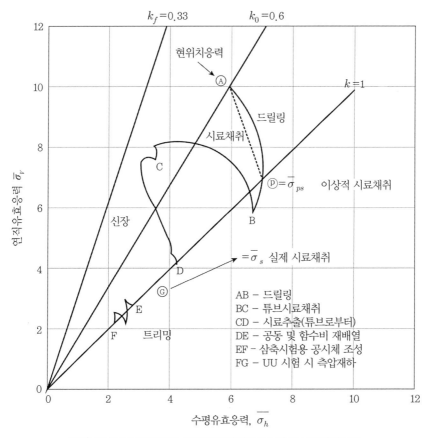

그림 10.2 튜부시료채취 시 정규압밀점토요소의 가상응력경로[16]

그림 10.1에서와 같이 지반조건에 변화가 발생되면 주응력방향이 회전하게 된다. 이러한 주응력축의 회전효과를 파도가 출렁이는 바다의 바닥저면에서도 그림 10.3에서와 같이 추정해볼 수 있다.[21] 여기서 파도하중은 그림에서와 같이 파도의 위치에 따라 주응력축의 방향을 회전시키고 있으며 이것은 또한 반복하중으로 작용한다. 이 반복하중의 효과는 설계 시 지진과 액상화 현상 등과 같은 공학적인 문제에 있어서 아주 중요한 분야이다. 대응력반전 시 흙의 거동은 이러한 반복하중의 효과를 고려하는 것에도 좋은 이점을 가지고 있으며 이러한 점을 고려한 흙의 구성모델이 Lade(1990),[24] Desai et al.(1986)[15] 등에 의해 현재 많이 개발 중에 있다.

주응력축의 회전은 단순전단시험기(simple shear device)와 비틀림전단시험(torsion shear apparatus)을 사용하여 조사되고 있다. 그중 단순전단시험기는 Roscoe의 연구팀(1953, 1967[25,26])과 Bjerrum & Landva(1966)[13]에 의하여 주로 사용되었다. 그러나 Wright et al.(1978)[34]은 단순전단 시

공시체의 중앙면에서 전단응력이 균일하지 않음을 보여주었다. 일반적으로 단순전단시험에서는 다음과 같은 결점이 있다(Saada & Townsend, 1981).[30]

① 연직면에 전단응력이 유지되기 어렵다.

② 공시체 내에 응력과 변형률이 균일하게 분포되지 않는다.

③ 전단 시 수평응력과 수직응력의 발생을 일반적으로 알 수 없다.

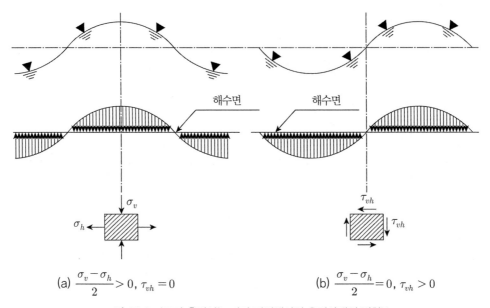

(a) $\dfrac{\sigma_v - \sigma_h}{2} > 0,\ \tau_{vh} = 0$ (b) $\dfrac{\sigma_v - \sigma_h}{2} = 0,\ \tau_{vh} > 0$

그림 10.3 파도가 출렁이는 바다 저면에서의 응력상태의 변화[1]

한편 Broms & Casbarian(1965)[14]이 반죽성형한 Kaolinite 점토의 중공원통형 공시체로 압밀비배수삼축시험을 실시하여 강도특성에 미치는 주응력회전과 중간주응력의 영향을 조사한 이후 Saada & Baah(1967),[27] Lade(1975),[22] Symes et al.(1984)[33] 등에 비틀림전단시험이 사용되기 시작하였다. 이 비틀림전단시험의 장점은 주응력축을 원하는 방향으로 회전시킬 수 있다는 것이다.

연직 축에 대한 주응력축의 회전각 ψ는 $b(= (\sigma_2 - \sigma_3)/(\sigma_1 - \sigma_3))$와 $b = \sin^2\psi$의 관계로 연결되어 있어 중간주응력 σ_2의 영향도 역시 검토될 수 있다. 비틀림전단시험에서 중공원통형 공시체는 내측면과 외측면에 동일한 압력을 받고 있으면 평면응력상태(plane stress state)에 놓여 있다. 이러한 응력상태를 마련하기 위해서는 응력과 변형이 공시체 내에 균일하게 분포되어 있어야 한다(Saada & Townsend, 1981).[30] 이 균일성은 공시체의 치수를 적절히 선정함으로써 최대화시킬 수 있었다(Lade, 1981[23]; Wright et al., 1978).[34]

Geiger와 Lade(1979)[16]는 비틀림전단시험으로 주응력회전과 응력반전 시의 사질토거동을 연구하였다. 또한 Symes et al.(1984)[33]은 모래에 대한 비틀림전단시험으로 응력반전을 포함한 응력경로에 의하여 초기이방성이 크게 변함을 밝혔다. Saada(1973, 1975)의 연구팀[28,29]도 비틀림전단시험으로 점토의 응력-변형거동에 비치는 점토이방성의 영향을 연구하였다.[28-30]

그 밖에도 비틀림전단시험으로 점토의 반복주기 거동의 영향이 연구되기도 하였다(Hicher & Lade, 1986).[17]

탄성이론에 의하면 등방재료에 있어서 변형률증분축은 응력증분축과 일치한다고 한다. 반면에 St. Venant에 의한 소성이론에 따르면 주응력축회전 시 소성변형률증분의 방향은 응력의 주축과 일치한다. 이것은 비관련흐름법칙에서 소성포텐셜함수와 관련된 것으로 흙의 구성식에서 아주 중요한 부분을 차지한다. 따라서 주응력축회전 시 흙의 거동을 고찰하기 위하여 홍원표(1988a,b,c)[6-8]와 Hong & Lade(1988a,b)[19,20]는 점토시료를 대상으로 연구한 바 있으며 남정만(1993)은 모래에 대해서 34회의 비틀림전단시험과 12회의 입방체형 삼축시험을 배수상태로 실시한 바 있다.[1] 이들 시험에서 응력비에 따른 모래의 강도와 대응력반전 시 응력경로에 따른 모래의 소성변형특성을 분석하였다.

또한 제9장과 제10장에서는 Lade(1990)에 의해 제안된 단일경화(Single Hardening)모델[24]을 이용하여 실험 결과를 예측치와 비교한 결과를 설명한다.

이들 시험에서 비틀림전단시험과 입방체형 삼축시험의 결과를 비교하여 삼축신장시험 시 자주 발생하는 공시체의 단부구속의 영향에 의한 변형률국부현상에 관하여서도 검토하였다.

10.2 시험장치 및 사용시료

주응력방향회전에 대한 흙의 거동을 조사하기 위한 시험에서는 연직하중뿐만 아니라 전단응력을 공시체의 표면에 동시에 적용시킬 수 있는 시험장치가 필요하다. 이러한 시험을 위해 공시체의 주위가 상부링과 하부링 및 멤브레인으로 둘러싸여 있는 중공원통형 공시체를 이용한 비틀림전단시험기가 많이 사용되고 있다. 비틀림전단시험기는 중공원통형 공시체의 내측면과 외측면에 구속측압을 가하고 공시체의 상·하단에 연직하중을 가하여 각각 상이한 세 주응력을 측정할 수 있는 장치로서 제10장에서 설명하는 시험장치는 Lade(1981),[23] Hong & Lade(1989a, 1989b),[19,20] 홍원표(1988)[6-8] 등에 의해 이미 국내외에서 많이 소개된 적이 있으며 이를 간략히 요약하여 정리하면 다음과 같다.

10.2.1 응력전달장치

중공원통형 공시체를 이용한 비틀림전단시험기는 공시체의 내측면과 외측면에 동일한 구속압을 작용시킬 수 있으며 전단응력과 연직응력이 공시체의 상단부와 하단부를 통해 전달될 수 있다.

그림 10.4는 비틀림전단시험기의 전체적인 개략도와 하중전달장치이다(Hong & Lade, 1989).[19,20] 하중을 작용시킬 수 있는 재하장치는 그림 10.4에서 보는 바와 같이 바닥판 아래에 설치되어 있으며 연직하중 및 토크는 바닥판의 구멍을 통해 중공원통형 공시체의 내측 챔버의 중앙을 지나 상부판으로 연결된 중앙축(center shaft)을 통하여 상판에 전달되고 이 힘은 상판 하부에 부착된 상부링을 통하여 공시체에 전달된다.

이러한 하중을 중앙축에 전달시키기 위한 연직하중장치는 압축과 인장을 가할 수 있는 두 개의 유압실린더로 되어 있으며 토크 전달장치는 중앙축을 시계 방향과 반시계 방향으로 회전시킬 수 있는 4개의 유압실린더로 형성되어 있다.

이들 연직하중과 토크는 힘을 각각 독립적으로 작용시킬 수 있게 하였으며 응력제어와 변형제어 모두가 가능하게 설계되어 있다.

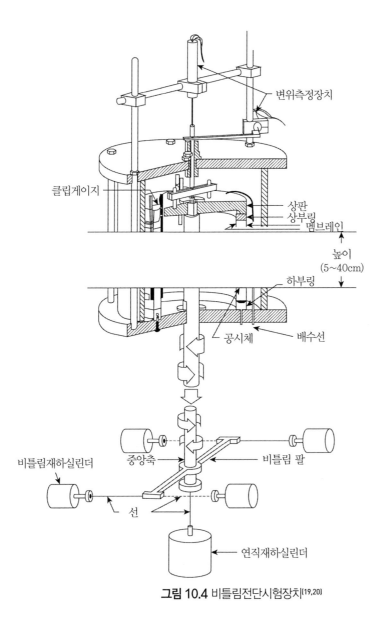

변위측정장치

클립게이지

상판
상부링
멤브레인

높이
(5~40cm)

하부링

공시체
배수선

비틀림재하실린더

중앙축
비틀림 팔

선

연직재하실린더

그림 10.4 비틀림전단시험장치[19,20]

10.2.2 공시체 제작

그림 10.5는 비틀림전단시험기와 공시체의 입면도를 나타낸 것으로 중공원통형 공시체의
상부와 하부에는 상부링과 하부링이 위치하고 있으며 양 측면은 고무멤브레인에 둘러싸여
있다. 공시체는 내경이 18cm이며 외경은 22cm로서 공시체의 두께가 2cm이고 공시체의 높이
는 일차적으로 40cm에 대한 시험을 주로 실시하였으며, 공시체의 높이에 대한 영향을 고려하

기 위한 보충시험으로 높이가 25cm인 공시체에 대한 시험도 일부 실시하였다.

공시체를 둘러싸고 있는 멤브레인은 U자 모양의 하나로 이루어진 고무주머니로서 그 두께는 약 0.028cm에서 0.03cm이며, 본 시험의 공시체를 만들기 위해서는 하부링을 멤브레인의 내부 밑바닥에 둔다. 이때 하부링에는 토크 작용 시 공시체에 마찰력을 전달하기 위해 에폭시를 이용한 모래가 부착되어 있으며 이것은 3개의 나사에 의해 바닥판에 고정시키고 배수선을 연결한다. 멤브레인과 하부링이 바닥판에 고정되면 멤브레인 내측과 외측에 포밍재킷을 설치한다. 포밍재킷은 두께 2cm의 중공원통형 공시체를 만들기 위한 형틀로서 내부와 외부의 두 개로 구분할 수 있다. 내부 포밍재킷은 두께가 얇은 알루미늄관으로 되어 있으며, 외부 포밍재킷은 일반적인 진공재킷으로 두 조각으로 이루어져 있다.

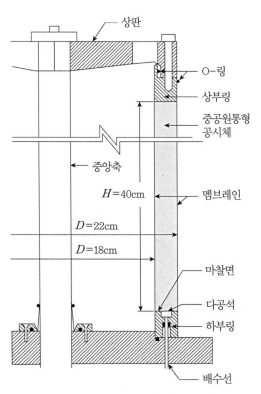

그림 10.5 중공원통형 공시체와 비틀림전단시험장치의 단면도[19,20]

내부와 외부 포밍재킷을 바닥판 위에 설치하고 진공을 가하여 멤브레인을 고정시킨 후 상대밀도 70%의 공시체를 만들기 위해 모래를 길이 1m, 직경 1cm의 튜브관을 통해 자유 낙하시켜 공시체를 제작하였다. 이때 튜브관의 아래쪽 끝은 간격 2.5mm의 그물을 설치하여 낙하속도를 조절하였고 상단부는 깔때기를 부착하였으며, 튜브 아래쪽 끝으로부터 낙하지점까지의 거리를 15cm로 일정하게 유지하여 건조한 모래를 멤브레인 내부에 주입시킨다. 필요한 양의 모래를 튜브관을 통해 주입시키면 모래는 공시체가 필요로 하는 높이보다 약간 높게 퇴적되고 여기에 공시체의 상단부에 마찰력을 작용시키기 위한 에폭시가 부착된 상부링을 설치한다. 그리고 우레탄 망치를 이용하여 외부 포밍재킷과 상부링을 가볍게 두드려 필요한 만큼의 높이를 만들어 상대밀도 70%의 공시체를 제작한다.

공시체가 제작되면 상부링을 배수선에 연결시키고 진공압 $0.5kg/cm^2$을 가하여 공시체를 고정시킴과 동시에 공기누출탐색을 위한 bubble chamber를 통해 멤브레인의 공기 누출 여부를 확인한다. 만일 공기누출이 탐지된다면 포밍재킷을 제거한 후 공시체에서의 공기 누출이 보수될 때까지 라텍스를 멤브레인에 칠한다. 공기누출이 완전히 방지된 것으로 확인되면 상부링 상부에 상판를 중앙축과 연결하여 설치한 후 직경 27.9cm 높이 53.3cm의 삼축셀을 바닥판 위에 놓고 상부캡을 그 위에 설치한 후 직경 1.27cm인 여섯 개의 긴 나사를 이용하여 이들을 고정시킨다. 이러한 모든 작업이 끝나면 챔버는 물로 채워지고 측압 $0.5kg/cm^2$ 작용시킨 후 진공을 제거시킨다.

공시체를 완전히 물로 포화시키기 위해서 우선 CO_2를 배수선 저부로부터 주입한다. 이산화탄소는 공기보다 무거워 이를 공시체에 주입 시 공시체 내부의 공기를 위로 밀어내어 상부 배수선을 통해 공기를 밖으로 추출할 수 있으며, 공시체를 물로 포화시킬 시 완전히 포화가 안 되었을 경우에도 CO_2의 압축성이 물과 비슷해 하중작용 시 흙의 거동을 정확하게 하고 배수시험 시에는 체적변형량 측정에 유리한 이점이 있다. CO_2를 약 15분 정도 주입한 후 공기가 제거된 증류수를 공시체에 주입하여 공시체를 포화시키고 시험을 실시한다.

10.2.3 내부압축실의 체적변형량 측정

공시체의 측방변형과 두께의 변형을 측정하기 위하여 주로 클립게이지를 사용하여 왔다. 그러나 클립게이지를 설치하기가 불편하고 비록 설치하여도 측점위치가 제한되어 이 값을 측방변형과 두께의 변형을 대표하는 대푯값으로 사용하기에는 어려움이 많았다. 따라서 본 시험에서는 내부압축실의 체적변형량을 측정하고 공시체의 체적변형량과 연직변형량을 이용하여 그림 10.6에서 보는 바와 같이 측방변형량과 두께 변형량의 평균값을 유도하여 그 대푯값으로 사용하였다. 우선 내부 압축실의 체적변형량을 ΔC라 하면 ΔC는 식 (10.1)과 같이 구한다.

$$\Delta C = \left(\frac{\pi}{4}D_i^2 - \frac{\pi}{4}d^2\right)H_o - \left(\frac{\pi}{4}(D_i + \Delta D_i)^2 - \frac{\pi}{4}d^2\right)(H_o - \Delta H) \tag{10.1}$$

여기서, ΔC=내부압축실의 체적변형량, 체적감소를 양(+)으로 한다.

D_i=공시체의 내경

H_o=공시체의 높이

d=중심축의 직경

ΔD_i=공시체 내경의 변형량

ΔH=공시체 높이의 변형량

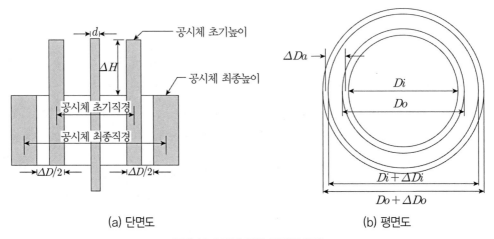

(a) 단면도　　　　　　　(b) 평면도

그림 10.6 전단 전후 공시체 상태

식 (10.1)로부터 ΔD_i를 구하면 식 (10.2)와 같다.

$$\Delta D_i = \sqrt{D_i^2 + \frac{(D_i^2 - d^2)\Delta H - \frac{4}{\pi}\Delta C}{H_o - \Delta H}} - D_i \tag{10.2}$$

또한 식 (10.1)과 (10.2)로부터 공시체 외경의 변형량을 구하면 식 (10.3)과 같다.

$$\Delta D_o = \sqrt{D_o^2 + \frac{(D_o^2 - d^2)\Delta H - \frac{4}{\pi}(\Delta C + \Delta V)}{H_o - \Delta H}} - D_o \tag{10.3}$$

여기서, D_o=공시체의 외경

$\quad\quad\Delta D_o$=공시체외경의 변형량

$\quad\quad\Delta V$=공시체 체적의 변형량

위 식들로부터 공시체 두께의 변형량 Δt를 구하면 식 (10.4)와 같다.

$$\Delta t = \frac{1}{2}\sqrt{D_o^2 + \frac{(D_o^2 - d^2)\Delta H - \frac{4}{\pi}(\Delta C + \Delta V)}{H_o - \Delta H}} \\ - \sqrt{D_i^2 + \frac{(D_i^2 - d^2)\Delta H - \frac{4}{\pi}\Delta C}{H_o - \Delta H}} - 2t \tag{10.4}$$

한편 각 방향에 대한 변형률은 다음과 같이 구해진다.

$$\epsilon_r = -\frac{\Delta t}{t} \tag{10.5}$$

$$\epsilon_\theta = \frac{\Delta D_a}{D_{a(\in i)}} \tag{10.6}$$

$$\epsilon_z = \frac{\Delta H}{H_0 - \Delta H} \tag{10.7}$$

여기서 $\Delta D_a = \frac{1}{2}(\Delta D_o + \Delta D_i)$ 그리고 $D_{a(\in i)}$=20cm이다. 이 식들로부터 공시체의 측방변형과 두께의 변화를 구할 수 있다.

10.2.4 사용시료

시험 대상 시료는 미국 캘리포니아에 위치하는 산타모니카해변 모래이다.[1,5] 사용하기 전 물로 씻어 모래 중에 포함되어 있는 염분과 불순물을 제거하고 입자의 분포를 균등하게 하기 위해 40번체를 통과하는 입자를 대상 시료로 결정하였다. 이 모래시료에 대한 자세한 사항은 참고문헌을 참조하기로 한다.[1,5]

이 모래의 구성광물을 살펴보면 석영과 장석이 각각 약 45%씩 차지하여 흙구성의 주류를 이루고 있으며 자철광이 약 8%, 잔여광물 2% 정도로 구성되어 있다. 또한 균등계수는 1.58, D_{50}은 0.265mm이고 비중은 2.66이며 최대간극비는 0.91, 최소간극비는 0.60이다.

10.3 응력경로

남정만(1993)은 모래의 주응력방향의 회전효과를 고찰하기 위해 34회의 비틀림전단시험을 배수상태로 실시하였다.[1,12] 비틀림전단시험에 사용된 중공원통형 공시체의 좌표계를 Cartesian 좌표계로 나타내면 그림 10.7에서와 같이 연직응력을 σ_z로 하고 공시체의 연직면에 수직으로 작용하는 수평응력을 σ_r로 하며 공시체의 원주방향으로 작용하는 힘을 σ_θ로 정하였다.

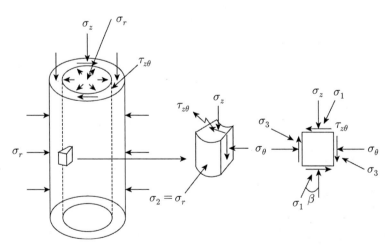

그림 10.7 중공원통형 공시체 Cartesian 좌표계의 응력성분

모래의 주응력방향 회전효과를 고찰하기 위하여 배수상태로 실시한 12회의 비틀림전단시험을 그림 10.8~10.12와 같이 정리하였다. 이들 시험의 응력경로는 복잡성을 피하기 위하여 각 응력경로에 해당하는 경로를 특성별 그룹으로 분리하여 그림 10.8에서 그림 10.12과 같이 나타내었다.

첫 번째 그룹의 응력경로로는 연직력만 가한 응력그룹으로 그림 10.8(a)와 그림 10.8(b)에서 보는 바와 같이 우선 일반 삼축시험에서와 같이 중공원통형 공시체에 전단력을 가하지 않고 단지 연직력만을 가한 삼축압축시험과 삼축신장시험의 응력경로이며 이를 각각 T-1 시험과 T-2 시험으로 이름 지었다.

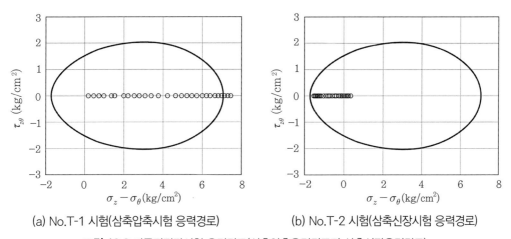

(a) No.T-1 시험(삼축압축시험 응력경로)　　(b) No.T-2 시험(삼축신장시험 응력경로)

그림 10.8 비틀림전단시험 응력경로(삼축압축응력경로과 삼축신장응력경로)

두 번째 그룹의 응력경로는 전단력만 가한 응력그룹으로 주응력축회전효과를 고려할 수 있는 비틀림전단시험경로를 1차적으로 결정하였다. 우선 가장 기본적인 응력경로로서 그림 10.9(a)에서 보는 바와 같이 현재의 지반상태로 생각할 수 있는 K_0 상태에서 단지 전단력만을 추가 작용시킨 T-3 시험을 기준으로 K_0 상태인 점을 경유하는 시험(이를 각각 T-3 시험, T-4 시험, T-5 시험으로 결정하였다)과 경유하지 않는 시험(이를 각각 T-6 시험, T-7 시험으로 결정하였다)을 포함하여 압축인 부분에서 시험을 실시하였다. 여기서 T-6 시험과 T-7 시험의 응력경로에 대해서는 그림 10.10에 도시된 세 번째 그룹의 응력경로에서 자세히 설명하기로 한다.

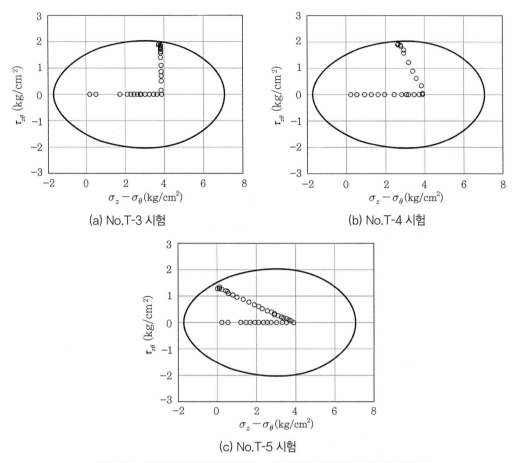

(a) No.T-3 시험

(b) No.T-4 시험

(c) No.T-5 시험

그림 10.9 비틀림전단시험 응력경로(K_0 상태에서 전단력만 가한 응력경로)

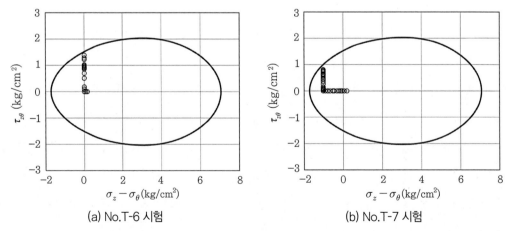

(a) No.T-6 시험

(b) No.T-7 시험

그림 10.10 비틀림전단시험 응력경로(연직하중이 신장방향에서 전단력만을 가한 응력경로)

세 번째 그룹의 응력경로로는 연직하중을 추가로 가하지 않고 단지 전단력만을 가한 두 번째 그룹의 시험(T-3, T-4, T-5 응력경로)에 이어서 연직하중이 없거나(연직하중이 0인 상태) 신장 부분인 시험(T-6 및 T-7 응력경로)의 응력경로로 하였다.

이들 응력경로는 각각 압축연직하중의 경우는 그림 10.9에 도시하였으며 신장연직하중의 경우는 그림 10.10에 도시하였다. 이때 토크의 작용 방향은 시계 방향으로 하여 전단응력이 y축의 양의 방향에만 위치하게 하였다.

네 번째의 그룹의 응력경로는 대응력반전을 위해 응력상태를 파괴점 가까이 유도하였다가 응력경로를 반전시켰고, 전단응력을 위한 토크도 앞에서와 달리 시계 방향과 반시계 방향 모두를 작용시킨 경우도 포함되어 있다. 이를 응력경로는 T-8, T-9 및 T-10으로 이름 지었으며 이들 응력경로는 그림 10.11(a)에서 (c)까지에 도시한 바와 같다.[1]

우선 T-8 응력경로는 그림 10.11(a)에서 보는 바와 같이 우선 전단력을 1kg/cm² 작용시킨 후 연직하중을 축차응력이 6kg/cm² 지점까지 압축 작용시켰다. 여기서 응력경로를 다시 연직하중이 지나왔던 경로를 똑같이 반복하여 되돌아가 축차응력이 0인 지점까지 반전시키고 신장응력영역까지 계속 작용시킨 시험이다.

T-9 응력경로는 그림 10.11(b)에서 보는 바와 같이 응력경로를 우선 T-8 시험과 같이 전단력을 1kg/cm² 작용시킨 후, 전단력을 감소시키면서 연직하중을 작용시켜 연직응력이 5.5kg/cm²이고 전단응력이 0인 지점까지 유도시킨 후 다시 전단력을 시계 방향으로 작용시켜 파괴를 유도한 경우이다. 파괴면 가까이 유도한 후 응력을 반전시켜 연직하중을 감소시키며 전단력을 감소시키고 전단력을 다시 반시계 방향으로 작용시킨 경우이다.

마지막으로 T-10응력경로는 그림 10.11(c)에서 보는 바와 같이 응력경로를 연직하중과 전단력을 각각 달리 작용한 것으로 최초전단력을 가한 후 연직하중을 작용시키고 다시 전단력을 반시계 방향으로 작용시켜 전단력을 음의 방향으로 유도하였으며, 이러한 과정을 반복하여 하중을 작용시킨 경우로 응력경로를 그림 10.11(c)에 도시한 바와 같다.

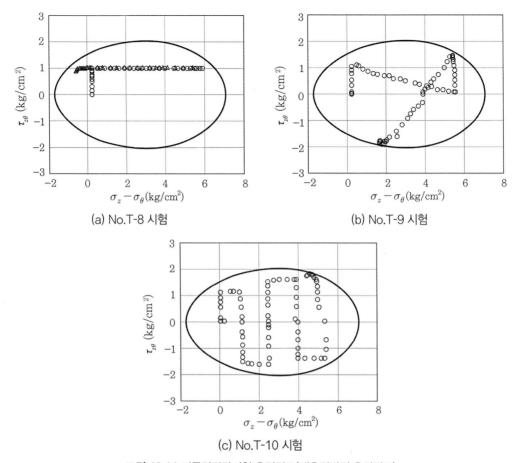

(a) No.T-8 시험

(b) No.T-9 시험

(c) No.T-10 시험

그림 10.11 비틀림전단시험 응력경로(대응력반전 응력경로)

다섯 번째 그룹의 응력경로는 공시체의 높이에 관한 영향을 검토하기 위하여 공시체의 높이를 25cm로 감소시켜 시험을 실시하였다. 여기서 응력경로는 단지 두 공시체의 강도비교를 위하여 그림에서와 같이 간단히 하여 축차응력이 압축부분의 응력경로(T-11 응력경로)와 신장 부분의 응력경로(T-12 응력경로)에서 실시한 경우이다. 이들의 응력경로는 각각 그림 10.12(a)와 (b)에 도시한 바와 같다. 이들 다섯 그룹의 비틀림전단시험계획은 표 10.1에 정리된 바와 같다.

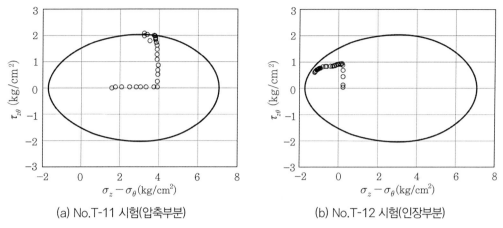

(a) No.T-11 시험(압축부분)　　　　　　　(b) No.T-12 시험(인장부분)

그림 10.12 비틀림전단시험 응력경로(공시체 높이=25cm인 경우의 응력경로)

표 10.1 비틀림전단시험계획

시험번호	공시체높이(cm)	토크 방향	내부마찰각(ϕ)	b
T-1	40		40.684	0.0
T-2	40		38.435	1.0
T-3	40		43.793	0.15
T-4	40		44.565	0.217
T-5	40		41.887	0.489
T-6	40	시계 방향	43.271	0.492
T-7	40		38.714	0.771
T-8	40		36.316	0.646
T-9	40		45.517	0.283
T-10	40		43.174	0.108
T-11	25		46.643	0.191
T-12	25		39.528	0.839

10.4 응력－변형률 거동

10.4절에서는 표 10.1에서 열거한 여러 가지 비틀림전단시험들 중 T-3과 T-7 및 T-9 시험에 대한 비틀림전단시험 결과를 검토한다. 우선 그림 10.13은 T-3 시험 결과를 응력경로와 응력－변형률 거동 등으로 분류하여 4개의 그림으로 도시한 결과이다.

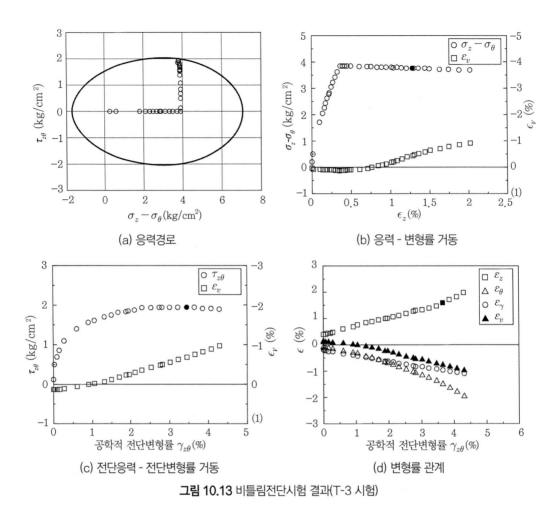

(a) 응력경로   (b) 응력 - 변형률 거동

(c) 전단응력 - 전단변형률 거동   (d) 변형률 관계

그림 10.13 비틀림전단시험 결과(T-3 시험)

그림 10.13(a)는 x축이 축차응력 $(\sigma_z - \sigma_\theta)$이고 y축이 전단응력 $\tau_{z\theta}$인 비틀림 평면에 T-3 시험의 응력경로를 도시한 것으로 여기서는 연직하중을 K_0 상태까지 가한 상태에서 토크를 시계 방향으로 가하여 실험을 실시하였다. 이 그림에서 실선으로 도시된 타원은 등방일경화 모델의 파괴규준 식 (2.37)을 이용하여 η_1이 44.53이고 m이 0.1인 경우의 파괴면을 도시한 것이고 검은 원은 시험 시 파괴가 발생한 위치를 나타낸 것으로 파괴는 이론식에 의해 제안 된 파괴면 바로 아래에서 발생하고 있다.

그림 10.13(b)는 연직응력과 체적변형량을 축변형률과 관련시켜 도시한 그림이다. 이 그림 에서 축차응력은 축변형률이 약 0.3%인 지점까지는 계속 증가하여 축차응력이 약 3.9kg/cm² 지점에 도달하고 그 이후는 축차응력이 감소하는 경향을 미세하게 보이며 일정하게 유지되

고 있다. 그러나 축변형률은 축차응력이 일정하게 유지되고 있어도 계속 발생하여 공시체의 파괴는 그림에서 검은 원으로 표시한 축변형률이 약 1.25%인 지점에서 발생하고 있다. 그리고 체적변형량은 축변형률 0.75%까지는 압축변형을 나타내다 그 이후로 다이러턴시에 의한 체적팽창현상을 보이고 있다.

한편 그림 10.13(c)는 전단응력을 공학적 전단변형률 $\gamma_{z\theta}$에 관해 도시한 것으로 전단응력은 전단변형률이 증가함에 따라 증가하다 파괴를 나타낸 검은 원 이후 조금씩 감소하고 있음을 볼 수 있다.

그림 10.13(d)는 공학적 전단변형률 $\gamma_{z\theta}$에 대한 축변형률, 수평변형률 및 체적변형률의 관계를 도시한 것으로 그림에서 흰 사각형은 축변형률 ϵ_z을 나타낸 것이며 흰 삼각형은 원주방향변형률 ϵ_θ을, 흰 원은 반경방향변형률 ϵ_r을 나타낸 것이다. 그리고 검은 삼각형은 체적변형률을 나타내고 있다.

여기서 축변형률은 전단변형률과 더불어 압축변형률이 증가되고 있으며, 체적변형량은 처음에는 압축변형을 조금 보이다 곧 체적팽창을 보이고 있고 ϵ_r과 ϵ_θ도 인장변형률이 발생하고 있음을 볼 수 있다.

그림 10.14는 T-7 시험 결과를 도시한 것으로 그림 10.14(a)의 응력경로는 최초 연직하중을 축차응력이 약 -1kg/cm^2 정도까지 삼축신장에 해당하는 하중을 작용시킨 후 토크를 시계 방향으로 작용시킨 시험이다.

그림 10.14(b)의 축변형률에 대한 축차응력은 축변형률이 약 0.3%까지 축차응력이 신장 측으로 증가하다 축차응력이 약 -1kg/cm 지점부터는 약간 감소하는 듯하면서 일정하게 유지되고 있다. 그러나 축차응력이 일정하게 유지되어도 축변형률은 인장 측으로 계속 발생하고 있으며 파괴를 나타낸 검은 원은 축변형률이 약 -2.25%인 지점에서 나타나고 있다. 이것은 T-3 시험 결과를 도시한 그림 10.13(b)에서와 같은 현상이라 할 수 있다.

T-3 시험에서는 전단응력이 작용되는 동안 선행하중인 연직압축응력에 의해 축변형률이 계속 압축 측으로 발생하였으며, 그림 9.13(b)에서는 전단응력이 작용되는 동안 선행하중인 신장응력에 의해 축변형률이 신장 측으로 많이 발생하고 있다. 즉, 이것은 하중결합효과(coupling effect)에 의한 영향으로서 점토에 관한 Hong & Lade(1989a)의 시험결과에서도 찾아볼 수 있다.[19] 체적변형률은 연직하중이 가해짐과 동시에 약간의 팽창경향을 보이다 체적압축경향으로 바뀌고 이것은 다시 체적팽창으로 변하여 연직하중이 작용하지 않아도 전단력의 영향에

의해 다이러턴시 현상을 보이고 있다.

그림 10.14(c)의 공학적 전단변형률에 대한 전단응력의 관계에서는 최초 전단변형은 전단응력이 작용하여도 변형이 늦게 발생하고 있으며, 전단변형이 발생한 이후 발생속도는 급속히 이루어지고 있어 이는 완전 소성체의 거동에서와 비슷한 경향을 보이고 있다.

그림 10.14(d)의 변형률 관계도에서는 축변형률과 체적변형률은 인장거동을 보이고 있으나 공시체의 원주방향과 반경방향의 변형은 압축거동을 보이고 있다.

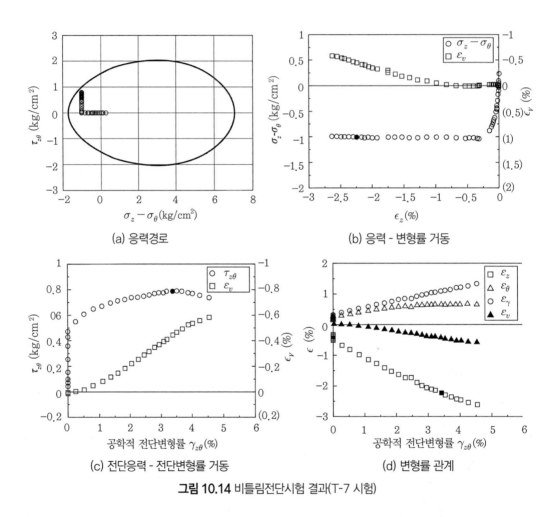

그림 10.14 비틀림전단시험 결과(T-7 시험)

그림 10.15는 T-9 시험 결과를 도시한 것으로 그림 10.15(a)의 응력경로는 전단력을 loading과 unloading으로 반복하여 작용시켰으며 반시계 방향까지도 작용시킨 경우이다.

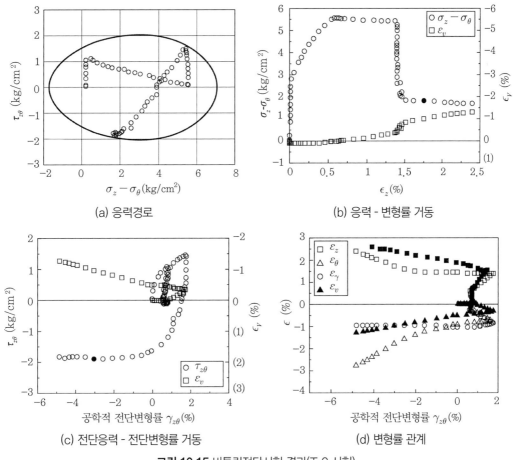

(a) 응력경로 (b) 응력 - 변형률 거동

(c) 전단응력 - 전단변형률 거동 (d) 변형률 관계

그림 10.15 비틀림전단시험 결과(T-9 시험)

그림 10.15(b)의 축변형률에 대한 축차응력의 변화에서 초기 축차응력이 약 2.5kg/cm^2까지 는 축변형률의 변화가 거의 발생하지 않는 것으로 나타나고 있다. 이 결과로 응력경로 초기에 작용된 선행전단응력이 연직응력의 증가에 의한 축변형률 거동에 많은 영향을 미치는 것으로 추측할 수 있다. 그리고 축변형률에 대한 체적변형률은 축변형률이 0.6%인 지점 이후에서 체적팽창경향을 보이며, 축변형률이 약 1.3%인 지점에서는 축차응력은 감소하고 있으나 전단응력에 의해 계속 다이러턴시 현상이 발생하고 있다.

그림 10.15(c)의 공학적 전단변형률에 대한 전단응력의 거동에서는 전단응력이 loading과 unloading에 의해 반복경로를 보이다 반시계 방향의 전단력에 의해 음의 전단변형률을 보이며 전단변형률 −3% 지점에서 파괴가 발생하고 있음을 볼 수 있다.

그림 10.15(d)에서는 공학적 전단변형률의 변화에 따라 축변형률은 압축변형을 보이고 있으나 나머지 체적변형률과 수평변형률들은 인장변형을 나타내고 있음을 볼 수 있다.

10.5 주응력축 회전

중공원통형 공시체에 작용하는 응력을 원통좌표로 표시하면 그림 10.7과 같다.[3,11] 이 그림 중 공시체 내부의 한 요소에 작용하는 응력성분을 검토해보면, 수직응력으로는 σ_z, σ_r 및 σ_θ가 작용하고 전단응력으로는 $\tau_{z\theta}(=\tau_{\theta z})$가 작용한다.

만약 전단응력이 작용하지 않으면 수직응력 σ_z, σ_r 및 σ_θ는 그대로 주응력이 된다. 그러나 전단응력이 작용할 경우는 주응력의 방향과 크기가 변하게 된다. 이 수직응력과 전단응력으로 Mohr의 응력도를 그려보면 그림 10.16(a)와 같이 된다. 따라서 최대주응력 σ_1 및 최소주응력 σ_3는 식 (10.8)에 의하여 산출될 수 있다.

$$\sigma_1,\, \sigma_3 = \frac{1}{2}(\sigma_z + \sigma_\theta) \pm \sqrt{\frac{1}{4}(\sigma_z - \sigma_\theta)^2 + \tau_{z\theta}^2} \tag{10.8}$$

중간주응력 σ_2는 그림 10.7의 요소도에서 보는 바와 같이 σ_r이 작용하는 면에서 전단응력이 작용하지 않고 구속압만 작용하므로 구속압 σ_r이 곧 σ_2가 된다.

최대주응력 σ_1의 작용방향 ψ는 Mohr 응력도의 기하학적 특성으로부터 식 (10.9)와 같이 구해지며 그림 10.16(a)와 같이 표시된다. 따라서 주응력 σ_1의 방향은 전단응력의 작용에 의하여 연직 축으로부터 ψ만큼 회전하게 된다.

$$\tan 2\psi = \frac{2\tau_{z\theta}}{\sigma_z - \sigma_\theta} \tag{10.9}$$

T-3, T-6, T-7, T-9, T-10 시험 결과에 대하여 변형률과 주응력축회전각의 관계를 도시하면 그림 10.17(a), (b), (c)와 같다. 즉, 그림 10.17(a)는 T-3, T-6 및 T-7 시험 결과를 도시한 것으로 흰 원으로 나타낸 T-3 시험은 그림 10.9(a)의 응력경로에서 보는 바와 같이 연직하중을 압축

측으로 가한 후 전단변형률이 증가함에 따라 서서히 증가하다 약 22°에서 일정하게 유지되고 있다.

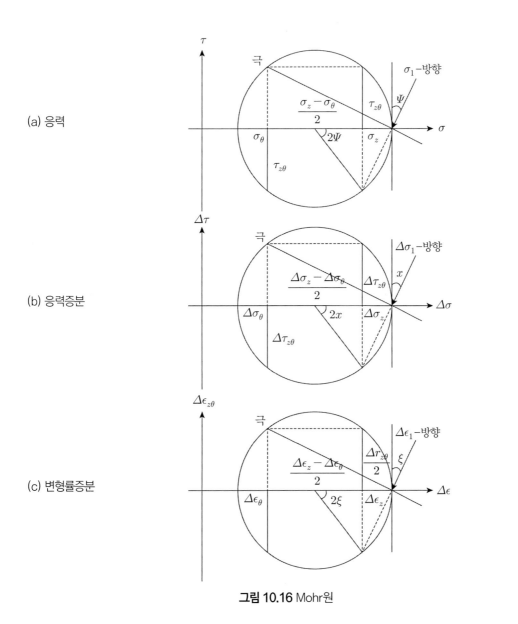

그림 10.16 Mohr원

등방압축 후 연직하중은 가하지 않고 단지 전단력만 작용시킨 T-6 시험의 주응력축방향은 약 45° 지점에서 일정하게 유지되고 있다. 한편 연직하중에 신장력을 가한 후 전단력을 시계 방향으로 가한 T-7 시험은 최초 전단력이 가해지기 전 연직신장력에 의해서는 주응력의 방향이 수평방향이어서 연직 축과 90°를 이루고 있으며 전단력이 가해짐에 따라 그 방향이 조금씩 감소하여 연직 축 σ_z과 약 65° 정도를 유지하는 것으로 나타나고 있다.

T-9 시험의 결과를 도시한 그림 10.17(b)에서는 주응력방향이 전단력의 loading과 unloading에 따라 변화함을 보이고 있으며, 연직하중의 크기가 증가함에 따라 주응력의 방향은 연직 축으

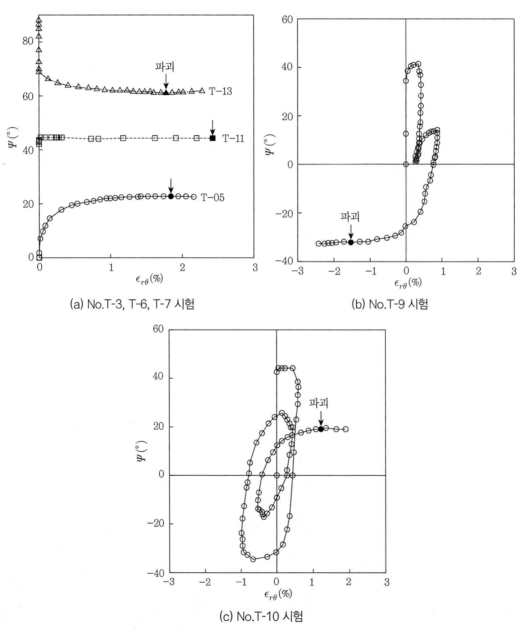

(a) No.T-3, T-6, T-7 시험

(b) No.T-9 시험

(c) No.T-10 시험

그림 10.17 전단변형률($\epsilon_{z\theta}$)과 주응력축방향의 관계

로 접근하고 전단력이 증가하면 연직 축에서 멀어져감을 알 수 있다. 그리고 비틀림의 방향을 반시계 방향으로 작용하였을 때는 주응력의 방향을 나타내는 ψ가 음의 값을 가지는 것으로 나타나고 있다. 이상의 그림 10.17(a)와 (b)의 검토로부터 주응력축의 방향은 연직압축하중만을 작용시켰을 경우는 연직 축과 일치하게 되고 전단력이 증가하고 연직압축하중이 감소해감에 따라 주응력축의 방향이 연직 축에서 멀어지게 된다. 그리고 연직하중이 작용되지 않고 단지 전단력만 작용하였을 때는 연직 축과 45°의 기울기를 이루며 주응력이 작용하고 연직하중에 신장력이 작용하였을 경우 회전각은 계속 증가하여 삼축신장시험에서는 연직 축과 90°를 이루게 된다. 그리고 전단력이 반시계 방향으로 작용하였을 때는 주응력축의 방향이 연직 축을 기준으로 왼쪽으로 회전하여 ψ가 음의 값을 갖는 것으로 나타나고 있다.

그림 10.17(c)는 T-10 시험의 결과를 도시한 것으로 그림 10.11(c)의 응력경로에서 보는 바와 같이 최초 전단력만 작용하였을 때는 주응력방향이 연직 축과 약 45°를 이루는 것으로 나타나고 있으나 연직하중의 작용에 의해 ψ가 조금 감소하고 전단력의 방향이 반시계 방향으로 변화함에 따라 ψ가 감소하여 약 $-34°$까지 감소함을 볼 수 있다. 그리고 연직하중의 증가에 의해 ψ가 양의 방향으로 변하고 있으며 전단력의 작용방향이 반복됨에 따라 ψ도 양의 방향과 음의 방향으로 반복하여 나타나고 있다. 그리고 전단력의 작용방향에 따라 연직 축을 기준으로 주응력축의 좌우 회전을 나타내는 ψ는 그 절대치가 전단력의 방향에 관계없이 연직하중이 증가함에 따라 조금씩 감소하고 있음을 볼 수 있다.

10.6 비틀림전단시험에 의한 강도특성

그림 10.18은 높이가 40cm인 공시체에 대한 비틀림전단시험 결과로부터 구한 파괴점을 구속압 σ_r이 2kg/cm²인 비틀림 평면에 도시한 그림이다.[2,4,20] 여기서 실선은 η_1이 44.53이고 m이 0.1일 때의 등방일경화모델의 파괴면을 나타낸 것이고 흰 원은 실험 결과로부터 구한 파괴점을 나타내었다.[1,5]

이 그림에서 이론치에 의한 파괴면과 시험치는 대체적으로 잘 일치하는 경향을 보이고 있다. 이들 결과를 세부적으로 살펴보면 삼축압축시험에 해당하는 $b=0$의 시험에서는 시험 결과치가 예측파괴면보다 조금 커 약간의 차이를 보이고 있고 그 외 다른 3개의 시험에서도 시험치가 예측파괴면보다 조금 큰 값을 보이나 삼축압축에 해당하는 시험보다는 훨씬 근소한 차이를 보이고 있다. 그리고 나머지 다른 시험에서는 시험치가 예측파괴면보다 적게 산정되고 있으나 이는 미세한 차이로 볼 수 있으며, 이를 축차응력이 압축일시와 인장일시의 두 가지로 분류하여 파괴면과 비교하면 압축에서는 파괴강도가 예측치와 차이가 미세하여 좋은 일치를 보이고 있으나 신장 부분에서는 그 차이가 압축에서 보다 조금 더 많이 발생하는 것으로 나타나고 있다.

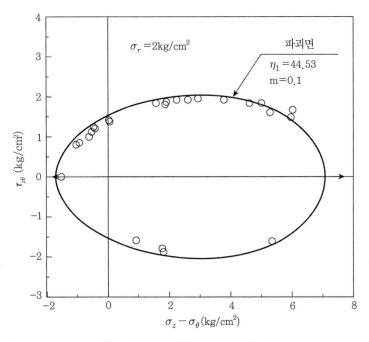

그림 10.18 파괴포락선과 시험 결과[2,4,20]

한편 응력경로의 종착점이 비슷한 시험 결과를 비교해보면 각 응력경로에 따른 파괴강도는 거의 같은 값을 보이고 있다. 즉, 이것은 모래의 파괴강도는 응력경로에 영향을 받지 않고 현재의 응력상태에 의해 파괴강도가 결정됨을 알 수 있다.

비틀림전단시험에서 내부마찰각 ϕ와 주응력비 b는 식 (10.10) 및 (10.11)과 같다.

$$\phi = \sin^{-1}\left(\frac{\sigma_1 - \sigma_3}{\sigma_1 + \sigma_3}\right) = \sin^{-1}\left(\frac{2\sqrt{(\sigma_z - \sigma_\theta)^2/4 + \tau_{z\theta}^2}}{(\sigma_z + \sigma_\theta)}\right) \tag{10.10}$$

$$b = \frac{(\sigma_2 - \sigma_3)}{(\sigma_1 - \sigma_3)} = \sin^2 \beta \tag{10.11}$$

여기서, β는 그림 10.20에서 보는 바와 같이 최대주응력방향이 연직 축과 이루는 각을 말한다.

그림 10.19는 Lade(1973)와 Hong & Lade(1989b)[20]에 의해 모래와 점토에 대해 실시된 내부마찰각을 응력비 b에 따라 도시한 것으로 흙의 내부마찰각은 응력비 b의 증가에 따라 조금씩 증가하다 b가 1에 가까운 지점에서 약간 감소하는 경향을 보이고 있으며 삼축압축에서의 시험 결과보다 삼축신장에서 더 높은 값을 보이고 있다.

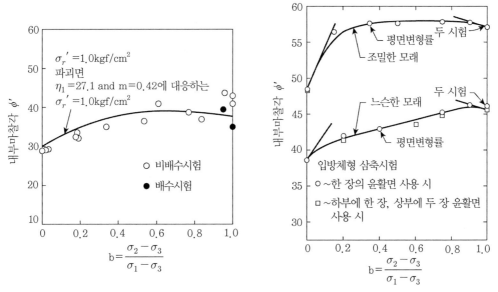

(a) EPK 점토의 비틀림전단시험[7,8,11,20]   (b) Monterey No.0 모래의 입방체형 삼축시험(Lade, 1973)

그림 10.19 $b - \phi$ 관계도

그러나 Hightet et al.(1983)의 보고에 의하면[18] 표 10.2 및 표 10.3에서 보는 바와 같이 삼축압축에서의 내부마찰각이 삼축신장에서 보다 크게 나오는 경우도 간혹 보고되고 있다.

한편 공시체의 높이가 모래의 내부마찰각에 미치는 영향을 고려하기 위하여 Hong & Lade (1989a, 1989b)가 K_0-압밀점토에 대한 실시하였던 비틀림전단시험[19,20] 시 공시체의 높이와 동일하게 25cm로 조절하여 모래의 비틀림전단시험을 실시하였으며, 그 결과를 40cm 높이공시체에 대한 비틀림전단시험 결과와 비교하였다.

본 시험에서는 시험도중 전단파괴면(shear plane)이 관측되기 시작하는 시점과 시험이 끝난 후 전단파괴면과 이루는 각을 측정하였다.

표 10.2 조밀한 Ham 강모래의 배수강도 이방성[18]

b	α;deg	ϕ'^{+}_{max}	
0	0	37.5	삼축압축
0.5	0	46.7	평면변형률압축
0.5	45	39.3	평면변형률(α =45°)
1	90	36.6	삼축신장

* e_0 =0.64: Symes(1983) $+\sin\phi' = (R-1)/(R+1)$, 여기서 $R=\sigma_1'/\sigma_3'$

표 10.3 느슨한 Ham 강모래의 배수강도 이방성[18]

b	α;deg	ϕ'^{+}_{max}	
0	0	37.5	삼축압축
0.5	0	46.7	평면변형률압축
0.5	45	39.3	평면변형률(α =45°)
1	90	36.6	삼축신장

* e_0 =0.64: Symes(1983) $+\sin\phi' = (R-1)/(R+1)$, 여기서 $R=\sigma_1'/\sigma_3'$

여기서 그림 10.20에 도시한 바와 같이 공시체의 파괴면이 수평면과 이루는 각을 ω 라 하였으며, 전단파괴면이 최대주응력평면 σ_1 면과 이루는 각을 α 로 하고 주응력방향이 연직 축과 이루는 각을 β 라 하였다.

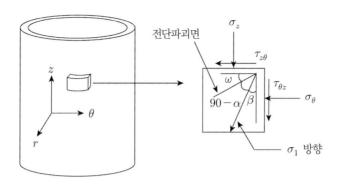

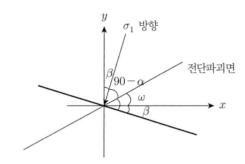

그림 10.20 최대주응력평면 σ_1면과 전단면 사이의 관계

10.7 비틀림전단시험에 의한 변형특성

10.7.1 하중결합효과

그림 10.21은 연직하중과 전단력의 하중결합효과(coupling effect)[9]를 고려하기 위해 이들 하중을 각각 구분하여 작용시킨 T-3, T-6 및 T-7의 시험 결과를 연직 축차변형률과 전단변형률의 관계로 도시한 그림이다. 여기서 그림 10.21(a)는 이들 시험의 응력경로를 비틀림 평면에 나타낸 것으로 T-3은 연직 축차응력을 압축 측으로 적용한 후 비틀림을 시계 방향으로 작용시킨 경우로 그림에서 사각형으로 도시하였다.

그리고 T-6은 연직하중을 작용시키지 않고 단지 비틀림을 시계 방향으로 작용시킨 경우로 원으로 도시하였으며, T-7은 연직 축차응력을 인장측으로 작용시킨 후 비틀림을 시계 방향으로 작용시켰고 삼각형으로 나타내었다. 한편 각 응력경로에서 파괴면과 좋은 일치를 보이고 있다.

그림 10.21(b)는 수직변형률 ϵ_z와 원주방향변형률 ϵ_θ의 차인 축차변형률을 가로축에 두고 전단변형률 $\epsilon_{z\theta}$를 세로축에 두어 변형률 상호 간의 관계를 정리한 그림이다.

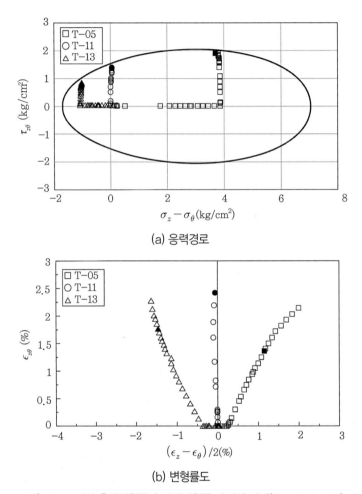

(a) 응력경로

(b) 변형률도

그림 10.21 연직 축차변형률과 전단변형률 사이의 관계(T-3, T-6, T-7)

여기서 T-3 시험의 결과는 그림 10.21(a)에서와 같이 사각형으로 나타내었으며 연직하중에 의한 축차변형률이 약 0.25%까지 발생하고 있다. 그리고 연직하중이 고정인 상태에서 전단력에 의해 전단변형이 발생하고 있으며 동시에 축차변형률도 계속 압축 측으로 발생하고 있다.

이는 그림 10.13과 그림 10.14에서도 설명했던 바와 같이 하중결합효과(coupling effect)에 의한 것으로 생각된다. 연직하중에 인장력을 작용시킨 T-3에서는 축차변형률이 신장 측으로 약 0.4% 발생한 후 전단력에 의한 전단변형률이 발생하고 있으며 전단변형률 발생 시 축차변형률도 인장 측으로 동시에 발생하고 있다. 이도 역시 하중결합효과에 의한 것이라 생각된다. 이러한 하중결합효과는 연직하중은 가하지 않은 상태에서 전단력만 적용시켜 파괴를 유도한 T-6 시험에서는 거의 발생하지 않고 있다.

10.7.2 Mohr원과 소성변형률증분벡터

전단시험 시의 응력, 응력증분 및 변형률증분의 방향이 Mohr원으로 그림 10.16(a), (b), (c)와 같이 구해진다.[10,19] 여기서 ψ는 최대주응력 σ_1과 연직 축 사이의 각이며 χ는 최대주응력 증분 $\dot{\sigma}_1$와 연직 축 사이의 각이고 ζ는 $\dot{\epsilon}_1$과 연직 축 사이의 각을 나타낸 것으로 식 (10.9), (10.12) 및 식 (10.13)로 표시된다.

$$\tan 2\psi = \frac{2\tau_{z\theta}}{\sigma_z - \sigma_\theta} \tag{10.9}$$

$$\tan 2\chi = \frac{2\dot{\tau}_{z\theta}}{\dot{\sigma}_z - \dot{\sigma}_\theta} \tag{10.12}$$

$$\tan 2\zeta = \frac{2\dot{\epsilon}_{z\theta}}{\dot{\epsilon}_z - \dot{\epsilon}_\theta} \tag{10.13}$$

탄성이론에 의하면 탄성변형률증분의 방향은 응력증분의 방향과 일치하지만 소성이론에서는 소성변형률증분의 방향이 응력의 방향과 일치한다. 따라서 탄성거동에서는 $\zeta = \chi$이며 소성거동에서는 $\zeta = \psi$이 될 것이다. 그러므로 소성거동의 경우는 식 (10.9)와 (10.13)으로부터 식 (10.14)가 성립한다.

$$\frac{2\tau_{z\theta}}{\sigma_z - \sigma_\theta} = \frac{2\dot{\epsilon}_{z\theta}}{\dot{\epsilon}_z^p - \dot{\epsilon}_\theta^p} \tag{10.14}$$

파괴 시 소성변형률증분벡터의 방향을 조사하기 위해 식 (10.14)를 이용하여 그림 10.22와 같은 물리적 응력공간의 응력축 $\tau_{z\theta}$와 $(\sigma_z - \sigma_\theta)/2$에 소성변형률증분 $\dot{\epsilon}_{z\theta}^p$와 $(\dot{\epsilon}_z^p - \dot{\epsilon}_\theta^p)/2$를 중

첨시켜보았다. 이때의 반경방향 수평응력 σ_r은 2kg/cm^{2}으로서 그림 10.22는 σ_r =2kg/cm^{2}일 때의 평면이다.

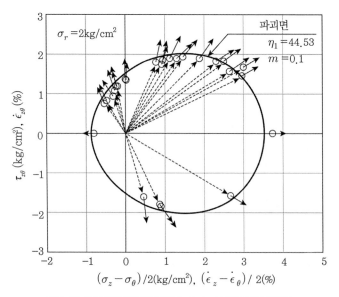

그림 10.22 최대주응력방향과 파괴 시 변형률증분방향

이 그림 중 실선으로 이루어진 계란모양의 타원은 η_1이 44.53이고 m이 0.1일 때의 등방일경화모델의 파괴면을 나타낸 것이고 흰 원은 시험 결과로부터 구한 파괴점이다. 그리고 각 시험의 파괴점을 나타내는 원 중심에서 원점에 반대방향으로 표시된 실선화살표는 시험으로부터 구한 파괴 시의 소성변형률 증분의 방향을 나타내고 있으며 이것은 식 (10.13)으로 표시된 방향을 나타낸다. 그리고 원점으로부터 파괴점으로 향하는 점선화살표는 파괴 시의 응력상태를 설명하는 것으로 이 방향은 식 (10.9)로 표시된 방향이다. 그림 10.22에서 실선과 점선으로 표시된 화살표방향은 대부분의 시험에서 잘 일치하고 있음을 나타내고 있다. 이는 파괴 시의 소성변형률증분방향은 그 당시의 응력방향과 일치하고 있음을 나타내며 식 (10.14)가 성립됨을 증명하고 있다고 할 수 있다.

10.7.3 일공간과 흐름법칙

그림 10.23은 비틀림전단시험에 대한 3차원의 일공간(work space) 개념을 설명하고 있다.[20]

연직축은 구속압 σ_r을 나타내고 수평축은 연직축차응력 $(\sigma_z - \sigma_\theta)$와 전단응력 $\tau_{z\theta}$를 나타내고 있다. 그림 중 파괴곡선(curved failure surface)은 Lade의 파괴규준 식 (2.37)로부터 구해지며 $\sigma_r = 0$(구속압이 없는 상태를 의미) 위치를 원점으로 곡선을 이루고 있다. σ_r이 일정한 면상의 파괴면은 $(\sigma_z - \sigma_\theta)$축과 $\tau_{z\theta}$축의 교차점을 초점으로 하는 계란모양을 이룬다. 공시체의 응력이 이 파괴면 내에 존재하면 파괴는 발생하지 않는다.

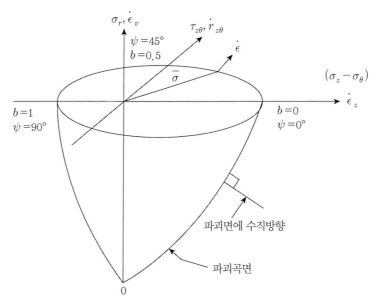

그림 10.23 비틀림전단시험에서의 3차원 응력공간

소성이론에서 응력과 변형률증분에 의하여 행해진 일량 dW는 일공간 개념에서 식 (10.15)와 같이 표현될 수 있다.

$$dW = \sigma_\theta \cdot \dot{\epsilon}_\theta + \sigma_z \cdot \dot{\epsilon}_z + \sigma_r \cdot \dot{\epsilon}_r + \tau_{zr} \cdot \dot{\gamma}_{zr} + \tau_{r\theta} \cdot \dot{\gamma}_{r\theta} + \tau_{z\theta} \cdot \dot{\gamma}_{z\theta} \tag{10.15}$$

여기서, $\dot{\epsilon}_\theta$, $\dot{\epsilon}_z$ 및 $\dot{\epsilon}_r$은 축변형률증분이고 $\dot{\gamma}_{zr}$, $\dot{\gamma}_{r\theta}$ 및 $\dot{\gamma}_{z\theta}$는 전단변형률증분이다. 비틀림시험에서는 식 (10.16)과 같이 된다.

$$\tau_{zr} = \tau_{r\theta} = 0$$

$$\dot{\gamma}_{zr} = \dot{\gamma}_{r\theta} = 0 \tag{10.16}$$

$$\sigma_\theta = \sigma_r = \sigma_{cell}$$

따라서 식 (10.16)을 (10.15)에 대입하면 식 (10.15)는 다음과 같이 된다.

$$dW = \sigma_\theta \cdot \dot{\epsilon}_\theta + \sigma_z \cdot \dot{\epsilon}_z + \sigma_r \cdot \dot{\epsilon}_r + \tau_{z\theta} \cdot \dot{\gamma}_{z\theta} \tag{10.17}$$

식 (10.17)을 $(\sigma_z - \sigma_\theta)$, σ_r 및 $\tau_{z\theta}$의 항으로 정리하고 체적변형률증분 $\dot{\epsilon}_v (= \dot{\epsilon}_\theta + \dot{\epsilon}_z + \dot{\epsilon}_r)$을 도입하면 식 (10.18)이 얻어진다.

$$dW = (\sigma_z - \sigma_\theta) \cdot \dot{\epsilon}_z + \sigma_r \cdot \dot{\epsilon}_v + \tau_{z\theta} \cdot \dot{\gamma}_{z\theta} \tag{10.18}$$

그러므로 그림 10.23의 일공간상의 응력 $(\sigma_z - \sigma_\theta)$, σ_r 및 $\tau_{z\theta}$에 대응하는 변형률증분은 $\dot{\epsilon}_z$, $\dot{\epsilon}_v$ 및 $\dot{\gamma}_{z\theta}$가 된다.

비배수시험의 경우는 $\dot{\epsilon}_v = 0$이므로 식 (10.18)로부터 (10.19)가 얻어진다.

$$dW = (\sigma_z - \sigma_\theta) \cdot \dot{\epsilon}_z + \tau_{z\theta} \cdot \dot{\gamma}_{z\theta} \tag{10.19}$$

한편 흐름법칙에서 관련흐름법칙은 소성포텐셜면과 항복면이 동일한 것으로 가정하여 소성변형률 증분벡터를 함복함수로부터 결정하며, 비관련흐름법칙은 항복함수와 소성포텐셜함수를 분리하여 소성변형률벡터를 소성포텐셜함수로부터 결정한다.

우선 관련흐름법칙에 의한 소성변형률증분벡터를 구하기 위하여 Lade의 파괴규준을 이용하면 식 (10.20)의 관계가 성립된다.

$$d\epsilon_{ij}^p = d\lambda_p \frac{\partial f_p}{\partial \sigma_{ij}} \tag{10.20}$$

여기서, $d\lambda_p$는 소성변형률증분벡터의 양을 조절하는 상수이다. 그리고 일공간에 나타나 있는 소성변형률증분 $d\epsilon_z^p$와 $d\gamma_{z\theta}^p$는 식 (10.20)에 의거하여 다음과 같이 된다.

$$d\epsilon_z^p = d\lambda_p \cdot \frac{\partial}{\partial \sigma_z}\left[\left(\frac{I_1^3}{I_3} - 27\right)\left(\frac{I_1}{P_a}\right)^m\right] \tag{10.21}$$

$$d\gamma_{z\theta}^p = d\lambda_p \cdot \frac{\partial}{\partial \tau_{z\theta}}\left[\left(\frac{I_1^3}{I_3} - 27\right)\left(\frac{I_1}{P_a}\right)^m\right] \tag{10.22}$$

제1 응력불변량과 제3 응력불변량을 원통형좌표계를 이용하여 표시하면 다음과 같다.

$$I_1 = \sigma_z + \sigma_\theta + \sigma_r \tag{10.23}$$

$$I_3 = \sigma_r \cdot \sigma_\theta \cdot \sigma_z + \tau_{r\theta} \cdot \tau_{\theta z} \cdot \tau_{zr} + \tau_{\theta r} \cdot \tau_{\theta z} \cdot \tau_{rz} \tag{10.24}$$
$$- \sigma_r \cdot \tau_{\theta z} \cdot \tau_{z\theta} + \sigma_\theta \cdot \tau_{zr} \cdot \tau_{rz} + \sigma_z \cdot \tau_{r\theta} \cdot \tau_{\theta r}$$

본 시험에 사용된 비틀림전단시험기에서 $\tau_{r\theta} = \tau_{rz} = 0$이다. 그리고 식 (10.23)과 (10.24)를 식 (10.21)과 (10.22)에 대입하면 $d\epsilon_z^p$와 $d\gamma_{z\theta}^p$는 다음과 같다.[36]

$$\dot{\epsilon}_z^p = d\lambda_p \cdot \left(\frac{3I_1^2}{I_3} - \frac{I_1^2}{I_3^2} \cdot \sigma_r \cdot \sigma_\theta\right)\left(\frac{I_1}{P_a}\right)^m + \eta_1\frac{m}{I_1} \tag{10.25}$$

$$\dot{\gamma}_{z\theta}^p = 2\dot{\epsilon}_{z\theta}^p = 2d\lambda_p \cdot \frac{I_1^3}{I_3}\sigma_r \cdot \tau_{z\theta} \cdot \left(\frac{I_1}{P_a}\right)^m \tag{10.26}$$

위 식들 중 $d\lambda_p$는 여러 가지 시험들로부터 유도되어야 한다. 그러나 여기서는 관련흐름법칙과 비관련흐름법칙의 비교만을 위하여 소성변형률증분벡터의 크기는 무시하고 단지 그 방향만을 시험 결과와 비교하고자 한다. 따라서 식 (10.25)와 (10.26)에서 $d\lambda_p$를 1로 취급하여 단순화하기로 한다.

그림 10.24에는 비틀림전단시험의 공시체에 반경방향으로 작용하는 수평응력 σ_r이 2kg/cm^2일 때의 일공간에 시험으로부터 구한 파괴 시의 소성변형률증분벡터의 방향을 위에서 구한

관련흐름법칙에 의해 구해진 각 파괴점에서의 소성변형률증분벡터의 방향과 비관련흐름법칙을 이용한 Lade의 등방단일구성모델의 결과치를 서로 비교하여 나타내었다.[19]

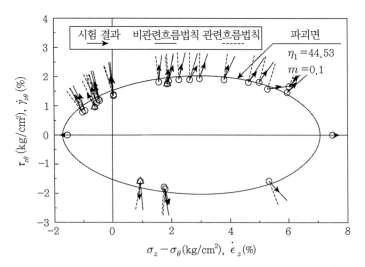

그림 10.24 비틀림전단시험에서의 변형률증분벡터

그림에서 실선으로 이루어진 타원은 파괴면을 나타내고 있으며 흰 원과 삼각형은 각 시험으로부터 구한 파괴점을 나타낸 것이다. 그리고 실선의 화살표는 파괴 시 시험으로부터 얻어진 소성변형률증분벡터의 방향을 나타내고 있으며, 실선은 비관련흐름법칙의 파괴 시 소성변형률증분벡터의 방향을 그리고 점선은 관련흐름법칙의 파괴 시 소성변형률증분벡터의 방향을 도시한 것이다.

여기서 소성변형률증분벡터의 방향은 응력비 b가 0과 1인 삼축압축시험과 삼축신장시험을 제외하고는 각각의 방향이 조금씩 차이를 가지고 있는 것으로 나타나고 있으나 파괴점을 삼각형으로 표시한 세 경우를 제외하고는 대체적으로 비관련흐름법칙에 의한 소성변형률증분의 방향이 관련흐름법칙보다 시험치와 일치된 경향을 보이는 것으로 나타나고 있다. 따라서 항복함수와 소성포텐셜함수를 동일하게 가정한 관련흐름법칙은 소성변형률증분 산정 시 많은 문제가 있음을 알 수 있으며, 항복함수와 소성포텐셜함수를 구별한 비관련흐름법칙이 보다 합리적인 흙의 구성모델이라 할 수 있다.[36]

| 참고문헌 |

(1) 남정만(1993), '대응력반전 시 모래의 거동에 관한 연구', 중앙대학교대학원. 공학박사학위논문.

(2) 남정만·홍원표(1993), '비틀림전단시험에 의한 모래의 응력 – 변형률 거동', 대한지반공학회지, 제9권, 제4호, pp.65-81.

(3) 남정만·홍원표·윤중만(1997a), '비틀림전단시험시 모래의 주응력회전효과', 대한토목학회논문집, 제16권, 제III-6호, pp.565-575.

(4) 남정만·홍원표·한중근(1997b), '비틀림전단시험에 의한 모래의 강도특성', 한국지반공학회지, 제13권, 제4호, pp.149-161.

(5) 이재호(1995), '이동경화구성모델에 의한 모래의 거동예측에 관한 기초적 연구', 중앙대학교대학원, 공학석사학위논문.

(6) 홍원표(1988a), '흙의 비틀림전단시험에 관한 기초적 연구', 대한토질공학회지, 제4권, 제1호, pp.17-27.

(7) 홍원표(1988b), '비틀림전단시험에 의한 K_0 – 압밀점토의 거동', 대한토목학회논문집, 제8권, 제1호, pp.151-157.

(8) 홍원표(1988c), 'K_0 – 압밀점토의 주응력회전 효과', 대한토목학회논문집, 제8권, 제1호, pp.159-164.

(9) 홍원표(1996a), '지반거동에 있어서 응력과 변형률 사이의 복합효과', 대한토목학회논문집, 제16권, 제III-4호, pp.369-377.

(10) 홍원표(1996b), '비틀림전단시험에 의한 K_0 – 압밀점토의 거동(2)', 대한토목학회논문집, 제17권, 제III-5호, pp.557-564.

(11) 홍원표·김태형·이재호(1997), 'K_0 – 압밀점토지반 속 주응력회전 현상의 모형화', 한국지반공학회지, 제13권, 제1호, pp.35-45.

(12) 홍원표·남정만(1999), '비틀림전단시험에 의한 대응력반전시 모래의 거동', 한국지반공학회지, 제15권, 제4호, pp.3-17.

(13) Bjerrum, L. and Lanva, A.(1966), "Direct simple-shear tests on Norweigian Quick Clay", Geotechnique, Vol.16, No.1, pp.1-20.

(14) Broms, B.B. and Casabarian, A.O.(1965), "Effects of rotation of the principal stress on shear strength", Proc., 6th ICSMFE, Montreal, Vol.1, pp.179-183.

(15) Desai, C.S. Somasundaram, S. and Frantziskonis, G.(1986), "A hiearchical approach for constitutive modelling of geological materials", Int. Journal Numk. Meth Geomech., Vol.10, pp.225-257.

(16) Geiger, E. and Lade, P.V.(1979), "Experimental study of the behavior of cohesionless soil during large stress reversals and reorientation of principal stresses", Report No.UCLA-ENG-7017, University of

California, L.A.

(17) Hicher, P.Y. and Lade, P.V.(1986), "Rotation of principal directions in Ko-consolidared clay", Journ., GED, ASCE, Vol.113, No.7, pp.774-788.

(18) Hight, P.Y., Gens, A. and Symes, M.J.(1983), "The development of a new hollow cylinder apparatus for investigating the effects of principal stress rotation in soils", Geotechnique, Vol.33, No.4, pp.355-383.

(19) Hong, W.P. and Lade, P.V.(1989a), "Strain increment and stress directions in torsion shear tests", Journal of Geotechnical Engineering, ASCE, Vol.115, No.10, pp.1388-1401.

(20) Hong, W.P. and Lade, P.V.(1989b), "Elasto-plastic behavior of Ko-consolidated clay in torsion shear tests", Soils and Foundations, Vol.29, No.2, pp.127-140.

(21) Ishihara, K. and Towhata, I.(1983), "Sand response to cyclic rotation of principal stress direction as indused by wave loads", Soils and Foundations, Vol.23, No.4, pp.11-26.

(22) Lade, P.P.(1975), "Torsion shear tests on cohesionless soil", Proc., 5th Proc., 3rd Panamrican Conference on SMFE, Buenos Aires, Vol.1, pp.117-127.

(23) Lade, P.V.(1981), "Torsion shear apparatus for soil testing", "Laboratory Strength of Soils", ASTM STP 740, R.N. Yong and F.C. Townsend Eds, ASTM, Philadelpia, Pa., pp.145-163.

(24) Lade, P.V.(1990), "Single-Hardening model with application to NC clay", JGE, ASCE, Vol.116, No.3, pp.394-414.

(25) Roscoe, K.H.(1953), "An appatus for the application of simple shear to soil samples", Proc., 3rd ICSMFE, Zurich, Vol.1, pp.186-191.

(26) Roscoe, K.H., Bassett, R.H. and Cole, E.R.L.(1967), "Principle axis observed during simple shear of sand", Proc., The Geotechnical Conference, Oslo, Vol.1, pp.231-237.

(27) Saada, A.S. and Baah, A.K.(1967), "Deformation and failure of a cross anisotropic clay under combined stress", Proc., 3rd Panamrican Conference on SMFE, Venezuela, Vol.1, pp.67-88.

(28) Saada, A.S. and Ou, C.D.(1973), "Stress-strain relations and failure of anisotripic clays", Jour. SMFE, ASVCE, Vol.99, No.SM12, pp.1019-1111.

(29) Saada, A.S. and Bianchini, C.F.(1975), "Srength of one dimensionally consolidated clays", Jour. SMFE, ASCE, Vol.99, No.GT11, pp.1151-1164.

(30) Saada, A.S. and Townsend, F.C.(1981), "State of the Aet: Laboratory Strength Testng of Soils", ASTM STP 740, R.N. Yong and F.C. Townsend Eds ASTM, pp.7-77.

(31) Sayao, A.S.F. and Valid, Y.P.(1989), "Deformations due to principal stress rotation", Proc., 12th ICSMFE, Rio de Janerio, Vol.1, pp.107-110.

(32) Shibuya, S. and Hight, D.W.(1989), "Prediction of porepressure under drained cyclic principal stress rotation", Proc., 12th ICSMFE, Mexico, Vol.1, pp.391-399.

(33) Symes, M.J.P.R., Gens, A. and Hight, D.W.(1984), "Undrained anisotropy and principal stress rotation in saturated sand", Geotechnique, Vol.34, No.1, pp.11-27.

(34) Wright, D.K., Gilbert, P.A. and Saada, A.S.(1978), "Shear devices for determing and soil properties", Proc. ASCE Specialty Conference on Earthquake Engineeing and Soil Dynamics, Pasadena California, Vol.2, pp.1056-1075.

(35) Wong, R.K.S. and Arthur, J.R.F.(1986), "Sand shear by stresses with cyclic variation in direction", Geotechnique, Vol.36, No.2, pp.215-226.

(36) 홍원표(2022), 토질역학특론, 도서출판 씨아이알.

기반암과 토사층 사이의
전단강도

기반암과 토사층 사이의 전단강도

사면붕괴의 주요 원인은 주로 사면의 기하학적인 형태, 지질적인 조건, 지하수 및 발파나 지진과 같은 외부적인 하중 등으로 분류할 수 있다. 지질적인 조건은 암반층의 절리, 층리, 단층 등과 같은 불연속면의 영향이 가장 크며, 이러한 불연속면의 출현빈도, 방향 및 경사 등이 중요한 요소가 되고 또한 불연속면 자체의 물리적 특성 또한 중요한 요소가 된다. 지하수에 의한 영향은 강우 시 지표수가 암반 내의 불연속면으로 침투되어 암반의 약화나 암반 내의 지하수의 포화 등으로 전단응력의 증가나 전단강도의 약화로 사면붕괴가 일어난다. 특히, 암반과 토사의 경계면 및 절리면에 충진물질(filling material)이 존재하는 경우 물의 영향으로 풍화나 변질이 진행되어 마찰면의 강도가 급격히 감소되는 현상이 현저하다.[22]

본래 자연사면은 생성 시기부터 가장 안정된 상태로 균형을 유지하면서 존재하려는 자연 순응적 경향을 가지고 있다. 그러나 안정된 상태의 산지나 구릉지라도 경제 발전과 함께 대규모 공사 등과 같은 인위적인 불균형 힘의 작용으로 인하여 사면의 붕괴 및 산사태가 계속 발생되고 있는 실정이다.[1-3,5,6]

이와 같은 피해를 방지하기 위해서는 설계시점부터 사면안정성에 대해 충분히 검토하여야 한다. 또한 자연사면에 관해서는 현재 사면의 안정성을 정확하게 조사하여 필요에 따라 단면 변경이나 붕괴 방지대책공 등 적절한 설계법이나 기준이 연구·제공되어야 한다.[8,9]

사면의 안정성 문제는 대상 사면의 전단파괴를 논하는 문제의 일부분으로서 사면안정 해석 결과의 좋고 나쁨은 해석기법의 선택보다 오히려 지반의 전단강도의 올바른 결정에 의존하는 경우가 많다.[10-12]

특히 잔류강도는 산사태가 발생한 곳의 안정성을 평가하거나 불연속 지질의 기반암에서

처음 슬라이딩이 발생할 때 안정성을 평가하는 데 매우 중요하다.[32]

또한 다층 사면의 경우 각 층의 특성에 따라 전단강도가 다르므로 사면안정해석 시 전단강도의 선택이 용이하지 않다. 특히 자연사면에서 가장 취약한 면은 토사층과 암반층의 경계면으로 경계면의 전단강도를 조사하여 사면안정해석에 활용하여야 한다. 이때 토사층에 따라 전단강도는 많은 영향을 받으므로 다양한 토사층에 대한 연구가 절실히 요구되는 바이다.[4,7]

11.1 적용 파괴규준

11.1.1 Coulomb 파괴규준

흙의 강도를 두 가지의 성분인 점착력항과 전단면 위의 수직응력에 비례하는 마찰력항으로 구분할 때 각각의 값을 결정하는 흙의 정수를 강도정수라 하며, 겉보기점착력(apparent cohesion) c 및 전단저항각(angle of shear resistance) ϕ로 표시된다.

물체가 외력에 의하여 파괴될 때 응력 또는 변형 등에 의하여 파괴가 규정되는 기준을 파괴규준이라 하고, 토괴 및 암석과 같은 재료는 일반적으로 응력으로 표현되는 파괴규준을 적용하고 있는데, 대표적으로는 Coulomb의 파괴규준이 있다(자세한 사항은 2.3절에 설명되어 있다). 이들 파괴규준 중 기반암과 토사층 사이의 전단강도를 나타내는 데 가장 많이 적용되는 파괴규준으로 Coulom의 파괴규준을 들 수 있다.[11]

2.3절에서 설명한 바와 같이 Coulomb(1776)의 파괴규준(Coulomb's criterion)은 흙의 점착저항력과 마찰저항력으로 표현되는 규준으로서 식 (2.5)와 동일한 식 (11.1) 및 그림 11.1과 같이 표시된다.[10,11]

$$\tau_f = c + \sigma_n \tan\phi \tag{11.1}$$

여기서, τ_f는 토괴의 최대전단저항력, τ_{max}로서 전단강도, c는 흙의 겉보기점착력, ϕ는 흙의 전단저항각, σ_n은 전단면 위의 수직응력이다.

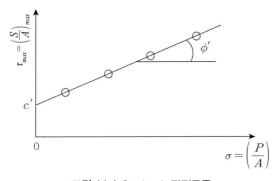

그림 11.1 Coulomb 파괴규준

한편 식 (11.1)을 유효응력으로 표시하면 식 (11.2)와 같이 된다.

$$\tau_f = c' + \sigma_n{}'\tan\phi' \tag{11.2}$$

여기서, c', ϕ', σ'_n는 각각 유효응력으로 표시한 점착력, 전단저항각, 유효수직응력이다.

토괴는 토립자를 형성하는 골격과 그 골격의 간극을 채우고 있는 물 및 공기로 구성되어 있으며, 토괴에 외력이 작용하면 골격의 응력과 간극을 채우고 있는 물체의 압력의 합계가 외력에 의한 응력과 동등하게 되어 역학적인 평형이 유지되지만, 토괴에 작용하는 전단응력은 골격에 작용하는 응력에 따라 결정되고 간극수의 압력과는 무관하므로, 이때의 골격의 응력을 유효응력이라 하고 물의 간극수압을 중립응력이라 하면 $\sigma' = \sigma - u$이므로 식 (11.2)는 (11.3)과 같이 표현할 수 있다.

$$\tau_f = c' + (\sigma - u)\tan\phi' \tag{11.3}$$

여기서, σ'는 골격의 응력으로서 유효응력이고, σ는 외력에 의한 응력으로서 전응력이며, u는 간극수압으로서 중립응력에 해당된다.

따라서 외력에 의한 응력 σ가 결정되면 유효응력 σ'와 간극수압 u의 합과 동일하므로 토괴에 외력이 작용한 후 투수계수가 큰 사질토는 순식간에 간극수압이 소실되어 유효응력만이 남게 되고, 투수계수가 작은 점성토는 서서히 간극수압이 소실되어 장기간에 걸쳐 유효응력이 증대한다.

한편 토괴의 전단저항은 간극수의 전단저항이 전무한 관계로 골격의 전단저항만에 의하여 결정되고, 골격의 전단저항은 주로 골격의 마찰저항으로 대표되므로, 골격의 마찰저항 f 는 마찰면에 수직인 유효응력 σ' 와 마찰계수 μ 의 곱으로서, 식 (11.4)와 같이 나타낼 수 있다.

$$f = \sigma' \cdot \mu = (\sigma - u) \cdot \tan\phi' \tag{11.4}$$

여기서, ϕ' 는 내부마찰각, σ 는 외력에 의한 마찰면에 수직인 응력, u 는 간극수압이다.

따라서 마찰저항은 유효응력에 비례하며, 만약 외력에 의한 응력이 일정하면 간극수압은 토괴의 전단저항을 감소시키는 요인이 된다.

11.1.2 지수함수 파괴규준

일반적으로 파괴포락선은 직선 또는 포물선으로 표현되는데, 이 중 직선으로 표시되는 파괴포락선은 Coulomb의 파괴규준과 일치하나 실제로는 포물선 형태로 나타나게 된다. 실제 흙의 내부마찰각은 수직응력이 증가함에 따라 적어지는 경향이 있다. 직접전단시험은 현장 유효수직응력 범주가 실내시험에 재현 적용되지 않기 때문에 지수함수로 표시한 경우와 잘 일치하는 것으로 생각할 수 있다. 이때 강도포락선을 지수함수로 표현하면 식 (11.5)와 같이 된다.

$$\tau = a \cdot P_a \cdot \left(\frac{\sigma'}{P_a}\right)^b \quad \text{혹은} \quad \left(\frac{\tau}{P_a}\right) = a \cdot \left(\frac{\sigma'}{P_a}\right)^b \tag{11.5}$$

여기서, a 와 b 는 무차원이고, P_a 는 τ 및 σ' 와 동일한 단위를 가진 대기압(1.0kg/cm^2 = 14.2psi = 2050psf)으로서 차원을 고려하기 위하여 사용한다.

a 와 b 를 구하기 위하여 식 (11.5)를 변형하여 다시 쓰면 식 (11.6)이 되며 이 식의 양변에 $\log_{10}$ 을 취하면 식 (11.7)이 구해진다.

$$\frac{\tau}{P_a} = a \cdot \left(\frac{\sigma'}{P_a}\right)^b \tag{11.6}$$

$$\log\left(\frac{\tau}{P_a}\right) = \log a + b \cdot \log\left(\frac{\sigma'}{P_a}\right) \tag{11.7}$$

직접전단시험 결과를 양대수지에 정리하면 그림 11.2와 같이 $\left(\dfrac{\tau}{P_a}\right)$와 $\left(\dfrac{\sigma'}{P_a}\right)$는 선형적 관계를 가진다.

그림 11.2에서 $\log\left(\dfrac{\sigma'}{P_a}\right)$의 값이 1일 때의 $\log\left(\dfrac{\tau}{P_a}\right)$의 값이 $\log a$가 되어 구할 수 있고 직선의 기울기가 b가 된다.

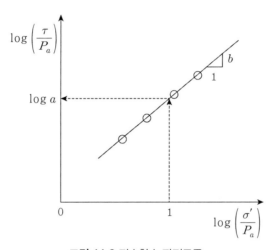

그림 11.2 지수함수 파괴규준

이 지수함수 파괴규준에 의거한 전단강도식을 Coulomb 파괴규준에 의거한 전단강도식과 비교해보면 그림 11.3과 같다.

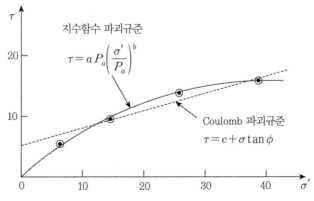

그림 11.3 Coulomb 파괴규준과 지수함수 파괴규준의 비교

11.1.3 화강암과 풍화토 경계면에서의 전단강도 특성[4]

임창관(1999)은 풍화 화강암 지대의 자연사면지반의 전단강도에 영향을 미치는 요소 중 풍화토의 상대밀도, 교란 정도 및 함수상태와 화강암의 조도를 각각 상호 변화시켜 직접전단시험을 실시하고, Coulomb의 파괴규준과 지수함수 파괴규준 이론으로 정리하여 암과 풍화토 경계면에서의 전단강도 특성을 분석한 바 있다.[4] 이 시험연구는 기반암과 토사층의 경계면에서 발생하는 전단강도에 관한 연구의 기초가 되는 연구로 여기에 그 내용을 요약·정리해본다.[26-29,31]

직접전단시험[18,21]은 그림 11.4와 같이 갈라진 전단상자 속에 시료를 넣고 연직하중을 가한 다음 흙이 갈라진 수평면을 따라 전단되도록 하는 시험이다.[17,19,24,30]

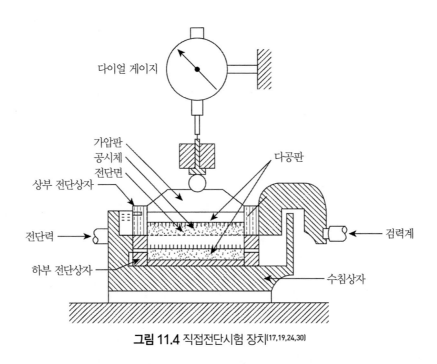

그림 11.4 직접전단시험 장치[17,19,24,30]

(1) 시험방법 및 원리

그림 11.4의 직접전단시험기를 본 시험에 적용하기 위해서 그림 11.5처럼 하부전단상자에는 화강암을 설치하고, 상부전단상자에는 상대밀도별로 화강풍화토를 채워서 시험을 실시하였다.[4]

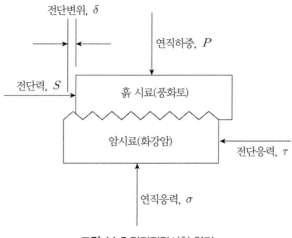

그림 11.5 직접전단시험 원리

(2) 시험시료

화강암(granite)이 기반암으로 분포하고 있는 충남 천안시 두정동 일원에서 시험시료를 채취하였는데, 풍화토시료는 표준관입시험치인 N치를 기준하여 상대밀도를 $N=25$회/30cm를 '상(고밀도)'으로, $N=15\sim20$회/30cm를 '중(중간밀도)'으로, $N=10$회/30cm를 '하(저밀도)'로 구분하여 시료를 채취하였다.

또한 화강암시료는 자연석을 대상으로 형상 게이지(former gauge)를 이용하여 자연 절리면의 조도계수(JRC, Joint Roughness Coefficient)를 측정한 후 시험시편을 선정 제작(coring)하였다.[13-15] 이들 시험시료의 특성은 표 11.1, 11.2와 같다.

표 11.1 풍화토시료의 시험 결과

시료명	상대밀도 Dr. (%)	자연함수비 (%)	비중	액·소성한계	입도가적 통과율(%)					밀도		
					#4	#10	#40	#200	mm 0.005	다짐상태		흐트러진 상태
										최대건조밀도 γd(t/m³)	최적함수비 OMC(%)	건조밀도 γd(t/m³)
'상'시료	56.6~66.4	12.7~16.6	2.66	비소성	100	94.2	61.1	38.9	5.6	1.90	13.30	1.15
'중'시료	48.9~57.1	15.5~22.0	2.66	비소성	100	96.0	62.1	39.9	5.5			
'하'시료	37.5~46.8	21.1~24.4	2.67	비소성	100	96.6	59.6	31.4	5.5			

표 11.2 화강암시료의 시험 결과

함수상태	단위중량(t/m³)	일축압축강도(t/m²)
자연	2.58	895.0
수침	2.60	875.4
건조	2.58	904.9

(3) 암의 조도변화 영향에 따른 전단강도 특성

자연함수비 상태이고 고밀도인 '상'의 불교란 및 재성형 풍화토시료를 대상으로 화강암시편의 조도계수를 0~2(1), 4~6(5), 8~10(9), 12~14(13), 16~18(17) 등 다섯 종류로 변화시키면서 직접전단시험을 실시하였다. 그림 11.6은 조도계수 변화에 따른 전단강도를 도시한 것으로 점착력은 0이고 마찰력 성분만이 존재함을 알 수 있으며 조도계수 변화의 영향을 받고 있는 것으로 나타났다.[4] 그림 11.7은 조도계수 변화에 따른 수직응력별 강도를 도시한 것으로 조도계수가 커질수록 수직응력별 강도가 점진적으로 증가함을 알 수 있다.[4]

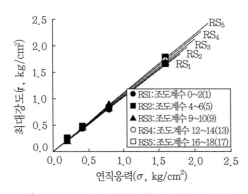

그림 11.6 조도계수 변화에 따른 전단강도의 비교

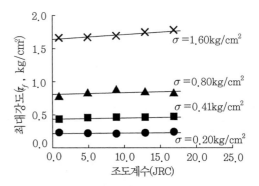

그림 11.7 조도계수 변화에 따른 수직응력별 강도의 비교

또한 그림 11.8은 조도계수 변화에 따른 마찰각 ϕ를 도시한 것으로서 불교란 및 재성형시료 모두에서 조도계수가 커짐에 따라 마찰각이 비선형으로 증가함을 알 수 있다.[4]

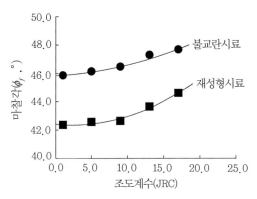

그림 11.8 조도계수 변화에 따른 ϕ의 비교

(4) 상대밀도의 변화영향에 따른 전단강도 특성

조도계수가 0~2인 화강암시편을 대상으로 함수상태가 자연, 수침, 건조상태인 불교란 및 재성형 풍화토시료의 상대밀도를 '상(고밀도)', '중(중간밀도)', '하(저밀도)'로 변화시키면서 직접전단 시험을 실시하였다. 그림 11.9는 상대밀도 변화에 따른 함수상태별 마찰각 ϕ를 도시한 것으로 상대밀도가 증대됨에 따라 ϕ가 선형으로 증가하는 경향을 확실하게 보여준다.[4]

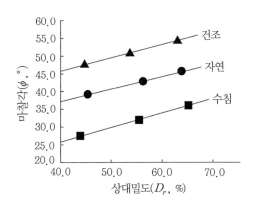

그림 11.9 상대밀도 변화에 따른 함수상태별 ϕ의 비교

그림 11.10은 상대밀도 변화에 따른 지수함수 파괴규준식($\tau = a \cdot P_a \cdot (\sigma'/P_a)^b$)에서의 함수상태별 'a', 'b' 계수를 도시한 것으로 상대밀도가 증대됨에 따라 'a' 계수는 선형증가하는 반면에 'b' 계수는 상대밀도와 무관하게 거의 일정한 상태를 나타냄을 알 수 있다.

(5) 교란의 영향에 따른 전단강도 특성

조도계수가 0~2인 화강암시편을 대상으로 교란정도(불교란 및 재성형시료)에 따른 직접 전단 시험을 실시하였다.

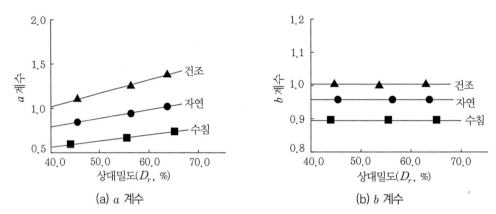

(a) a 계수

(b) b 계수

그림 11.10 상대밀도 변화에 따른 함수상태별 'a' 및 'b' 계수

그림 11.11에서 보면 재성형시료의 강도는 재성형하는 과정에서 교란되어 불교란시료의 강도보다 감소됨을 알 수 있다. 즉, 불교란시료의 마찰각 45.9°가 재성형으로 인하여 42.6°로 약 3°(7%) 정도 감소되었다.

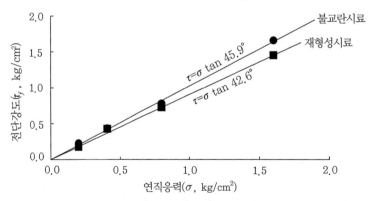

그림 11.11 교란의 영향에 따른 전단강도

(6) 함수비의 변화영향에 따른 전단강도 특성

조도계수가 0~2인 화강암시편을 대상으로 불교란 및 재성형 풍화토시료의 함수상태를 자연, 수침, 건조상태로 변화시키면서 직접전단시험을 실시하였다. 그림 11.12는 함수상태에 따른 전단강도를 도시한 것으로 자연함수비 상태의 풍화토시료를 노건조시키면 강도가 증가하고 수침시켜 함수비를 증대시키면 강도가 감소됨을 알 수 있다.

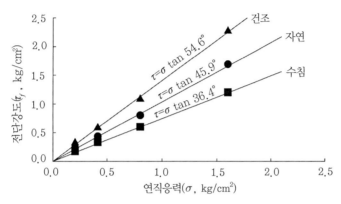

그림 11.12 함수상태에 따른 전단강도의 비교

또한 그림 11.13은 함수비 변화에 따른 마찰각 ϕ를 도시한 것으로 함수비가 증대됨에 따라 불교란시료의 마찰각은 점진적인 비선형으로 감소되며 재성형시료도 불교란시료의 경향과 비슷하나 함수비가 어느 일정 이상이 되면 마찰각이 급격히 감소하는 경향을 보인다.

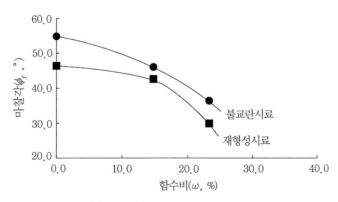

그림 11.13 함수비 변화에 따른 마찰각의 비교

(7) Coulomb 파괴규준식과 지수함수 파괴규준식의 비교

조도계수가 0~2인 화강암시편과 불교란 풍화토시료를 대상으로 직접전단시험을 실시하고 시험 결과를 Coulomb 파괴규준이론과 지수함수 파괴규준이론으로 각각 정리하여 비교한 결과 그림 11.14에서 보는 바와 같이 수직응력 범위에서 두 규준 모두 대략적으로 잘 표현되고 있다. 특히, 지수함수 파괴규준식의 경우는 Coulomb 파괴규준식보다 수직응력이 증가하면서 초기에는 전단강도가 다소 크게 나타나나 연직응력이 어느 일정한 상태에까지 증가하면 상대적으로 전단강도, 즉 마찰각 ϕ가 작아지는 경향을 잘 나타내고 있음을 알 수 있다.

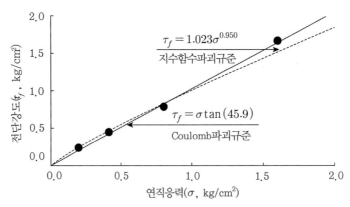

그림 11.14 Coulomb 파괴규준식과 지수함수 파괴규준식의 비교

11.2 기반암과 토사층 사이 경계면의 전단강도시험

흙의 전단강도는 사면안정문제, 토압, 지지력 등 지반의 안정문제에 가장 중요한 흙의 성질이어서 실제문제의 해결에 무시될 수 없는 요소이다.

그러나 흙의 전단강도는 흙을 파괴시키고자 할 때의 조건에 따라 달라지기 때문에 실제로 지반공학 문제에 적용할 경우에는 그 흙이 지중에서 받는 응력조건과 같은 조건하에서 발휘되는 최대전단저항을 구해야만 한다.

흙의 전단특성은 흙의 상대밀도, 교란, 함수비 외에도 토립자의 형상, 입도분포, 토립자표면의 거칠기 정도, 구속응력 등에 큰 영향을 받는다. 그리고 암절리면의 전단강도는 절리면의 조도(JRC), 연속성, 틈새, 충진물 및 수압 등의 영향에 크게 좌우된다.

특히 절리면의 조도가 전단강도 및 변형특성에 미치는 영향이 크기 때문에 Goodman(1976), Barton(1976), Barton & Choubey(1977) 등에 의해 많이 연구되어왔다.[13-15,20]

따라서 원지반 상태의 조건과 특성에 부합된 전단강도를 구하는 것이 매우 중요하기 때문에 먼저 상대밀도 및 함수비의 영향에 따른 주문진표준사와 한강모래에 대한 전단강도의 특성과 영종도점토의 자연건조에 따른 전단강도 특성을 조사·분석한다. 그런 후에 암반과 토사층 경계면에 대한 전단시험을 통해 전단강도 특성을 조사하여 암반이 포함된 다층지반사면에서의 사면안정성 해석에 활용함을 목적으로 한다. 또한 다양한 조도의 암반과 다양한 토사층의 경계면이 형성된 경우의 경계면에서 발휘되는 전단특성을 규명하는 것이 제11장의 목적이다.

즉, 제11장에서는 주문진표준사, 한강모래, 영종도점토의 전단강도 특성 및 인공암과 이들 토사층 사이의 경계면에서의 전단강도 특성을 파악하고자 한다.

전단시험에 사용된 토사는 주문진표준사, 한강모래 및 영종도점토의 세 종류이다. 이 중 주문진표준사는 구입하였으며, 한강모래와 영종도 점토는 현지에서 직접 채취하였다.

주문진표준사와 한강모래는 상대밀도(Relative Density)를 '상'(65%), '중'(50%), '하'(35%)로 구분하여 시료 준비를 하고, 영종도 점토는 영종도의 인천국제공항 제2활주로지역 남측 토목시설공사(A-4공구) 지역 내에서 PVC(ϕ100×300mm)관으로 블록샘플을 채취하여 불교란시료 상태로 준비한다.

한편 인공암 시료는 조도측정기를 이용하여 자연절리면의 조도계수(JRC, Joint Roughness Coefficient)가 0~2, 4~6, 8~10, 12~14, 18~20이 되는 5종류의 자연석을 찾아 그 위에 시멘트 모르타르를 부어 성형시켜 시편을 각각 제작하였다.

주문진표준사와 한강모래의 경우는 상대밀도에 따라 '상', '중', '하'로 변화시키고, 함수상태에 따라 자연상태와 수침상태로 변화시켜 직접전단시험을 실시하였다. 또한 인공암의 조도를 다섯 종류로 변화시켜 직접전단시험을 실시하였다.

영종도점토의 경우는 불교란 블록샘플을 트리밍하여 점토에 대한 전단시험을 실시하고, 인공암의 조도를 다섯 종류로 변화시켜 직접전단시험을 실시하였다.

그리고 이들 시험 결과를 Coulomb 파괴규준 및 지수함수 파괴규준 이론으로 정리한다. 먼저 주문진표준사와 한강모래의 상대밀도, 함수비 및 인공암의 조도 변화 영향에 따른 인공암과 주문진표준사 및 한강모래 경계면에서의 전단강도 특성을 분석하고, 영종도점토와 인공암의 조도변화 영향에 따른 경계면에서의 전단강도 특성을 분석하여 화강암과 풍화토 경계면에서의 전단강도 특성과 비교·분석하였다.

또한 본 시험에 사용된 시료 각각의 특성을 파악하기 위하여 주문진표준사, 한강모래에 대해서는 물성시험과 다짐시험을 영종도 점토에 대해서는 물성시험을 실시하여 물리적 및 역학적 특성을 파악하고, 인공암시료는 일축압축시험을 실시하여 인공암의 압축강도를 측정하였다.

11.2.1 사용 흙 시료와 시험계획

(1) 주문진표준사의 물성치 및 시험계획

#40체를 통과한 자연상태 주문진표준사를 사용하며, 주문진표준사의 물성시험 결과는 표 11.3과 같다. 그림 11.15는 주문진표준사의 입도분포곡선을 나타낸 것으로서 입도가 매우 균등함을 알 수 있다.

또한 모래지반의 상대밀도(relative density)를 '상'(65%), '중'(50%), '하'(35%)로 구분하여 직접전단시험을 실시하였다(표 11.4 참조).

본 시험에 사용되는 주문진표준사의 물리적인 특성을 알아보기 위하여 비중시험 및 체분석, 최대 및 최소 단위중량시험을 실시하여 그 결과를 표 11.3에 나타내었다.

표 11.3 주문진표준사의 물리적 특성

체분석	D_{10}	0.41
	D_{30}	0.52
	D_{60}	0.73
	C_u	1.78
	C_c	0.90
비중(G_s)		2.62
최대건조밀도(g/cm³)		1.60
최소건조밀도(g/cm³)		1.40

이들 시험 결과 비중(G_s)은 2.62이고, 그림 11.15의 입자직경에 따른 중량통과백분율(D_{10}, D_{30}, D_{60})로부터 균등계수(C_u)는 1.78, 곡률계수(C_c)는 0.9로 산정되었다. 또한 최대건조밀도 $\gamma_{d_{max}}$는 1.60kg/cm², 최소건조밀도 $\gamma_{d_{min}}$는 1.40kg/cm²이다.

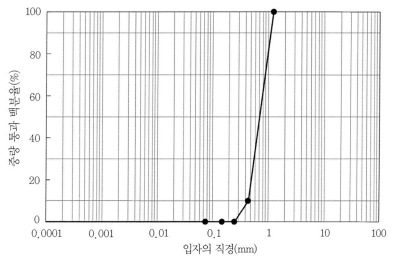

그림 11.15 주문진표준사의 입도분포곡선

주문진표준사에 대한 직접전단시험은 전단속도를 1mm/min으로 하고, 최대전단변위는 15.2% 까지 직접전단시험을 실시한다. 또한 시험방식은 변형률 제어방식(변위량 0.5mm 기준)을 택 하고, 상대밀도는 시행착오법을 이용하여 원하는 상대밀도에 최대한 근접하게 하여 상(65%), 중(50%), 하(35%)로 구분한다. 각각의 상대밀도에 대해 자연상태와 수침상태(함수비 28~ 30%)로 나누어 응력단계를 $0.326kg/cm^2$, $0.652kg/cm^2$, $1.304kg/cm^2$, $1.957kg/cm^2$의 4단계로 하여 표 11.4에 정리한 바와 같이 총 24회의 시험을 실시하였다.

표 11.4 주문진표준사의 시험계획

함수상태	상대밀도			비고
	상	중	하	
자연상태	1	1	1	6×4(총24회)
수침상태	1	1	1	

(2) 한강모래의 물성치 및 시험계획

본 시험에 사용한 모래는 난지도 부근에서 채취한 자연상태 한강모래를 물로 씻어 세립분 을 제거한 후 건조시켜 #40체를 통과한 모래를 사용하며 물성치는 표 11.5와 같다. 그림 11.16 은 한강모래의 입도분포곡선을 나타낸 것으로서 입도가 균등함을 알 수 있다.

또한 모래지반의 상대밀도(relative density)를 '상'(65%), '중'(50%), '하'(35%)로 구분하여 직접전단시험을 실시한다.

본 시험에 사용한 한강모래의 물리적인 특성을 알아보기 위하여 비중시험 및 체분석, 최대 및 최소단위중량시험을 실시하여 그 결과를 표 11.5에 나타내었다.

표 11.5 한강모래의 물리적 특성

체분석	D_{10}	0.20
	D_{30}	0.29
	D_{60}	0.42
	C_u	2.10
	C_c	1.00
비중(G_s)		2.67
최대건조밀도(g/cm³)		1.62
최소건조밀도(g/cm³)		1.36

이들 시험의 결과 비중(G_s)은 2.67이었으며 균등계수(C_u)는 그림 11.16의 입자직경에 따른 중량통과백분율(D_{10}, D_{30}, D_{60})로부터 2.1, 곡률계수(C_c)는 1.0으로 산정되었다. 또한 최대건조밀도 $\gamma_{d_{max}}$ 는 1.62kg/cm², 최소건조밀도 $\gamma_{d_{min}}$ 은 1.36kg/cm²로 구해졌다.

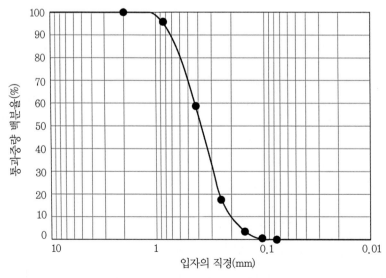

그림 11.16 한강모래의 입도분포곡선

한강모래에 대한 직접전단시험은 전단속도를 1mm/min으로 하고, 최대전단변위는 15.2%까지 직접전단시험을 실시하였다. 또한 시험 방식은 변형률 제어방식(변위량 0.5mm 기준)을 택하고, 상대밀도는 시행착오법을 이용하여 원하는 상대밀도에 최대한 근접하게 하여 상(65%), 중(50%), 하(35%)로 구분하여 각각의 상대밀도에 대해 자연상태와 수침상태(함수비 30~33%)로 나누어 응력단계를 0.326kg/cm², 0.652kg/cm², 1.304kg/cm², 1.957kg/cm²로 하여 주문진표준사와 동일하게 총 24회의 시험을 실시한다.

(3) 영종도점토의 물성치 및 시험계획

본 시험에서 사용된 점토시료는 영종도의 인천국제공항 제2활주로지역 남측 토목시설공사(A-4공구) 지역 내에 분포한 해성점토이다. 자연상태의 불교란시료를 채취하기 위하여 지표면으로부터 약 1.5m 깊이에서 PVC(ϕ100mm×300mm)관을 정적으로 관입시켜 시료를 채취한 직후 PVC관을 랩(wrap)으로 감싸 함수비의 변화를 방지한다.

이후 실내로 반입하여 보관 기간 동안 수분이 증발하는 것을 방지하기 위하여 양쪽 끝단을 파라핀으로 캡핑한 후에 다시 랩으로 감싸서 사용한다.

본 점토시료의 토질 특성을 알아보기 위하여 함수비시험(KSF 2306-95), 비중시험(KS F2308-91), 아터버그시험(KSF 2303) 그리고 체분석시험(KSF 2309)을 실시하여 표 11.6에 나타내었다. 액성한계시험에서 구한 영종도점토의 유동곡선은 그림 11.17과 같으며 이 곡선에서 구한 액성한계가 39%이다. 소성지수는 15.1로서 통일분류법(USCS)에 따라 분류하면 CL로서 중간정도의 소성상태와 압축성을 가지는 것으로 나타났다.

또한 표 11.6에서 보는 바와 같이 비중(G_s)은 2.68이고 자연상태 점토의 평균함수비는 37.6%로 나타났다.

표 11.6 영종도점토의 토질특성

깊이(m)	w/c(%)	G_s	Atterberg		체분석		
			LL(%)	PI(%)	0.005(mm)	#200(%)	#4(%)
1.5	37.6	2.68	39	15.1	22.4	99.7	100

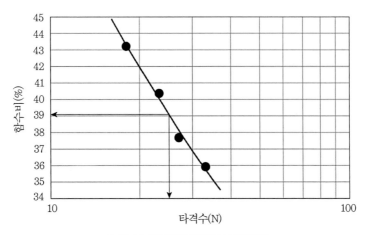

그림 11.17 영종도점토의 유동곡선

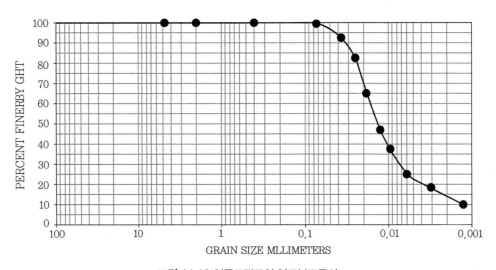

그림 11.18 영종도점토의 입도분포곡선

영종도점토에 대한 직접전단시험은 전단속도를 1mm/min로 하고, 최대전단변위는 15.2% 까지 직접전단시험을 실시한다. 또한 시험방식은 변형률 제어방식(변위량 0.5mm 기준)을 택하고, 함수비는 표 11.7에서 보는 바와 같이 자연상태(함수비 37.6%)와 수침상태(함수비 38.5%)로 나누어 수직응력단계를 0.13kg/cm², 0.261kg/cm², 0.391kg/cm2, 0.522kg/cm²의 4단계로 하여 총 8회의 시험을 실시하였다.

표 11.7 영종도점토의 시험계획

함수상태	시험회수	비고
자연상태	4	1×4(총4회)
수침상태	4	1×4(총4회)

11.2.2 기반암의 제작

(1) 조도계수 측정

암에서 불연속면의 조도(거칠기, roughness)는 평균 평면에 대한 불연속면에 나타나는 작은 규모의 요철(uneveness)이나 큰 규모의 만곡(waviness)으로 정의된다.[16] 실제에 있어서 만곡은 전단변위의 초기방향에 영향을 주는 반면에 요철은 일반적으로 중간 규모의 현장 직접전단 강도시험이나 실내시험에서 구해질 전단강도에 영향을 준다.

노두나 시추코아에서 이루어진 측정으로부터 불연속면의 성질이 기록될 때는 일반적으로 소규모의 요철과 더 큰 규모의 만곡 사이가 구분되어야 한다. 대규모의 굴곡은 소규모 또는 중간규모의 굴곡 위에 중첩될 수 있다. 이 불연속면의 조도는 특히 변위가 없거나 채움재(filling material)가 없는 불연속면에서의 전단응력에 상당한 영향을 준다. 틈새, 채움재 두께 혹은 이전의 전단변위가 증가되면 이 조도의 중요성은 감소된다.

모든 조도(JRC)의 조사목적은 전단강도와 팽창의 실제적인 예상이나 계산을 위한 것으로서 조도 조사방법으로는 프로파일 게이지(형상 게이지, profile gauge) 방법, 선형종단면(linear profile)방법, 컴파스-디스크 클리노메터(compass and disc clinometer) 방법 그리고 사진측량(photogrammetric) 방법이 있다.

본 시험에서는 Barton과 Choubey(1977)에 의해 제안된 형상 게이지 방법을 이용한다.[14] 프로파일 게이지 방법은 프로파일 게이지를 그림 11.19에서 보는 바와 같이 절리면 상태의 본을 떠서 이를 다시 투명종이에 본을 떠 기작성된 그림 11.20의 표준 거칠기종단면도(standard profile chart)에 맞추어 조도등급 JRC(Joint Roughness Coefficient)를 결정한다.

이와 같이 결정된 JRC는 Bieniawski(1976)가 제안한 암반 분류 방법인 RMR(Rock Mass Rating) 분류에 이용되며, 또한 Barton(1990) 등이 최근의 연구를 통해 제안한 식 (11.8)에 적용하여 전단강도 τ를 추정하는 경우에도 이용된다.[20]

$$\tau = \sigma \tan \left[\phi_r + JRC \log 10 \left(\frac{JCS}{\sigma} \right) \right] \qquad (11.8)$$

여기서, σ는 연직응력, ϕ_r은 잔류내부마찰각, JCS는 절리면의 압축강도이다.

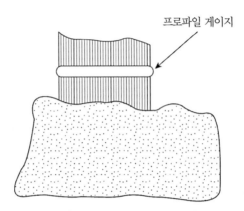

그림 11.19 형상 게이지 이용 방법

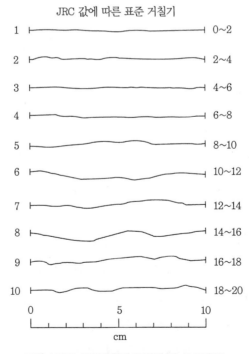

그림 11.20 표준거칠기 종단면 및 JRC값[13]

인공암은 다음과 같이 제작한다. 프로파일 게이지(profile gauge)를 사용하여 조도계수(JRC) 0~2, 4~6, 8~10, 12~14, 18~20인 자연암을 측정한 후 표면에 모르타르를 성형하여 채취한다.

표본 채취에 사용한 모르타르는 물 : 시멘트 : 모래＝2 : 5 : 3의 비율로 혼합하여 성형하였으며, 직경 75mm, 높이 150mm의 공시체 3개를 성형하여 일축압축강도를 측정한다. 평균 일축압축강도는 249kg/cm²이다.

11.2.3 시험방법

기반암과 토사층 경계면에 대한 전단강도 측정은 흙 시료용 전단시험기를 이용하여 직접전단 시험에 의해 전단강도를 측정하였는데, 시험방법은 하부 전단상자에 그림 11.21과 같이 인공암 시편을 놓고 그 위에 토사 시료를 얹어 수직하중을 가한 후 갈라진 수평면을 따라 전단한다.

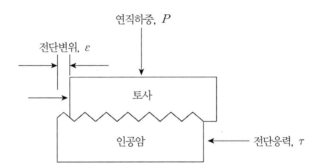

그림 11.21 암과 풍화토 경계면에서의 직접전단시험 원리

연직응력 σ와 전단응력 τ는 다음의 식과 같이 구한다.

$$\sigma = \frac{P}{A} \tag{11.9}$$

$$\tau = \frac{S}{A} \tag{11.10}$$

여기서, P는 연직하중, S는 전단력, A는 단면적이다.

이와 같이 연직하중을 3, 4회 바꾸어 각 연직응력에 대한 최대전단응력을 구하고 이 점들을 연결하면 이 선이 바로 Coulomb의 파괴포락선이 되어 점착력 c와 전단저항각 ϕ를 결정할 수 있다.

그림 11.21에서 보는 바와 같이 연직하중 P가 가해지는 상태에서 전단변위 ε를 발생시키기 위해 필요한 힘이 전단응력 τ이다. 이러한 전단응력은 최댓값에 도달할 때까지 계속 증가하다가 변위가 발생하는 순간부터 일정한 잔류값으로 감소하면서 전단변위가 계속적으로 발생한다는 것이 기본적인 개념인데, 전단강도의 최댓값인 τ_f와 연직응력 σ는 Coulomb의 파괴규준으로부터 식 (11.1)과 같이 표현될 수 있다.

잔류강도의 경우 점착력이 0이 되면 잔류전단강도 τ_r과 연직응력 σ는 다음 식과 같이 표현될 수 있다.

$$\tau_r = \sigma \tan\phi_r \tag{11.11}$$

여기서, ϕ_r은 잔류마찰각이다.

일반적으로 흙의 점착력은 흙 입자 자체의 점착력에 의해 구해질 수 있지만 암석의 경우 점착강도는 암석 자체의 점착력이 아니라 절리면이 전단을 받을 때의 힘으로부터 구해지는 값이다. 그러나 대부분 실질적인 문제에 있어서는 편의상 절리면의 거칠기와 관련되는 값으로 인식되고 있으나 간단히 연직응력이 0일 때의 전단응력을 점착력이라 흔히 칭하기도 한다.

즉, 절리면의 전단강도를 쉽게 이해하기 위해서 기본 내부마찰각 ϕ_b를 고려할 수 있는데, 이는 잔류내부마찰각 ϕ_r과 거의 유사한 값이다. 따라서 식 (11.11)은 다시 다음과 같이 쓸 수 있다.

$$\tau_r = \sigma \tan\phi_b \tag{11.12}$$

통상 암반 내의 자연 절리면은 울퉁불퉁하고 불규칙적이어서 절리면의 전단거동에 큰 영향을 미치는데, 이러한 절리면의 조도(거칠기)는 절리면의 전단강도를 증가시키게 되며 궁극적으로 터널 등 지하구조물의 안정성에 대단히 중요한 역할을 하게 된다.

11.2.4 시험계획

직접전단시험 방식은 변형률 제어방식(변위량 0.5mm 기준)을 적용시키고, 전단속도를 1mm/min로, 최대전단변위는 15.2%까지 직접전단시험을 실시한다.

자연상태와 수침상태의 주문진표준사 및 한강모래와 인공암 경계면에서의 시험계획은 표 11.8~11.9와 같다.

자연상태(함수비 37.6%) 점토와 JRC별(0~2, 4~6, 8~10, 12~14, 18~20) 조도에 대한 시험계획은 표 11.10과 같다. 그리고 자연건조점토(함수비별, 7.9%, 15%, 23%, 28.9%) 및 48시간 수침시킨 점토(함수비, 38.5%)와 JRC별(0~2, 8~10, 18~20) 조도에 대한 시험계획은 표 11.11과 같다.

연직응력단계는 0.13kg/cm², 0.261kg/cm², 0.391kg/cm², 0.522kg/cm²의 4단계로 하여 시험을 실시한다. 따라서 총 시험회수는 120회(=30회×4)가 된다.

표 11.8 주문진표준사와 JRC별 조도에 대한 시험계획

JRC	함수상태	상대밀도			비고
		상	중	하	
0~2	자연상태	4	4	4	30×4 (총 120회)
	수침상태	4	4	4	
4~6	자연상태	4	4	4	
	수침상태	4	4	4	
8~10	자연상태	4	4	4	
	수침상태	4	4	4	
12~14	자연상태	4	4	4	
	수침상태	4	4	4	
18~20	자연상태	4	4	4	
	수침상태	4	4	4	

표 11.9 한강모래와 JRC별 조도에 대한 시험계획

함수상태	상대밀도			비고
	상	중	하	
자연상태	4	4	4	6×4 (총 24회)
수침상태	4	4	4	

표 11.10 자연상태점토와 JRC별 조도에 대한 시험계획

JRC	함수상태	시험횟수	비고
0~2	자연상태	4	
4~6	자연상태	4	
8~10	자연상태	4	4×5 (총 20회)
12~14	자연상태	4	
18~20	자연상태	4	

표 11.11 함수비별 점토와 JRC별 조도에 대한 시험계획

JRC	함수비(%)	시험횟수	비고
0~2	7.9(건조점토)	4	4×5 (총 20회)
	15(건조점토)	4	
	23(건조점토)	4	
	28.9(건조점토)	4	
	38.5(수침점토)	4	
8~10	7.9(건조점토)	4	4×5 (총 20회)
	15(건조점토)	4	
	23(건조점토)	4	
	28.9(건조점토)	4	
	38.5(수침점토)	4	
18~20	7.9(건조점토)	4	4×5 총20회
	15(건조점토)	4	
	23(건조점토)	4	
	28.9(건조점토)	4	
	38.5(수침점토)	4	

11.3 기반암과 토사층 사이 경계면의 전단시험 결과

11.3.1 기반암과 주문진표준사의 사이 경계면의 강도

우선 주문진표준사만을 대상으로 상대밀도에 따라 '상(65%)', '중(50%)', '하(35%)'로 구분하고, 함수상태를 자연상태, 수침상태로 변화시켜 직접전단시험을 실시하였다.

그림 11.22는 자연상태 및 수침상태의 주문진표준사에 대한 직접전단시험 결과 중 대표적으로 연직응력단계 $1.957kg/cm^2$(표 11.4 참조)일 때 각각의 상대밀도에 따른 전단응력과 전단

변형률과의 관계를 도시한 그림이다.

또한 대표적으로 자연상태 및 수침상태에서 주문진표준사(상대밀도 '상'의 경우에만 국한한 경우)에 대한 시험 결과를 Coulomb 파괴규준 및 지수함수 파괴규준을 적용시킨 그림으로 도시하면 그림 11.23~11.24와 같다.

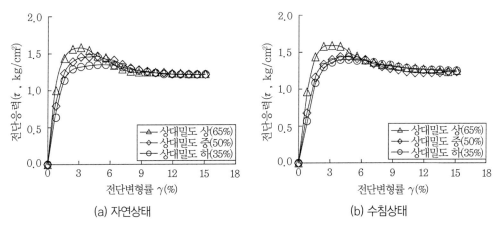

(a) 자연상태   (b) 수침상태

그림 11.22 1.957kg/cm²인 연직응력단계에서의 상대밀도에 따른 직접전단시험 결과

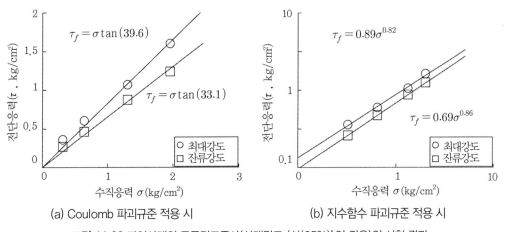

(a) Coulomb 파괴규준 적용 시   (b) 지수함수 파괴규준 적용 시

그림 11.23 자연상태의 주문진표준사(상대밀도 '상(65%)'인 경우)의 시험 결과

그림 11.23 및 11.24에 도시한 주문진표준사의 직접전단시험 결과를 Coulomb 파괴규준 및 지수함수 파괴규준 이론으로 최대강도와 잔류강도를 구하여 정리하면 표 11.12와 같다.

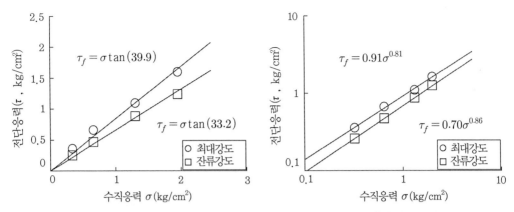

그림 11.24 수침상태의 주문진표준사(상대밀도 '상(65%)'인 경우)의 시험 결과

표 11.12 주문진표준사의 직접전단시험 결과

함수 상태	상대 밀도	Coulomb 파괴규준		지수함수 파괴규준	
		최대강도 τ_f(kg/cm²)	잔류강도 τ_r(kg/cm²)	최대강도 τ_f(kg/cm²)	잔류강도 τ_r(kg/cm²)
자연 상태	상	$\sigma \tan 39.6$	$\sigma \tan 33.1$	$0.89\sigma^{0.82}$	$0.69\sigma^{0.86}$
	중	$\sigma \tan 38.2$	$\sigma \tan 32.8$	$0.85\sigma^{0.81}$	$0.69\sigma^{0.85}$
	하	$\sigma \tan 36.1$	$\sigma \tan 32.8$	$0.78\sigma^{0.82}$	$0.69\sigma^{0.86}$
수침 상태	상	$\sigma \tan 39.9$	$\sigma \tan 33.2$	$0.91\sigma^{0.81}$	$0.70\sigma^{0.86}$
	중	$\sigma \tan 38.1$	$\sigma \tan 33.0$	$0.87\sigma^{0.78}$	$0.69\sigma^{0.85}$
	하	$\sigma \tan 36.6$	$\sigma \tan 32.8$	$0.80\sigma^{0.84}$	$0.69\sigma^{0.86}$

다음으로는 주문진표준사를 토사층으로 적용한 경우 기반암과 주문진표준사 사이의 전단 강도를 조사해본다.

이 경우, 직접전단시험은 조도계수(JRC)가 0~2, 4~6, 8~10, 12~14, 18~20인 인공암 시 편을 각각 전단상자의 하단에 넣고, 그 위에 자연상태 및 수침상태의 주문진표준사를 각각 상대밀도에 따라 '상(65%)', '중(50%)', '하(35%)' 경우로 구분하여 넣고 전단시험을 실시하였다.

자연상태 및 수침상태의 주문진표준사와 JRC별(0~2, 4~6, 8~10, 12~14, 18~20) 암에 대한 시험 결과 중 대표적으로 JRC 0~2, 8~10의 경우에 대한 연직응력 1.957kg/cm²일 때 상대밀도에 따른 전단응력과 전단변형률과의 관계는 각각 그림 11.25~11.26과 같다.

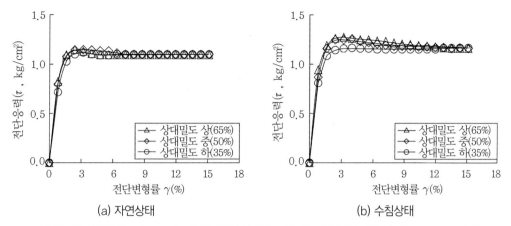

그림 11.25 연직응력 1.957kg/cm² 단계에서 상대밀도에 따른 직접전단시험 결과(JRC 0~2 경우)

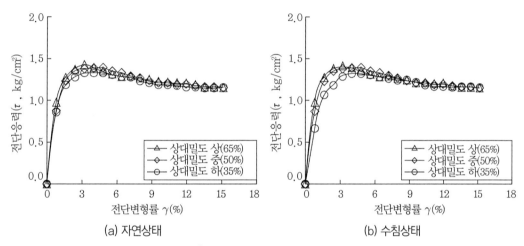

그림 11.26 연직응력 1.957kg/cm² 단계에서 상대밀도에 따른 직접전단시험 결과(JRC 8-10 경우)

또한 대표적으로 상대밀도가 상(65%)인 자연상태 및 수침상태의 주문진표준사와 인공암 (JRC 0~2의 경우) 사이의 경계면에서의 직접전단시험 결과는 그림 11.27 및 11.28에 도시한 바와 같다. 그 밖의 상대밀도 '중(50%)' 및 '하(35%)'에 대한 직접전단시험 결과에 Coulomb 파괴규준 및 지수함수 파괴규준을 적용하여 정리한 결과는 표 11.13과 같다.

표 11.13 인공암과 주문진표준사 경계면에서의 직접전단시험 결과

JRC	함수상태	상대밀도	Coulomb 파괴규준 최대강도 τ_f(kg/cm²)	Coulomb 파괴규준 잔류강도 τ_r(kg/cm²)	지수함수 파괴규준 최대강도 τ_f(kg/cm²)	지수함수 파괴규준 잔류강도 τ_r(kg/cm²)
8 ~ 10	자연상태	상	$\sigma\tan 37.5$	$\sigma\tan 31.5$	$0.84\sigma^{0.80}$	$0.66\sigma^{0.83}$
		중	$\sigma\tan 36.8$	$\sigma\tan 31.6$	$0.81\sigma^{0.81}$	$0.66\sigma^{0.83}$
		하	$\sigma\tan 35.2$	$\sigma\tan 31.5$	$0.75\sigma^{0.84}$	$0.66\sigma^{0.83}$
	수침상태	상	$\sigma\tan 37.5$	$\sigma\tan 31.5$	$0.84\sigma^{0.80}$	$0.66\sigma^{0.83}$
		중	$\sigma\tan 36.9$	$\sigma\tan 31.6$	$0.82\sigma^{0.79}$	$0.66\sigma^{0.84}$
		하	$\sigma\tan 35.3$	$\sigma\tan 31.6$	$0.77\sigma^{0.79}$	$0.66\sigma^{0.84}$
12 ~ 14	자연상태	상	$\sigma\tan 38.4$	$\sigma\tan 33.5$	$0.87\sigma^{0.81}$	$0.70\sigma^{0.85}$
		중	$\sigma\tan 37.6$	$\sigma\tan 33.5$	$0.84\sigma^{0.81}$	$0.70\sigma^{0.87}$
		하	$\sigma\tan 37.2$	$\sigma\tan 33.4$	$0.82\sigma^{0.81}$	$0.70\sigma^{0.87}$
	수침상태	상	$\sigma\tan 38.5$	$\sigma\tan 33.4$	$0.87\sigma^{0.80}$	$0.70\sigma^{0.86}$
		중	$\sigma\tan 37.6$	$\sigma\tan 33.4$	$0.84\sigma^{0.80}$	$0.70\sigma^{0.87}$
		하	$\sigma\tan 37.2$	$\sigma\tan 33.4$	$0.82\sigma^{0.81}$	$0.70\sigma^{0.87}$
18 ~ 20	자연상태	상	$\sigma\tan 39.6$	$\sigma\tan 33.7$	$0.89\sigma^{0.82}$	$0.71\sigma^{0.85}$
		중	$\sigma\tan 38.1$	$\sigma\tan 33.7$	$0.85\sigma^{0.81}$	$0.71\sigma^{0.85}$
		하	$\sigma\tan 37.8$	$\sigma\tan 33.7$	$0.84\sigma^{0.81}$	$0.71\sigma^{0.86}$
	수침상태	상	$\sigma\tan 39.9$	$\sigma\tan 33.7$	$0.91\sigma^{0.81}$	$0.71\sigma^{0.85}$
		중	$\sigma\tan 38.6$	$\sigma\tan 33.7$	$0.88\sigma^{0.80}$	$0.71\sigma^{0.85}$
		하	$\sigma\tan 37.7$	$\sigma\tan 33.8$	$0.84\sigma^{0.80}$	$0.71\sigma^{0.85}$

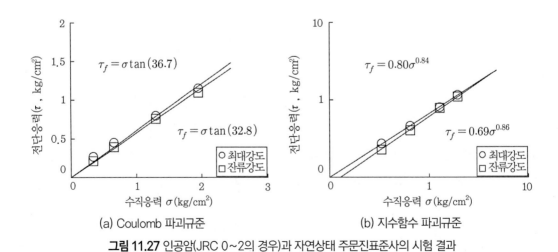

(a) Coulomb 파괴규준 (b) 지수함수 파괴규준

그림 11.27 인공암(JRC 0~2의 경우)과 자연상태 주문진표준사의 시험 결과

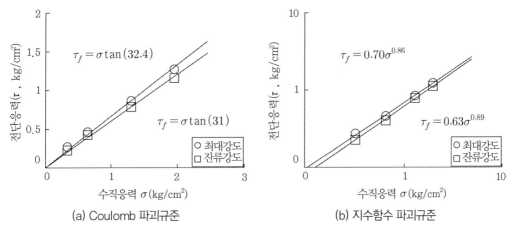

$$\tau_f = \sigma \tan(32.4)$$

$$\tau_f = \sigma \tan(31)$$

○ 최대강도
□ 잔류강도

수직응력 $\sigma\,(\mathrm{kg/cm^2})$

(a) Coulomb 파괴규준

$$\tau_f = 0.70\sigma^{0.86}$$

$$\tau_f = 0.63\sigma^{0.89}$$

○ 최대강도
□ 잔류강도

수직응력 $\sigma\,(\mathrm{kg/cm^2})$

(b) 지수함수 파괴규준

그림 11.28 인공암(JRC 0~2의 경우)과 수침상태 주문진표준사의 시험 결과

11.3.2 인공암과 한강모래 경계면 사이 강도

자연상태 및 수침상태의 한강모래를 각각 상대밀도에 따라 '상(65%)', '중(50%)', '하(35%)'로 구분하여 직접전단시험을 실시하였다.

자연상태 및 수침상태의 한강모래에 대한 시험 결과 중 대표적으로 연직응력이 $1.957\mathrm{kg/cm^2}$시 상대밀도에 따른 전단응력과 전단변형률과의 관계를 그림 11.29에 나타내었다. 또한 대표적으로 자연상태 및 수침상태의 한강모래(상대밀도 '상')의 결과를 Coulomb 파괴규준 및 지수함수 파괴규준을 적용시킨 그림으로 도시하면 그림 11.30~11.31과 같다.

이들 직접전단시험 결과를 Coulomb 파괴규준 및 지수함수 파괴규준 이론으로 정리한 결과는 표 11.14와 같다.

표 11.14 한강모래의 직접전단시험 결과

함수 상태	상대 밀도	Coulomb 파괴규준		지수함수 파괴규준	
		최대강도 $\tau_f(\mathrm{kg/cm^2})$	잔류강도 $\tau_r(\mathrm{kg/cm^2})$	최대강도 $\tau_f(\mathrm{kg/cm^2})$	잔류강도 $\tau_r(\mathrm{kg/cm^2})$
자연 상태	상	$\sigma\tan 41.2$	$\sigma\tan 35.9$	$0.92\sigma^{0.90}$	$0.76\sigma^{0.88}$
	중	$\sigma\tan 40.4$	$\sigma\tan 35.8$	$0.90\sigma^{0.90}$	$0.76\sigma^{0.88}$
	하	$\sigma\tan 39.5$	$\sigma\tan 35.7$	$0.87\sigma^{0.89}$	$0.75\sigma^{0.90}$
수침 상태	상	$\sigma\tan 40.7$	$\sigma\tan 35.7$	$0.92\sigma^{0.86}$	$0.75\sigma^{0.90}$
	중	$\sigma\tan 39.7$	$\sigma\tan 35.5$	$0.89\sigma^{0.85}$	$0.74\sigma^{0.90}$
	하	$\sigma\tan 37.4$	$\sigma\tan 34.8$	$0.84\sigma^{0.81}$	$0.73\sigma^{0.88}$

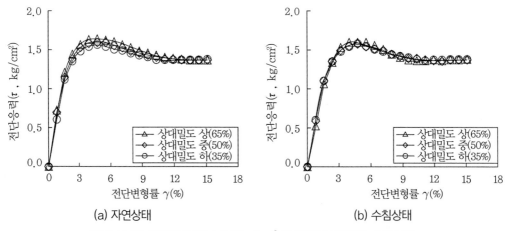

(a) 자연상태　　　　　　　　(b) 수침상태

그림 11.29 연직응력단계 1.957kg/cm² 시 상대밀도에 따른 시험 결과

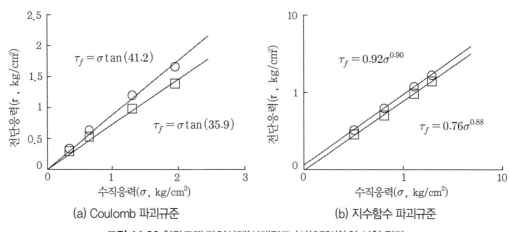

(a) Coulomb 파괴규준　　　　　　　　(b) 지수함수 파괴규준

그림 11.30 한강모래 자연상태(상대밀도 '상(65%)')의 시험 결과

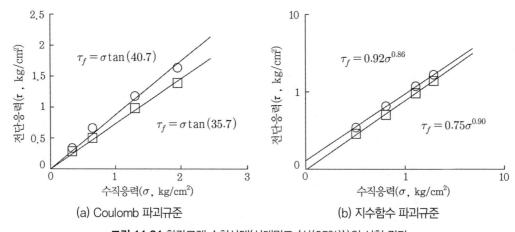

(a) Coulomb 파괴규준　　　　　　　　(b) 지수함수 파괴규준

그림 11.31 한강모래 수침상태(상대밀도 '상(65%)')의 시험 결과

조도계수(JRC)가 8~10인 인공암 시편을 전단상자의 하단에 넣고 그 위에 자연상태 및 수침상태의 한강모래를 각각 상대밀도에 따라 '상(65%)', '중(50%)', '하(35%)'로 구분하여 직접전단시험을 실시하였다. 자연상태 및 수침상태의 한강모래와 JRC 8~10인 암에 대한 시험 결과 중 대표적으로 연직응력 1.957kg/cm²일 때 상대밀도에 따른 전단응력과 전단변형률과의 관계 그림을 11.32에 나타내었다.

또한 대표적으로 상대밀도가 상인 자연상태 및 수침상태 한강모래와 인공암(JRC 8~10) 경계면에서의 직접전단시험 결과를 그림 11.33에 도시하였다.

이들 직접전단시험 결과를 Coulomb 파괴규준 및 지수함수 파괴규준 이론으로 정리한 결과는 표 11.15와 같다.

표 11.15 인공암과 한강모래 경계면에서의 직접전단시험 결과

JRC	함수 상태	상대 밀도	Coulomb 파괴규준		지수함수 파괴규준	
			최대강도 τ_f(kg/cm²)	잔류강도 τ_r(kg/cm²)	최대강도 τ_f(kg/cm²)	잔류강도 τ_r(kg/cm²)
8 ~ 10	자연상태	상	$\sigma \tan 41.8$	$\sigma \tan 36.3$	$0.96\sigma^{0.85}$	$0.79\sigma^{0.84}$
		중	$\sigma \tan 39.6$	$\sigma \tan 34.8$	$0.91\sigma^{0.81}$	$0.76\sigma^{0.82}$
		하	$\sigma \tan 38.2$	$\sigma \tan 32.9$	$0.87\sigma^{0.79}$	$0.71\sigma^{0.83}$
	수침상태	상	$\sigma \tan 40.0$	$\sigma \tan 35.5$	$0.87\sigma^{0.88}$	$0.76\sigma^{0.86}$
		중	$\sigma \tan 37.9$	$\sigma \tan 35.3$	$0.83\sigma^{0.85}$	$0.74\sigma^{0.89}$
		하	$\sigma \tan 36.9$	$\sigma \tan 34.7$	$0.78\sigma^{0.87}$	$0.71\sigma^{0.94}$

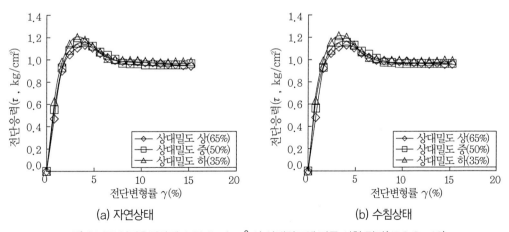

(a) 자연상태   (b) 수침상태

그림 11.32 연직응력단계 1.304kg/cm² 시 상대밀도에 따른 시험 결과(JRC 8~10)

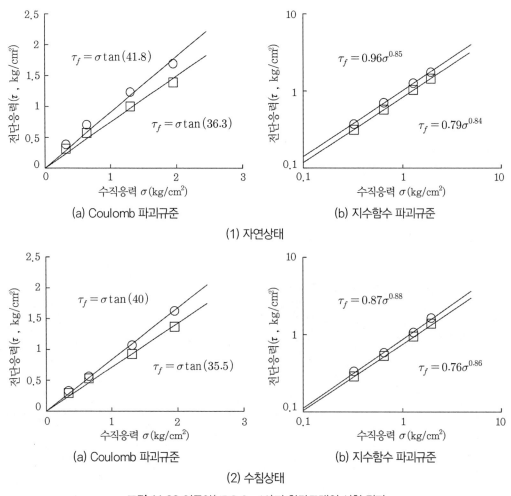

그림 11.33 인공암(JRC 8~10)과 한강모래의 시험 결과

11.3.3 기반암과 영종도점토의 경계면 사이 강도

영종도의 인천국제공항 제2 활주로지역 남측 토목시설공사(A-4 공구) 지역 내에 분포한 해성점토(w, 37.6%)에 대하여 직접전단시험을 실시하였다.

이와 같이 자연상태의 영종도시료에 대한 직접전단시험 결과 중 전단응력－전단변형률 관계를 도시하면 그림 11.34와 같다.

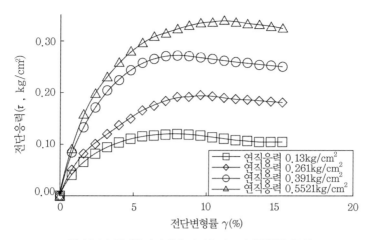

그림 11.34 연직응력단계별 전단응력 - 전단변형률 곡선

또한 자연상태의 영종도점토시료에 대한 직접전단시험 결과를 Coulomb 파괴규준 및 지수함수 파괴규준을 적용하여 정리하면 그림 11.35와 같고, 이들 영종도점토시료의 최대강도와 잔류강도를 정리하면 표 11.16과 같다.

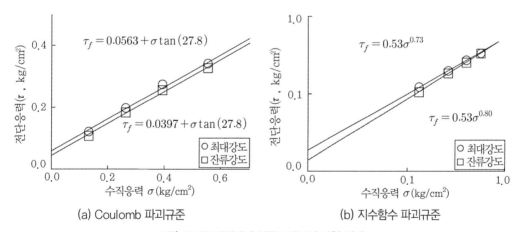

그림 11.35 자연상태 영종도점토의 시험 결과

표 11.16 영종도점토에 대한 직접전단시험 결과

함수 상태	Coulomb 파괴규준		지수함수 파괴규준	
	최대강도 τ_f(kg/cm^2)	잔류강도 τ_r(kg/cm^2)	최대강도 τ_f(kg/cm^2)	잔류강도 τ_r(kg/cm^2)
자연	$0.056 + \sigma \tan 27.8$	$0.040 + \sigma \tan 27.8$	$0.53\sigma^{0.73}$	$0.53\sigma^{0.80}$

조도계수(JRC)가 0~2, 4~6, 8~10, 12~14, 18~20인 인공암 시편을 전단상자의 하단에 넣고 그 위에 자연상태의 영종도점토를 넣어 직접전단시험을 실시하였다.

인공암과 자연상태 영종도점토 경계면에서의 시험 결과 중 대표적으로 JRC 8~10의 경우에 대하여 전단응력－전단변형률 관계를 도시하면 그림 11.36과 같다. 또한 이 경우에 대하여 Coulomb의 파괴규준과 지수함수 파괴규준에 따라 정리하면 그림 11.37(a)~(b)와 같다.

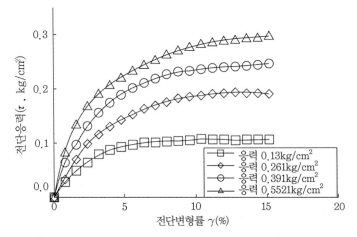

그림 11.36 연직응력단계별 전단응력 - 전단변형률 곡선(JRC 8~10)

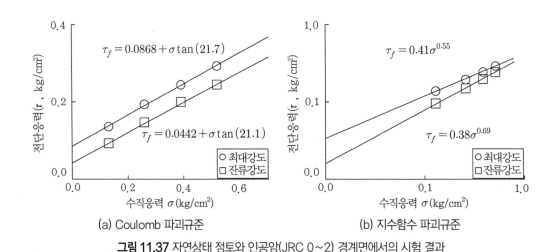

(a) Coulomb 파괴규준   (b) 지수함수 파괴규준

그림 11.37 자연상태 점토와 인공암(JRC 0~2) 경계면에서의 시험 결과

이들 모든 영종도점토를 흙 시료로 활용한 경우의 직접전단시험 결과를 Coulomb 파괴규준 및 지수함수 파괴규준 이론으로 정리한 결과는 표 11.17과 같다.

표 11.17 인공암과 영종도점토 경계면에서의 직접전단시험 결과

JRC	함수 상태	Coulomb 파괴규준		지수함수 파괴규준	
		최대강도 τ_f(kg/cm²)	잔류강도 τ_r(kg/cm²)	최대강도 τ_f(kg/cm²)	잔류강도 τ_r(kg/cm²)
0~2	자연	$0.0868 + \sigma\tan 21.7$	$0.0442 + \sigma\tan 21.1$	$0.41\sigma^{0.55}$	$0.38\sigma^{0.65}$
4~6	자연	$0.0508 + \sigma\tan 23.8$	$0.0514 + \sigma\tan 23.4$	$0.43\sigma^{0.69}$	$0.43\sigma^{0.69}$
8~10	자연	$0.058 + \sigma\tan 25$	$0.0588 + \sigma\tan 24.4$	$0.46\sigma^{0.70}$	$0.45\sigma^{0.72}$
12~14	자연	$0.0466 + \sigma\tan 32.3$	$0.0466 + \sigma\tan 32.3$	$0.61\sigma^{0.78}$	$0.61\sigma^{0.77}$
18~20	자연	$0.0567 + \sigma\tan 32.7$	$0.0553 + \sigma\tan 32.4$	$0.62\sigma^{0.74}$	$0.62\sigma^{0.74}$

다음으로는 영종도점토의 함수비와의 관계를 조사하기 위해 조도계수(JRC)가 0~2, 8~10, 18~20인 인공암 시편을 전단상자의 하단에 넣고, 그 위에 공기 중에서 건조시켜 함수비를 변화(7.9%, 15%, 23%, 28.9%)시킨 영종도점토를 넣어 직접전단시험을 실시하였다.[7]

인공암과 자연건조시켜 함수비를 변화시킨 영종도점토 사이 경계면에서의 시험 결과 중 대표적으로 JRC 8~10에서 연직응력단계 0.522kg/cm² 시 여섯 가지 함수비의 전단응력 – 전단변형률의 결과를 그림 11.38에 나타내었다. 함수비 38.5%의 경우는 자연상태의 점토를 이틀 동안 수침시켜 함수비를 변화시킨 후 시험을 실시한 경우이다.

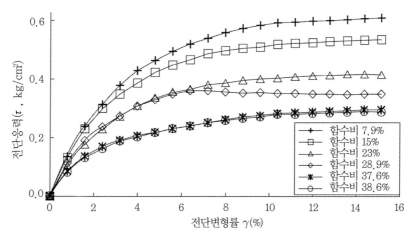

그림 11.38 연직응력 0.522kg/cm² 시 각 함수비의 전단응력 - 전단변형률의 결과

직접전단시험 결과를 Coulomb 파괴규준 및 지수함수 파괴규준 이론으로 정리한 결과는 표 11.18과 같다.

표 11.18 인공암과 자연건조 점토 경계면에서의 직접전단시험 결과

JRC	함수비 (%)	Coulomb 파괴규준		지수함수 파괴규준	
		최대강도 τ_f(kg/cm²)	잔류강도 τ_r(kg/cm²)	최대강도 τ_f(kg/cm²)	잔류강도 τ_r(kg/cm²)
0 ~ 2	7.9	$0.0628 + \sigma \tan 39.7$	$0.0595 + \sigma \tan 38.3$	$0.80\sigma^{0.77}$	$0.76\sigma^{0.76}$
	15	$0.0747 + \sigma \tan 30.8$	$0.0671 + \sigma \tan 34.7$	$0.70\sigma^{0.72}$	$0.67\sigma^{0.72}$
	23	$0.0567 + \sigma \tan 35.4$	$0.0552 + \sigma \tan 29.7$	$0.59\sigma^{0.74}$	$0.56\sigma^{0.74}$
	28.9	$0.07 + \sigma \tan 39.7$	$0.0595 + \sigma \tan 38.3$	$0.50\sigma^{0.66}$	$0.46\sigma^{0.71}$
	38.5	$0.0939 + \sigma \tan 21$	$0.0481 + \sigma \tan 26.4$	$0.41\sigma^{0.51}$	$0.39\sigma^{0.54}$
8 ~ 10	7.9	$0.0541 + \sigma \tan 46.9$	$0.0483 + \sigma \tan 45.9$	$1.04\sigma^{0.82}$	$0.97\sigma^{0.80}$
	15	$0.0768 + \sigma \tan 41.7$	$0.0775 + \sigma \tan 40.3$	$0.88\sigma^{0.76}$	$0.84\sigma^{0.75}$
	23	$0.0387 + \sigma \tan 36.2$	$0.0414 + \sigma \tan 34.9$	$0.73\sigma^{0.84}$	$0.69\sigma^{0.82}$
	28.9	$0.0532 + \sigma \tan 31.5$	$0.0356 + \sigma \tan 30.7$	$0.60\sigma^{0.74}$	$0.57\sigma^{0.79}$
	38.5	$0.056 + \sigma \tan 27.8$	$0.040 + \sigma \tan 27.8$	$0.46\sigma^{0.67}$	$0.45\sigma^{0.68}$
18 ~ 20	7.9	$0.0406 + \sigma \tan 50.7$	$0.0473 + \sigma \tan 48.7$	$1.22\sigma^{0.90}$	$1.12\sigma^{0.86}$
	15	$0.0633 + \sigma \tan 46.44$	$0.0637 + \sigma \tan 45$	$1.04\sigma^{0.82}$	$0.97\sigma^{0.80}$
	23	$0.0601 + \sigma \tan 40.7$	$0.06 + \sigma \tan 39.3$	$0.83\sigma^{0.78}$	$0.78\sigma^{0.76}$
	28.9	$0.0482 + \sigma \tan 37$	$0.0308 + \sigma \tan 36.9$	$0.74\sigma^{0.81}$	$0.74\sigma^{0.86}$
	38.5	$0.0517 + \sigma \tan 31.6$	$0.0466 + \sigma \tan 31.6$	$0.60\sigma^{0.75}$	$0.60\sigma^{0.77}$

11.4 각 시료의 전단강도 특성 비교 및 고찰

본 장에서는 주문진표준사, 한강모래, 영종도점토, 화강풍화토를 대상으로 실시한 직접전단시험 결과와 JRC별 경계면에서 시험한 결과를 Coulomb 파괴규준 및 지수함수 파괴규준 이론으로 각각 정리하여 경계면에서의 전단강도 특성을 비교·분석한 결과이다.

11.4.1 각 시료의 전단강도 비교

그림 11.39는 흙 시료자체 강도를 비교한 그림으로서 주문진표준사와 한강모래의 경우는 자연함수비이고 상대밀도 '상(65%)'인 시료로 시험을 한 결과치를 나타낸 것이고, 영종도 점토의 경우는 자연함수비의 불교란 상태 시료에 대하여 시험을 실시한 결과이다.[16]

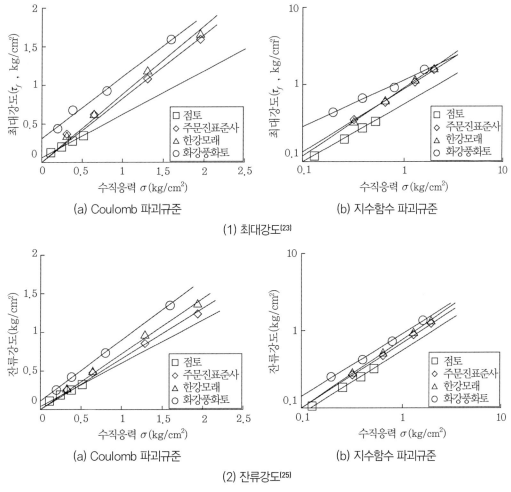

(a) Coulomb 파괴규준   (b) 지수함수 파괴규준

(1) 최대강도[23]

(a) Coulomb 파괴규준   (b) 지수함수 파괴규준

(2) 잔류강도[25]

그림 11.39 각 흙 시료 자체의 전단강도 비교

한편 화강풍화토의 경우는 자연함수비 상태이고 고밀도(56.8~64.7%)인 불교란 풍화토 시료에 대하여 시험한 결과이다. 그림의 전단강도 결과를 마찰각의 크기순으로 비교해보면 최대강도는 한강모래(41.2°), 주문진표준사(39.6°), 화강풍화토(38.5°), 점토(29.5°)순으로 나타났다.

한편 잔류강도의 경우는 화강풍화토(38°), 한강모래(35.9°), 주문진표준사(33.1°), 점토(29.5°)순으로 나타났다.

그림 11.40은 JRC 8~10인 인공암과 상대밀도 '상(65%)'인 주문진표준사와 한강모래, 자연함수비의 불교란 상태의 영종도 점토 시료, 자연함수비 상태이고 고밀도(56.8~64.7%)인 불교란 화강풍화토 경계면에서 시험한 결과를 비교한 그림이다.

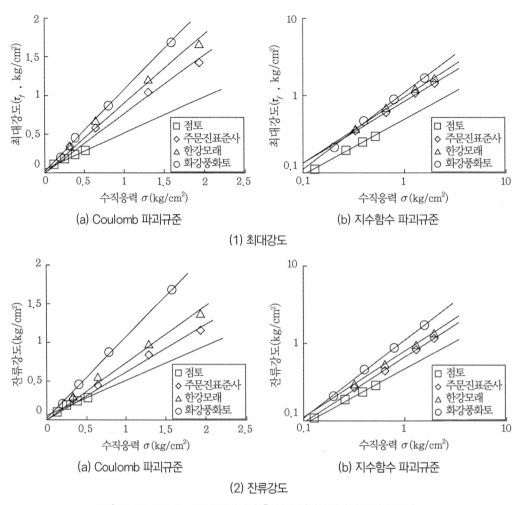

(a) Coulomb 파괴규준   (b) 지수함수 파괴규준

(1) 최대강도

(a) Coulomb 파괴규준   (b) 지수함수 파괴규준

(2) 잔류강도

그림 11.40 JRC 8~10인 기반암과 흙 시료 경계면에서의 전단강도 비교

이 그림을 보면 최대강도를 마찰각의 크기로 비교해보면 자체강도 비교 시와는 다르게 화강풍화토(46.9°), 한강모래(41.8°), 주문진표준사(38.4°), 점토(25°) 순으로 나타났다.

잔류강도의 경우 역시 화강풍화토(46.9°), 한강모래(36.3°), 주문진표준사(31.8°), 점토(24.4°) 순으로 나타났다.

11.4.2 기반암과 토사층 사이 경계면에서의 마찰각 비교

자연함수비 화강풍화토, 주문진표준사, 영종도점토 자체강도와 JRC별 인공암 경계면에서의 마찰각을 비교하여 그림 11.41에 나타내었다. 한강모래의 경우는 자체강도와 JRC 8~10에 대한 시험 결과뿐이므로 그 결과만 나타내었다.

그림에서 보면 화강풍화토, 주문진표준사, 영종도점토의 최대 마찰각의 경우 화강풍화토가 주문진표준사보다 약 8~14°, 한강모래보다는 10°, 점토보다는 15~24° 크게 나타났다.

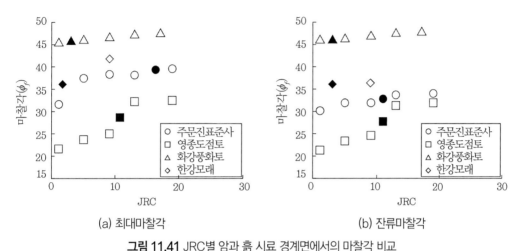

(a) 최대마찰각   (b) 잔류마찰각

그림 11.41 JRC별 암과 흙 시료 경계면에서의 마찰각 비교

11.4.3 사질토와 기반암 사이의 경계면에서의 특성

(1) 상대밀도와 마찰각의 관계

사질토의 최대전단강도의 마찰각은 상대밀도가 증가함에 따라 증가하는 경향을 보인다. 이러한 상대밀도(D_r)와 마찰각(ϕ)의 상관관계를 정리하여 사질토 자체에 대한 관계식과 사질토와 기반암 경계면에서의 관계식으로 나누어 다음과 같이 표현할 수 있다.

주문진표준사: $\phi = 32.58 + 0.11D_r$ (11.13)

한강모래: $\phi = 31.57 + 0.16D_r$ (11.14)

주문진표준사와 기반암 사이 경계면: $\phi = 32.87 + 0.08D_r$ (11.15)

한강모래와 기반암 사이 경계면: $\phi = 33.76 + 0.12D_r$ (11.16)

여기서, D_r의 단위는 %이다.

따라서 위 식들을 이용하면 사면안정 설계 시 필요한 상대밀도 변화에 따른 사질토와 기반암 사이의 경계면에서의 마찰각을 구하여 적용할 수 있다.

그러나 잔류강도의 마찰각의 경우는 상대밀도의 영향을 거의 받지 않는 것으로 나타났다.

(2) 조도계수(JRC)와 마찰각(ϕ)의 관계

주문진표준사와 JRC별 인공암 경계면에서의 전단시험 결과를 통해 조도계수가 증가함에 따라 최대강도 및 잔류강도 마찰각이 증가하는 것을 알 수 있다. 이러한 관계를 식으로 나타내면 다음과 같다.

최대강도 마찰각: $\phi = 33 + 0.397(\text{JRC})$ (11.17)

잔류강도 마찰각: $\phi = 31.3 + 0.134(\text{JRC})$ (11.18)

따라서 이식들을 사용하면 사면안정 설계 시 사질토가 있는 암반사면 경계면의 조도변화에 따른 마찰각을 구할 수 있다.

단, 위식들은 상대밀도 '상(65%)'인 사질토와 암반 경계면의 결과치로부터 얻은 식이므로 상대밀도 65% 이하인 경우에 적용하는 것이 바람직하다.

(3) 구속압의 영향

자연함수비상태 주문진표준사와 JRC별 인공암 경계면에서의 연직응력이 0.326, 0.652, 1.304, 1.957kg/cm^{2}로 증가에 따른 강도증가율을 살펴보았다.

최대강도의 경우 수직응력이 0.326kg/cm^{2}에 비해 0.652kg/cm^{2}로 증가 시 강도 증가가 75%, 1.304kg/cm^{2}로 증가 시 강도 증가가 226.7%, 1.957kg/cm^{2}로 증가시 강도가 360%의 증가율을 보였다.

잔류강도의 경우는 최대강도와 동일한 응력증가에 따라 76.9%, 226.9%, 460%의 증가율을 보였다.

따라서 구속압의 증가는 강도증가에 영향을 미친다는 것을 알 수 있다.

11.4.4 점토와 기반암 사이의 경계면의 특성

(1) 함수비와 마찰각의 관계

기반암과 점토의 함수비 변화에 따른 최대강도 시 마찰각과 잔류강도 시 마찰각의 관계를 다음의 식으로 나타냈다.

$$\phi = ke^{-0.02^{w}} \tag{11.19}$$

여기서 w는 함수로서 단위는 %이고, k는 상수로서 최대강도 마찰각의 경우와 잔류강도 마찰각의 경우로 나누어 표 11.19에 나타내었다.

표 11.19 함수비 변화에 따른 마찰각과 JRC 관계식

함수비(%)	최대강도	잔류강도
7.9	$\phi_f = 40 + 0.56(\mathrm{JRC})$	$\phi_r = 39 + 0.52(\mathrm{JRC})$
15	$\phi_f = 35.3 + 0.61(\mathrm{JRC})$	$\phi_r = 34.5 + 0.57(\mathrm{JRC})$
23	$\phi_f = 30.6 + 0.55(\mathrm{JRC})$	$\phi_r = 29.5 + 0.53(\mathrm{JRC})$
28.9	$\phi_f = 27 + 0.34(\mathrm{JRC})$	$\phi_r = 19.9 + 0.63(\mathrm{JRC})$

위 식을 사용하여 함수비 변화에 따른 강도감소율을 구해보면 최대강도의 경우 함수비 10% 증가에 따라 18.1~19.2% 감소율을 보인다.

잔류강도의 경우는 함수비 10% 증가에 따라 18~18.2%의 강도감소율을 보인다.

(2) 조도계수(JRC)와 마찰각(ϕ)의 관계

자연함수비상태의 영종도점토와 JRC별 인공암 경계면에서의 결과를 보면 최대강도 시 마찰각과 잔류강도 시 마찰각 모두 JRC가 증가함에 따라 증가하는 경향을 알 수 있다. 따라서 이러한 관계를 식으로 나타내면 다음과 같다.

최대강도 시 마찰각: $\phi_f = 20.7 + 0.68(\mathrm{JRC})$ (11.20)

잔류강도 시 마찰각: $\phi_r = 20.3 + 0.69(\mathrm{JRC})$ (11.21)

위 식들을 사용하면 사면안정 설계 시 점토(함수비, 37.6%)와 암반경계면에서의 최대강도 시 마찰각과 잔류강도 시 마찰각을 구할 수 있다.

그리고 이러한 경계면에서 상부 시료의 함수비가 변화할 때 JRC별 마찰각을 구할 수 있도록 결과를 그림 11.42(a)~(d)에 도시하였다.

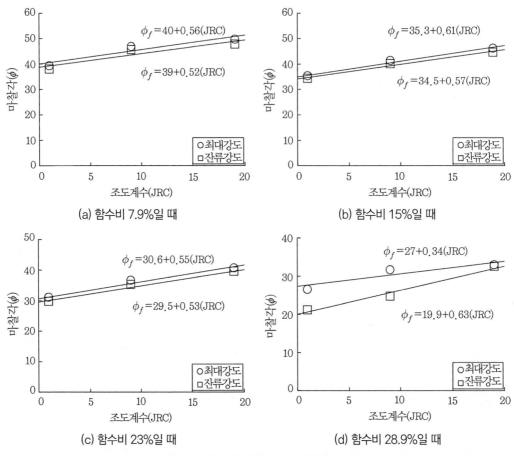

그림 11.42 함수비 변화에 따른 마찰각의 변화

| 참고문헌 |

(1) 동국대학교 산업기술대학원(1997), '산사태, 토질 및 암반사면의 안정해석, 대책공법'(단기강좌), pp.48-57, 127-132.

(2) 이상돈(1996), '절리형상의 정량적 측정을 통한 각종 거칠기 파라미터의 비교분석 및 전단거동 해석', 서울대학교 대학원 박사학위 논문.

(3) 임종철외 17인 역(1995), 토질공학핸드북(일본토질공학회편), 도서출판 새론, pp.243-287.

(4) 임창관(1999), '화강암과 풍화토 경계면에서의 전단강도 특성', 중앙대학교 건설대학원 석사학위 논문.

(5) 윤지선(1991), 암석·암반의 조사와 시험(일본토질공학회편), 구미서관, pp.555-578.

(6) 한국암반공학회, 한국지구물리탐사학회, 한국자원연구소(1999), 건설기술자를 위한 지반조사 및 시험기술, pp.47-55, 493-501, 606-607.

(7) 허용(2000), '기반암과 토사층 경계면의 전단강도 특성', 중앙대학원 대학원 석사학위논문.

(8) 홍원표(1991), '말뚝을 사용한 산사태 억지공법', 한국지반공학회지, 제7권, 제4호, pp.75-87.

(9) 홍원표·한중근(1994), '한국에서 실시되고 있는 산사태방지대책공법', East Asia Symposium and Field Workshop on Landslides and Debris Flows, 1994, pp.155-210.

(10) 홍원표(1997), 암반역학, 중앙대학교 건설대학원교재.

(11) 홍원표(1999), 사면안정론, 중앙대학교 건설대학원교재.

(12) 황정규(1992), 건설기술자를 위한 지반공학의 기초이론, 구미서관, p.114.

(13) Barton, N.(1976), "The shear strength of rock and rock joints", Int. J. Rock Mech. Sci. & Geomech. Abstr. 17, pp.255-279.

(14) Barton, N.R. and Choubey, V.(1977), "The shear strength of rock joints in theory and practice", Rock Mechancis, Vol.10, pp.1-54.

(15) Bell, F.G.(1983), *Fundamentals of Engineering Geology*, pp.175-185; Butter Worth & Co. Ltd, pp.175-185.

(16) Clayton, C.R.I., Mattews, M.C. and Simons, N.E.(1995), *Site Investigation*, Blackwell Science Ltd, pp.365-372.

(17) Craig, R.F.(1982), *Soil Mechanics*, Second Edition, Van Norstrand Reinhold(UK) Co. Ltd.

(18) Daniel, D.E.(1982), *Direct Shear Testing*, The University of Texas, pp.1-17.

(19) Das, B.M.(1985), *Principles of Geotechnical Engineering*, PWS Publishers.

(20) Goodman, R.E.(1976), *Methods of Geological Engineering in Discontinuous Rocks*, West Publishing Co., pp.165-185.

(21) Head, K.H.(1982), *Manual of Soil Laboratory Testing*, pp.509-572.

(22) Hok, E. & Bray, J.W.(1995), *Rock Slope Engineering*, pp.83-121.

(23) Kulatilake, P.H., S.W. Shou, G. Huang, T.H.(1995), "Spectral-Based Peak-Shear-Strength Criterion For Rock Joints", Vol.121, No.11, November, ASCE, pp.789-796.

(24) Lameb, W.T. & Whitman, R.V.(1979), *Soil Mechanics*, SI Version.

(25) Ortigao, J.A.R.(1993), "Soil Mechanics in the Light of Critical State Theories", pp.164-170.

(26) Papaliangas, T.(1990), "Shear strength of modelled filled rock joints", Rock Joints, Barton & Stephansson, pp.275-282.

(27) Papaliangas, T., Hencher, S.R., Lumsden, A.C., Manolopoulous, S.(1993), "The Effect of Frictional Fill Thickness on the Shear Strength of Rock Discontinuties", Vol.30, No.2, J. Rock Mech. Sci. & Geomech. Abstr., pp.81-91.

(28) Paulino P.J.(1990), "Shear Strength Filled Discontinuities", Rock Joints, Barton & Stephansson, pp.283-288.

(29) Phien-wej, N., Shrestha, U.B. & Rantucci, G.(1990), "Effect of infill thickness on shear of rock joints", Rock Joints, Barton & Stephansson, pp.289-294.

(30) Terzaghi, K., Peck, R.B.M., Mesri, G.(1996), *Soil Mechanics in Engineering Practice*, Third Edition.

(31) Van Sint Jan, M.L.(1990), "Shear Test of Model Rock Joints Under Normal Loading", Rock Joints, Barton & Stephansson, pp.323-328.

(32) Nakamura, S., Gibo, S., Zhou, Y., Egashira, K.,(1999), "Determination of Parameters for Curved Resiual Strength Envelopes of Landslides Soils", 地すべり, 제36권, 제1호, pp.28-34.

찾아보기

저자 소개

홍 원 표

- (현)중앙대학교 공과대학 명예교수
- 대한토목학회 저술상
- 중앙대학교 학생처장, 건설대학원장, 대외협력본부장(부총장)
- 서울시 토목상 대상
- 과학기술 우수 논문상(한국과학기술단체 총연합회)
- 대한토목학회 논문상
- 한국지반공학회 논문상·공로상
- UCLA, 존스홉킨스 대학, 오사카 대학 객원연구원
- KAIST 토목공학과 교수
- 국립건설시험소 토질과 전문교수
- 중앙대학교 공과대학 교수
- 오사카 대학 대학원 공학석·박사
- 한양대학교 공과대학 토목공학과 졸업

흙의 전단강도론

초 판 인 쇄 2022년 5월 17일
초 판 발 행 2022년 5월 24일

저   자 홍원표
펴 낸 이 김성배
펴 낸 곳 도서출판 씨아이알

책 임 편 집 박영지
디 자 인 윤지환, 박진아
제 작 책 임 김문갑

등 록 번 호 제2-3285호
등   록   일 2001년 3월 19일
주   소 (04626) 서울특별시 중구 필동로8길 43(예장동 1-151)
전 화 번 호 02-2275-8603(대표)
팩 스 번 호 02-2265-9394
홈 페 이 지 www.circom.co.kr

I S B N 979-11-6856-043-7 (세트)
          979-11-6856-059-8 (94530)
정   가 24,000원